すごすぎる海《うみ》の生《せい》物《ぶつ》の図《ず》鑑《かん》

UMI NO SEIBUTSU NO ZUKAN

鈴木香里武

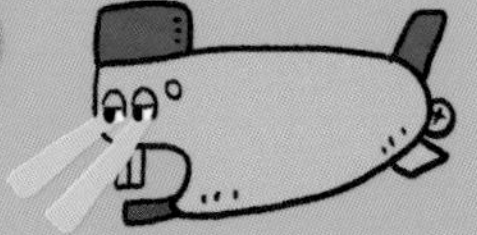

がわかる!

The Amazing
Visual Dictionary
of Sea creatures

by Karibu Suzuki

はじめに

「なぜこんなにも色々《いろいろ》な生《い》き方《かた》があるんだろう？」海《うみ》の生《い》き物《もの》と触《ふ》れ合《あ》う度《たび》に、心《こころ》に浮《う》かぶ疑問《ぎもん》です。最近《さいきん》よく耳《みみ》にする「生物多様性《せいぶつたようせい》」には、3つのレベルがあるとされています。色々《いろいろ》な環境《かんきょう》があるという生態系《せいたいけい》の多様性《たようせい》。色々《いろいろ》な生《い》き物《もの》がいるという種《しゅ》の多様性《たようせい》。色々《いろいろ》な個性《こせい》があるという遺伝子《いでんし》の多様性《たようせい》。浅瀬《あさせ》も深海《しんかい》もある、岩場《いわば》も藻場《もば》もある、温《あたた》かい所《ところ》も冷《つめ》たい所《ところ》もある。そんな海《うみ》はまさに多様性《たようせい》に満《み》ちた世界《せかい》。そこに棲《す》む生《い》き物《もの》たちが、種《しゅ》としても、個《こ》としても、十四十色《じゅっぴきといろ》の生《い》き様《ざま》を磨《みが》いているのは自然《しぜん》なことなのでしょう。

そんな海《うみ》の生《い》き物《もの》たちと向《む》き合《あ》う人間《にんげん》もまた、多様性《たようせい》に満《み》ちています。知識《ちしき》も、経験《けいけん》も、感性《かんせい》も様々《さまざま》。同《おな》じ生《い》き物《もの》でも、見《み》る人《ひと》によって感動《かんどう》するポイントは異《こと》なるでしょう。そこがおもしろい。

これから、僕《ぼく》の目《め》から見《み》た海《うみ》の生《い》き物《もの》の「すごすぎる!」をたくさん紹介《しょうかい》していきます。あなたならどう感《かん》じるでしょう？　ここに書《か》かれていることを覚《おぼ》えたり共感《きょうかん》したりするというよりも、自分《じぶん》なりの何《なに》かを発見《はっけん》してもらえたらとても嬉《うれ》しいです。

鈴木香里武《すずきかりぶ》

キャラクター紹介《しょうかい》

本書《ほんしょ》では、海《うみ》にまつわるキャラクターたちが登場《とうじょう》！
海《うみ》や生物《せいぶつ》についてのあれこれを解説《かいせつ》してくれます。

カリブウオ

水辺《みずべ》の生《い》き物《もの》、特《とく》に幼魚《ようぎょ》に超詳《ちょうくわ》しいヒト型《がた》の魚《さかな》。魚《さかな》にまつわる豆知識《まめちしき》やトリビアを教《おし》えてくれます。

タツノオトシン

神話《しんわ》や物語《ものがたり》など、海《うみ》の神秘的《しんぴてき》な美《うつく》しさを語《かた》らせたらピカイチ！　海流《かいりゅう》に流《なが》されユラユラするのが大好《だいす》き。

センスイさん

深海《しんかい》のこと、深海《しんかい》に棲《す》む生物《せいぶつ》についての知識《ちしき》が豊富《ほうふ》。いつか海《うみ》の一番深《いちばんふか》いところ、11000mへ辿《たど》り着《つ》きたいと夢見《ゆめみ》ている。

ウミウー

貝《かい》の仲間《なかま》なのに貝殻《かいがら》をなくしてしまった、カラフルだけど毒《どく》を持《も》つウミウーさん。意外性《いがいせい》のある生物《せいぶつ》を語《かた》らせたら一番《いちばん》！

暖流《だんりゅう》さん・寒流《かんりゅう》さん

地球《ちきゅう》をぐるりと巡《めぐ》り、さまざまな生《い》き物《もの》たちと友達《ともだち》になっている暖流《だんりゅう》さん＆寒流《かんりゅう》さん。海《うみ》の不思議《ふしぎ》をたくさん知《し》っている。

ネコザメニャ～

サメなのに顔《かお》がネコの不思議《ふしぎ》な生《い》き物《もの》。水辺《みずべ》だけでなく陸《りく》でも暮《く》らしている生《い》き物《もの》たちについて詳《くわ》しいよ！

CONTENTS

はじめに …… 2

キャラクター紹介《しょうかい》 …… 3

CHAPTER 1 すごすぎる 海《うみ》のはなし

01 巨大《きょだい》なプランクトンも存在《そんざい》！ 水中《すいちゅう》での生《い》き方《かた》は3パターン …… 10

02 地球《ちきゅう》の表面積《ひょうめんせき》の7割《わり》を占《し》める「海《うみ》」。一体《いったい》どんな世界《せかい》？ …… 12

03 浅瀬《あさせ》から深海《しんかい》まで！ 魚《さかな》がいろんな場所《ばしょ》にいる理由《りゆう》 …… 16

04 分類《ぶんるい》をマスターする魔法《まほう》の呪文《じゅもん》「界門綱目科属種《かいもんこうもくかぞくしゅ》」 …… 18

05 魚《さかな》のヒミツ 体《からだ》の構造《こうぞう》はこうなっている！ …… 20

06 キミはエラ呼吸《こきゅう》？ ボクは皮膚呼吸《ひふこきゅう》！ …… 24

07 多様性《たようせい》は当《あ》たり前《まえ》！ 海《うみ》の中《なか》は〝ジェンダーレス〟 …… 26

08 美《うつく》しき変身《へんしん》ヒーローと愛《あい》すべき変態《へんたい》たち …… 28

09 メスとオス、見《み》た目《め》が こんなに違《ちが》う意外《いがい》な理由《りゆう》 …… 32

10 青《あお》く見《み》えるあの魚《さかな》、実《じつ》は青《あお》くない!? …… 34

11 イカはなぜ危機《きき》を察知《さっち》すると 一瞬《いっしゅん》で色《いろ》を変《か》えられるのか …… 36

12 深海《しんかい》に棲《す》む生物《せいぶつ》が 水圧《すいあつ》に押《お》し潰《つぶ》されないワケとは …… 38

13 「鳴《な》く魚《さかな》」は意外《いがい》とたくさんいる！ …… 40

14 暖《あたた》かい海《うみ》の魚《さかな》はカラフルで、冷《つめ》たい海《うみ》の魚《さかな》は地味《じみ》!? …… 42

15 深海《しんかい》で暮《く》らす生《い》き物《もの》は なぜ巨大《きょだい》なものが多《おお》いのか …… 44

16 マグロは釣《つ》り上《あ》げた瞬間《しゅんかん》に体温上昇《たいおんじょうしょう》でヤケる!? …… 46

17 キンメダイの目《め》とネコの目《め》の光《ひか》る原理《げんり》は同《おな》じ …… 48

18 月《つき》に導《みちび》かれる海《うみ》の生《い》き物《もの》たちの誕生秘話《たんじょうひわ》 …… 50

19 海《うみ》のバランスを保《たも》つ働《はたら》き者《もの》 ハダカイワシの壮絶《そうぜつ》な旅《たび》 …… 52

20 サケは白身魚《しろみざかな》！ サーモンピンクは親子愛《おやこあい》の色《いろ》 …… 54

21 猛毒《もうどく》フグを無毒化《むどくか》できる!? 魚《さかな》の毒《どく》はどこから生《う》まれるのか …… 56

COLUMN 1 魚《さかな》の分布《ぶんぷ》は人《ひと》の分布《ぶんぷ》 …… 58

CHAPTER 2 すごすぎる 海《うみ》の暮《く》らしのはなし

22 タコの心臓《しんぞう》は3つ、脳《のう》は9つ!? …… 60

23 前向《まえむ》きにも進《すす》める！ 「カニは横歩《よこある》き」とは限《かぎ》らない …… 62

24 海《うみ》には一生《いっしょう》、浮気《うわき》も別居《べっきょ》も 離婚《りこん》もできない夫婦《ふうふ》がいる …… 64

25 究極《きゅうきょく》のイクメンは口《くち》の中《なか》で子育《こそだ》てをする …… 66

26 タカアシガニは好《この》みの女子《じょし》を囲《かこ》い込《こ》む …… 68

27 種《しゅ》の未来《みらい》を担《にな》う片道切符《かたみちきっぷ》の旅人《たびびと》・死滅回遊魚《しめつかいゆうぎょ》 …… 70

28 生《い》きている化石《かせき》・シーラカンスは なぜ生《い》き残《のこ》ったのか …… 72

29 やっぱりサメは最強《さいきょう》&最恐《さいきょう》？ お腹《なか》の中《なか》でバトルロワイヤル …… 74

30 研究者《けんきゅうしゃ》の代《か》わりにサンプルを収集《しゅうしゅう》してくれる貝《かい》 …… 76

31 トビウオはなぜ飛《と》ぶのか …… 78

32 子《こ》どもが親《おや》を養《やしな》う!? コンビクト・ブレニー …… 79

33 ニシンのおならは敵国《てきこく》の潜水艦《せんすいかん》と間違《まちが》えられた …… 80

34 イワシの群《む》れが回《まわ》る方向《ほうこう》は決《き》まっている …… 82

35 身近《みぢか》だけど謎《なぞ》だらけ！ ウナギは深海生《しんかいう》まれの川育《かわそだ》ち …… 84

36 完全養殖《かんぜんようしょく》のウナギは安《やす》く食《た》べられるのか …… 86

37 海面《かいめん》で横《よこ》になって昼寝《ひるね》をする魚《さかな》がいる!? …… 88

38 海底《かいてい》のミステリーサークルは誰《だれ》が作《つく》っているのか …… 90

39 鉄《てつ》の鱗《うろこ》を見《み》にまとう深海《しんかい》の奇貝《きがい》・スケーリーフット …… 92

40 どうしても子孫《しそん》を残《のこ》したい！ サメのペニスはなんと2本《ほん》 …… 94

COLUMN 2 論文《ろんぶん》を読《よ》んでみよう …… 96

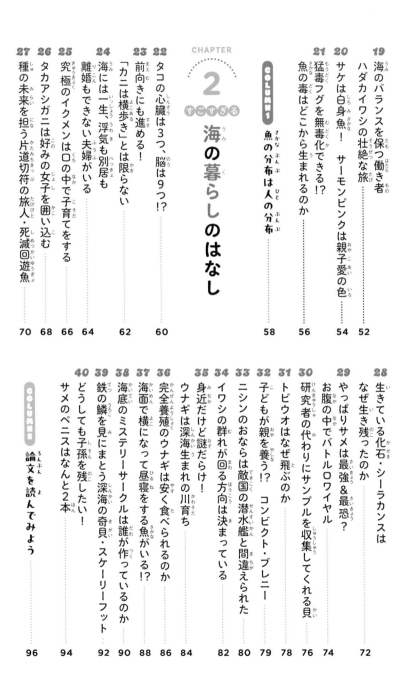

CHAPTER 3

すごすぎる 生存《せいぞん》戦略《せんりゃく》のはなし

41 ものまね技術《ぎじゅつ》で身《み》を守《まも》れ！「海中仮装大会《かいちゅうかそうたいかい》」……98
42 他人《たにん》のふりして生《い》き残《のこ》れ！ ベイツ型擬態《がたぎたい》とペッカム型擬態《がたぎたい》……102
43 光《ひかり》を操《あやつ》り環境《かんきょう》に溶《と》け込《こ》め！ カウンターシェーディング……106
44 タチウオが立《た》ち泳《およ》ぎをするワケ……108
45 内臓《ないぞう》に手《て》振《ぶ》れ補正機能《ほせいきのう》あり!? 進化《しんか》の極《きわ》み・ホウズキイカ……110
46 幼魚界《ようぎょかい》の常識《じょうしき》!? 偽《にせ》の目玉《めだま》で本物《ほんもの》を守《まも》れ……112
47 くっきり目立《めだ》つシマシマ模様《もよう》は何《なん》のため？……113
48 敵《てき》の敵《てき》は味方《みかた》！ 海《うみ》の三角関係《さんかくかんけい》……114
49 暗闇《くらやみ》の中《なか》では目立《めだ》たない!? 深海生物《しんかいせいぶつ》はなぜ赤《あか》いのか……116
50 クマノミはなぜイソギンチャクに刺《さ》されないのか……118
51 ジンベエザメの巨体《きょたい》を支《ささ》えるのは小さなプランクトン……120
52 食《た》べ物《もの》が多様《たよう》な海《うみ》には好《す》き嫌《きら》いの多《おお》い偏食家《へんしょくか》だらけ……122
53 魚《さかな》が魚《さかな》を釣《つ》る!? 漁業《ぎょぎょう》をする生《い》き物《もの》……124
54 地道《じみち》に農業《のうぎょう》をする魚《さかな》、クロソラスズメダイ……126
55 ゴエモンコシオリエビが食《た》べるのは胸毛《むなげ》で育《そだ》てたバクテリア……128
56 ホホジロザメのためにライブをしたロックバンド……130
57 まるでエイリアン！ 顎《あご》が飛《と》び出《だ》すミツクリザメ……132
COLUMN3 真《ま》ん中《なか》から見《み》るか、外側《そとがわ》から見《み》るか……134

CHAPTER

4 すごすぎる 人《ひと》との関係《かんけい》のはなし

58 出世魚《しゅうせうお》に選《えら》ばれる魚《さかな》と選《えら》ばれない魚《さかな》 …… 136
59 日本語《にほんご》の中《なか》には想像以上《そうぞういじょう》に魚《さかな》がいっぱい！ …… 138
60 猫《ねこ》は魚《さかな》が好《す》き！ ……なのは日本《にほん》だけ …… 140
61 アサリ10匹《びき》でお風呂《ふろ》1杯《ぱい》の
水《みず》をきれいにできる …… 142
62 まな板《いた》の「まな」は魚《さかな》のこと …… 143
63 図鑑《ずかん》に載《の》っている魚《さかな》は
どうしてみんな左向《ひだりむ》き？ …… 144
64 コバンザメは船《ふね》をも止《と》める!? …… 146
65 偉大《いだい》な画家《がか》も愛《あい》したセピアはイカ墨色《すみいろ》 …… 148
66 サンマを丸《まる》ごと
食《た》べられるのは胃《い》がないから …… 150
67 大航海時代《だいこうかいじだい》には干《ほ》したエイが
UMA《ユーマ》として売《う》られていた …… 152
68 2つの人魚伝説《にんぎょでんせつ》
「マーメイド」と「セイレーン」 …… 154
69 名付《なづ》け親《おや》の顔《かお》が見《み》てみたい！
ユニークなネーミングの魚《さかな》たち …… 156
70 「〇〇ダイ」のほとんどがタイじゃない …… 160
71 「木魚《もくぎょ》」はなぜ魚《さかな》なのか …… 161
72 忍者《にんじゃ》が使《つか》った〝くしゃみの粉《こな》〟
原料《げんりょう》は乾燥《かんそう》クラゲ …… 162
73 味《あじ》もコストも資源保護《しげんほご》も！
いいとこ取《ど》りのハイブリッド魚《ぎょ》 …… 164
74 魚食《ぎょしょく》の未来《みらい》を救《すく》う
〝もったいない魚《さかな》〟未利用魚《みりようぎょ》 …… 166
75 脱炭素社会《だつたんそしゃかい》を導《みちび》く切《き》り札《ふだ》
ブルーカーボン …… 168
おわりに …… 172
主《おも》な参考文献《さんこうぶんけん》・写真提供《しゃしんていきょう》 …… 173
さくいん …… 174

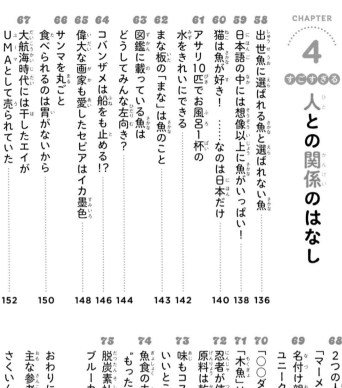

ブックデザイン　マツヤマ チヒロ（AKICHI）
イラスト　やまぐちかおり
DTP　NOAH
校正　鷗来堂
編集協力　知野美紀子
編集　高見葉子（KADOKAWA）

CHAPTER 1

すごすぎる 海《うみ》のはなし

地球《ちきゅう》の表面積《ひょうめんせき》の7割《わり》を占《し》める海《うみ》。
でも、その95％以上《いじょう》はまだ解明《かいめい》されていません。
身近《みぢか》にあるけれど、実《じつ》はよく知《し》らない海《うみ》。
そして、そこで暮《く》らす生《い》き物《もの》たちの不思議《ふしぎ》に迫《せま》ります。

01

巨大《きょだい》なプランクトンも存在《そんざい》！水中《すいちゅう》での生《い》き方《かた》は3パターン

プランクトンと聞《き》いてどんなものを思《おも》い浮《う》かべますか？　理科《りか》の授業《じゅぎょう》で顕《けん》微鏡《びきょう》を使《つか》って観察《かんさつ》した、ミジンコやゾウリムシのような小《ちい》さな生《い》き物《もの》でしょうか。たしかに彼《かれ》らはプランクトンです。では、深《しん》海《かい》で暮《く》らす全長《ぜんちょう》6m以上《いじょう》にもなるダイオウクラゲはどうでしょう？　実《じつ》はこちらもれっきとしたプランクトンなんです。大《おお》きさでも、種類《しゅるい》でも、見《み》た目《め》の雰囲気《ふんいき》でもなく、生《い》き方《かた》を示《しめ》す言葉《ことば》、それが「プランクトン」。

水《みず》の中《なか》の生《い》き物《もの》は生活《せいかつ》スタイルで大《おお》きく3つに分《わ》けられます。これを「生活型《せいかつがた》」と言《い》い、クラゲなど漂《ただよ》って生活《せいかつ》する浮遊生物《ふゆうせいぶつ》をプランクトン、多《おお》くの魚《さかな》のように泳《およ》いで生活《せいかつ》する遊泳生物《ゆうえいせいぶつ》をネクトン、カニや二枚《にまい》貝《がい》など海底《かいてい》で暮《く》らす底生生物《ていせいせいぶつ》をベントスと呼《よ》びます。泳《およ》ぐ力《ちから》がなく海流《かいりゅう》に乗《の》って旅《たび》しているなら、巨大《きょだい》なクラゲでもプランクトンです。魚《さかな》も生《う》まれたばかりの頃《ころ》はプランクトンで、大《おお》きくなって泳《およ》ぐ力《ちから》をつけるとネクトンに。同《おな》じ種類《しゅるい》でも成長段階《せいちょうだんかい》によって生活型《せいかつがた》は移《うつ》り変《か》わるのです。

3パターンの生《い》き方《かた》とそれぞれの生《い》き物《もの》

プランクトン

水中《すいちゅう》を浮遊《ふゆう》する生物《せいぶつ》。ミジンコやミドリムシのほか、魚類《ぎょるい》や甲殻類《こうかくるい》の幼生《ようせい》、クラゲなどなど。

ネクトン

水流《すいりゅう》に逆《さか》らって泳《およ》げる生物《せいぶつ》。魚類《ぎょるい》の大半《たいはん》やクジラやジュゴンなどの海獣類《かいじゅうるい》、イカなど。

ベントス

水底《みなそこ》の砂《すな》や泥《どろ》、岩《いわ》に棲《す》む生物《せいぶつ》。カニや二枚貝《にまいがい》、ヒトデなど。ヒラメやタコなども含《ふく》まれる（ネクトベントスとも呼《よ》ばれる）。

豆知識《まめちしき》

浮遊生物《ふゆうせいぶつ》と遊泳生物《ゆうえいせいぶつ》の境目《さかいめ》はどこだと思《おも》いますか？　「泳《およ》ぐ力《ちから》がある」と言《い》えるのはどこからなのでしょう。それは水流《すいりゅう》に逆《さか》らって泳《およ》げるかどうか。自分《じぶん》の意思《いし》で同《おな》じ場所《ばしょ》に止《とど》まったり自由《じゆう》に泳《およ》ぎ回《まわ》れたりしたら、立派《りっぱ》なネクトンです。

地球《ちきゅう》の表面積《ひょうめんせき》の7割《わり》を占《し》める「海《うみ》」。一体《いったい》どんな世界《せかい》？

人《じん》類初《るいはつ》の宇宙飛行士《うちゅうひこうし》であるガガーリンは、「地球《ちきゅう》は青《あお》かった」という名言《めいげん》を残《のこ》しています。地球《ちきゅう》の表面積《ひょうめんせき》の約《やく》70%が海《うみ》なので、確《たし》かに青《あお》く見《み》えたはずです。そんな広大《こうだい》な世界《せかい》を人々《ひとびと》は「7つの海《うみ》」と呼《よ》び、冒険《ぼうけん》を続《つづ》けてきました。その捉《とら》え方《かた》は時代《じだい》や地域《ちいき》によって変化《へんか》してきましたが、現在《げんざい》は大《おお》きく北太平洋《きたたいへいよう》、南太平洋《みなみたいへいよう》、北大西洋《きたたいせいよう》、南大西洋《みなみたいせいよう》、インド洋《よう》、北極海《ほっきょくかい》、南極海《なんきょくかい》の7つに分《わ》けられています。

海《うみ》は広《ひろ》さだけではなく深《ふか》さもすごい！

最《もっと》も深《ふか》い場所《ばしょ》はグアムの近《ちか》くにあるマリアナ海溝《かいこう》のチャレンジャー海淵《かいえん》で、水深《すいしん》1万《まん》920mもあります。平均水深《へいきんすいしん》は約《やく》3800mで、富士山《ふじさん》をひっくり返《かえ》してすっぽり埋《う》まるくらいというから驚《おどろ》きです。

　では、どこからが「深海《しんかい》」かというと、境目《さかいめ》は水深《すいしん》200m。これは植物《しょくぶつ》プランクトンが光合成《こうごうせい》を行《おこな》うのに必要《ひつよう》な太陽《たいよう》の光《ひかり》が届《とど》く限界《げんかい》の深《ふか》さです。エネルギーを生《う》み出《だ》す根本《こんぽん》が変《か》わる境界《きょうかい》。ここから先《さき》は全《まった》く別《べつ》の生態系《せいたいけい》が広《ひろ》がっているわけですね。

どこから《しんかい》が深海？

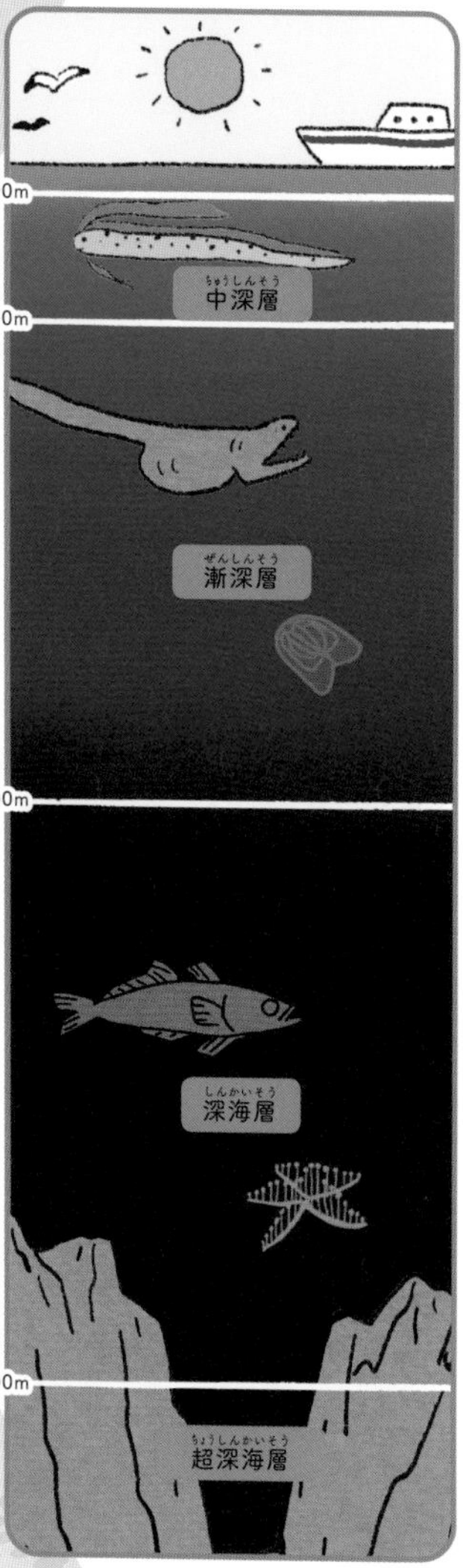

世界《せかい》の7つの海《うみ》

↑太平洋《たいへいよう》やインド洋《よう》などの「大洋《たいよう》」と、北極海《ほっきょくかい》や日本海《にほんかい》などの「付属海《ふぞくかい》」がある。7つの海《うみ》は時代《じだい》や地域《ちいき》によって異《こと》なり、中世《ちゅうせい》ヨーロッパでは、大西洋《たいせいよう》、地中海《ちちゅうかい》、黒海《こっかい》、カスピ海《かい》、紅海《こうかい》、ペルシャ湾《わん》、インド洋《よう》が7つの海《うみ》だった。

深海《しんかい》に囲《かこ》まれた日本《にほん》

↑日本《にほん》は水深《すいしん》5,000m以深《いしん》の海水保有体積《かいすいほゆうたいせき》が世界《せかい》1位《い》の深海大国《しんかいたいこく》。近海《きんかい》には、千島海溝《ちしまかいこう》や日本海溝《にほんかいこう》、伊豆《いず》・小笠原海溝《おがさわらかいこう》といった海溝《かいこう》、南海《なんかい》トラフや沖縄《おきなわ》トラフといった海盆《かいぼん》（海底《かいてい》にある凹地《くぼち》）がある。

豆知識《まめちしき》

海中全体《かいちゅうぜんたい》の95％以上《いじょう》が深海《しんかい》にあたります。陸上《りくじょう》の山《やま》で海底《かいてい》の谷《たに》を埋《う》めるように地球《ちきゅう》の表面《ひょうめん》を真《ま》っ平《たいら》にすると、全体《ぜんたい》が水深《すいしん》2700mの海底《かいてい》に沈《しず》むと考《かんが》えられています。海《うみ》の広《ひろ》さだけでなく、海水《かいすい》の多《おお》さに驚《おどろ》くばかりです。

そして、陸上《りくじょう》に風《かぜ》が吹《ふ》くのと同《おな》じように、海《うみ》の中《なか》にも流《なが》れがあるのを知《し》っていますか？　これは海流《かいりゅう》と呼《よ》ばれ、例《たと》えば日《に》本《ほん》の周《まわ》りには、南《みなみ》から流《なが》れてくる暖《あたた》かい海流《かいりゅう》・黒潮《くろしお》と、北《きた》から流《なが》れてくる冷《つめ》たい海《かい》流《りゅう》・親潮《おやしお》という大《おお》きな流《なが》れがあります。黒《くろ》潮《しお》は様々《さまざま》な生《い》き物《もの》を運《はこ》び、親潮《おやしお》は豊富《ほうふ》な栄《えい》養《よう》を運《はこ》んできます。その２つがぶつかる場《ば》所《しょ》は潮目《しおめ》と呼《よ》ばれ、おいしい魚《さかな》がたくさん獲《と》れる良《よ》い漁場《ぎょじょう》となるのです。

こうした海流《かいりゅう》は風《かぜ》の力《ちから》によって生《う》まれるため風成循環《ふうせいじゅんかん》と呼《よ》ばれますが、海《うみ》の中《なか》の動《うご》きは横方向《よこほうこう》だけではありません。表層《ひょうそう》の海《かい》水《すい》が深《ふか》いところへ流《なが》れ落《お》ちる場所《ばしょ》があり、その海水《かいすい》は深海底《しんかいてい》をゆっくりと進《すす》んで（深《しん》層海流《そうかいりゅう》）、ある場所《ばしょ》から海面《かいめん》へと上《あ》がってくるという縦方向《たてほうこう》の流《なが》れもあります。こちらは温度《おんど》と塩分濃度《えんぶんのうど》によって生《う》まれるため、熱塩循環《ねつえんじゅんかん》と呼《よ》ばれ、およそ２０００年《ねん》もの長《なが》い時間《じかん》をかけて一回《ひとまわ》りすると言《い》われています。

水《みず》は空気《くうき》と比《くら》べて温《あたた》まりにくく冷《さ》めにくいという性質《せいしつ》があります。そのため、暖《あたた》かい水《みず》や冷《つめ》たい水《みず》が移動《いどう》してくる海流《かいりゅう》は、気《き》温《おん》を変化《へんか》させ、気象《きしょう》や陸上《りくじょう》の生物《せいぶつ》の生活《せいかつ》にも影響《えいきょう》を及《およ》ぼします。川《かわ》の流《なが》れのようにハッキリと目《め》に見《み》えるものではありませんが、とても大《おお》きな存在《そんざい》なのですね。

このように色々《いろいろ》な向《む》きや速《はや》さで動《うご》き続《つづ》ける海洋大循環《かいようだいじゅんかん》を見《み》ると、海《うみ》はまるで１つの大《おお》きな生《い》き物《もの》のようです。

日本近海《にほんきんかい》の海流《かいりゅう》

1 リマン海流《かいりゅう》　2 対馬海流《つしまかいりゅう》
3 黒潮《くろしお》（日本海流《にほんかいりゅう》）
4 親潮《おやしお》（千島海流《ちしまかいりゅう》）

A オホーツク海《かい》　B 宗谷海峡《そうやかいきょう》
C 黄海《こうかい》　D 対馬海峡《つしまかいきょう》　E 太平洋《たいへいよう》

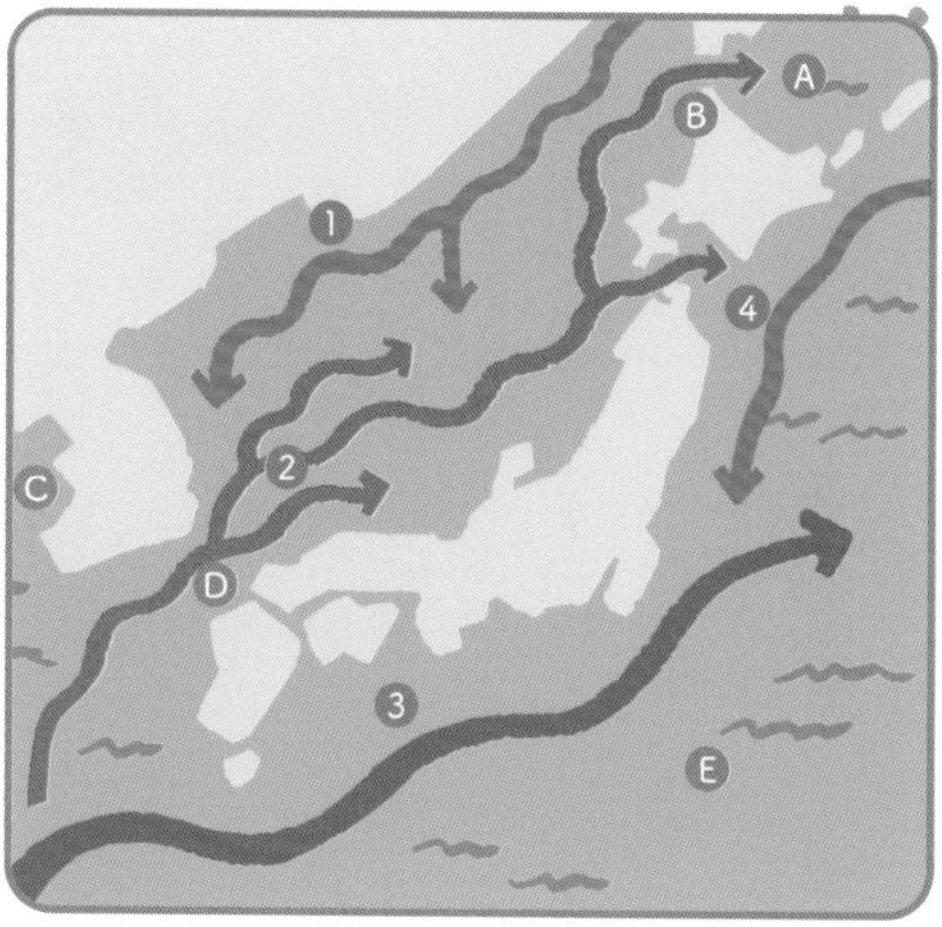

➡暖流《だんりゅう》の「黒潮《くろしお》」はプランクトンが少《すく》なく透明度《とうめいど》が高《たか》いので、紺色《こんいろ》に見《み》えるため黒潮《くろしお》と呼《よ》ばれ、マグロやカツオが獲《と》れる。黒潮《くろしお》の一部《いちぶ》が対馬海《つしまかい》峡《きょう》から日本海《にほんかい》に入《はい》ったものが「対馬《つしま》海流《かいりゅう》」。寒流《かんりゅう》の「親潮《おやしお》」はプランクトンが多《おお》く、サンマやタラなど、魚《さかな》が育《そだ》つという意味《いみ》で親潮《おやしお》という。対馬海流《つしまかいりゅう》が北上《ほくじょう》して冷《ひ》やされて向《む》きを変《か》え、南下《なんか》するようになったものがリマン海流《かいりゅう》。

世界《せかい》の主《おも》な海流《かいりゅう》と深層海流《しんそうかいりゅう》

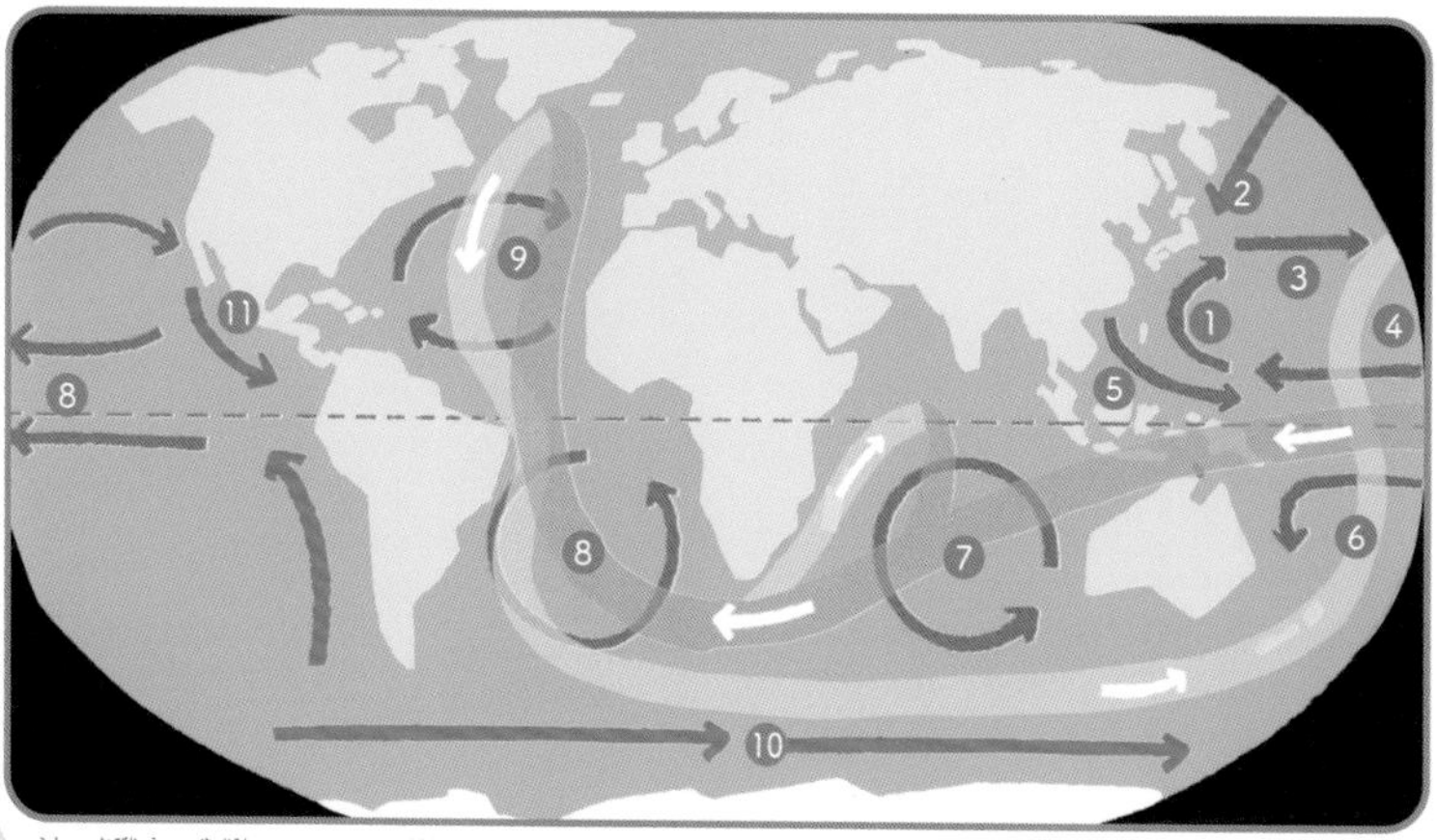

⬆太《ふと》い帯状《おびじょう》の矢印《やじるし》はピンクが暖《あたた》かい表層海流《ひょうそうかいりゅう》で、水色《みずいろ》が冷《つめ》たい深層海流《しんそうかいりゅう》。

1 黒潮《くろしお》　2 親潮《おやしお》　3 北太平洋海流《きたたいへいようかいりゅう》　4 北赤道海流《きたせきどうかいりゅう》　5 赤道反流《せきどうはんりゅう》　6 南赤道海流《みなみせきどうかいりゅう》
7 南《みなみ》インド海流《かいりゅう》　8 南大西洋海流《みなみたいせいようかいりゅう》　9 北大西洋海流《きたたいせいようかいりゅう》　10 南極還流《なんきょくかんりゅう》　11 カリフォルニア海流《かいりゅう》

豆知識《まめちしき》

本来《ほんらい》は日本《にほん》の南沿岸《みなみえんがん》に沿《そ》って流《なが》れる黒潮《くろしお》ですが、四国《しこく》を過《す》ぎたあたりから南《みなみ》の方《ほう》へ離《はな》れて関東地方《かんとうちほう》でまた近《ちか》づいてくる黒潮大蛇行《くろしおだいだこう》と呼《よ》ばれる現象《げんしょう》が時々《ときどき》起《お》こります。2017年《ねん》8月《がつ》から始《はじ》まった大蛇行《だいだこう》は過去《かこ》最長《さいちょう》記録《きろく》を更新《こうしん》しています。

CHAPTER 1

海《うみ》のはなし

03

浅瀬《あさせ》から深海《しんかい》まで！　魚《さかな》がいろんな場所《ばしょ》にいる理由《りゆう》

暗《くら》く冷《つめ》たく水圧《すいあつ》の高《たか》い深海《しんかい》より、暖《あたた》かく穏《おだ》やかなサンゴ礁《しょう》の海《うみ》の方《ほう》が暮《く》らしやすそうですよね。海底《かいてい》でじっとしているより、海面《かいめん》を泳《およ》ぎ回《まわ》る方《ほう》が獲物《えもの》を獲《と》れそうですよね。小《ちい》さな口《くち》より、キバの生《は》えた大《おお》きな口《くち》の方《ほう》が強《つよ》そうですよね。みんなそうすればいいのに！　でも実際《じっさい》には、わざわざ深海《しんかい》で暮《く》らしている魚《さかな》もいれば、スポイトみたいな口《くち》をした魚《さかな》もいます。様々《さまざま》な環境《かんきょう》に散《ち》らばっているのはなぜ？　口《くち》の形《かたち》も食《た》べる物《もの》もバラバラなのはなぜ？

それは、海全体《うみぜんたい》のバランスに関係します。みんなが浅《あさ》い海《うみ》を泳《およ》ぎ回《まわ》っていたら、海面《かいめん》の餌《えさ》がなくなってしまいますし、みんなが大《おお》きな獲物《えもの》を追《お》いかけたら、餌《えさ》の取《と》り合《あ》いになってしまいます。暮《く》らす場所《ばしょ》や食《た》べる物《もの》を分《わ》けることで、栄養《えいよう》が偏《かたよ》ることなく海《うみ》全体《ぜんたい》に行《い》き渡《わた》るのです。自分《じぶん》だけがよければそれでいい、という考《かんが》えではありません。棲《す》み分《わ》けや食《く》い分《わ》けと呼《よ》ばれるこの多様性《たようせい》は、世界平和《せかいへいわ》のヒントを私《わたし》たち人間《にんげん》に教《おし》えてくれているのかもしれません。

同《おな》じ海《うみ》でもこんなに環境《かんきょう》が違《ちが》う

サンゴ礁《しょう》が広《ひろ》がるカラフルな浅瀬《あさせ》の世界《せかい》

↑太陽《たいよう》の光《ひかり》が届《とど》く浅《あさ》い海《うみ》には、光《ひかり》を必要《ひつよう》とする海藻《かいそう》やサンゴ礁《しょう》が広《ひろ》がり、そこを住処《すみか》として様々《さまざま》な魚《さかな》が生活《せいかつ》している。また、植物《しょくぶつ》プランクトンが育《そだ》ちやすく、それを餌《えさ》にする動物《どうぶつ》プランクトンなどが集《あつ》まるため、それらを食《た》べる魚《さかな》たちも集《あつ》まりやすい環境《かんきょう》なのだ。

光《ひかり》が届《とど》かない暗闇《くらやみ》の深海《しんかい》

←高圧《こうあつ》・低温《ていおん》・暗闇《くらやみ》が特徴《とくちょう》の深海《しんかい》。光《ひかり》が届《とど》かないため光合成《こうごうせい》ができず、植物《しょくぶつ》は育《そだ》つことができない。そんな過酷《かこく》な環境《かんきょう》でも、浅《あさ》い海《うみ》から落《お》ちてくる生物《せいぶつ》の死骸《しがい》や地中《ちちゅう》から湧《わ》き出《だ》す物質《ぶっしつ》などを餌《えさ》にして、この写真《しゃしん》のカニのように、たくましく暮《く》らしている生《い》き物《もの》たちがいる。

豆知識《まめちしき》

棲《す》み分《わ》けや食《く》い分《わ》けは陸上《りくじょう》のサバンナにも見《み》られます。シマウマは地面《じめん》に生《は》えている草《くさ》を食《た》べ、首《くび》の長《なが》いキリンは木《き》の上《うえ》の葉《は》っぱを食《た》べる。こうして1ヵ所《しょ》の草《くさ》が食《た》べ尽《つ》くされることがなく、みんなに餌《えさ》が行《い》き渡《わた》るのですね。

CHAPTER 1

海《うみ》のはなし

04

分《ぶん》類《るい》をマスターする魔《ま》法《ほう》の呪《じゅ》文《もん》「界《かい》門《もん》綱《こう》目《もく》科《か》属《ぞく》種《しゅ》」

魚《さかな》

図鑑《ずかん》を開《ひら》くと、ページの端《はし》に「スズキ目《もく》」「スズメダイ科《か》」などと書《か》かれています。目は「め」ではなく、「もく」と読《よ》み、これは魚《さかな》の分類《ぶんるい》を表《あらわ》す言葉《ことば》。その魚《さかな》が何《なん》の仲間《なかま》なのかを説明《せつめい》しています。

人間《にんげん》の場合《ばあい》も、自分《じぶん》がどこの誰《だれ》なのかを紹介《しょうかい》するとき、「〇〇小学校《しょうがっこう》△年《ねん》×組《くみ》の鈴《すず》木《き》香《か》里《り》武《ぶ》です」のように大《おお》きなグループからだんだん絞《しぼ》っていきますよね。生《い》き物《もの》の分類《ぶんるい》もこれと同《おな》じ。動物界《どうぶつかい》と植物界《しょくぶつかい》という大《おお》きな分《わ》かれ道《みち》から、門《もん》・綱《こう》・目《もく》・科《か》・属《ぞく》の順《じゅん》に絞《しぼ》っていき、最後《さいご》は種《しゅ》にたどり着《つ》きます。これは18世紀《せいき》にリンネという偉《えら》い学《がく》者《しゃ》が考《かんが》えた分《わ》け方《かた》で、正式《せいしき》な生《い》き物《もの》の分類《ぶんるい》方法《ほうほう》として今《いま》でも使《つか》われています。

リンネ式階級分類《しきかいきゅうぶんるい》の最後《さいご》の2つ、属《ぞく》と種《しゅ》を並《なら》べたものを学名《がくめい》と呼《よ》び、その生《い》き物《もの》が持《も》つ全世界共通《ぜんせかいきょうつう》の名前《なまえ》となります。ラテン語《ご》なので長《なが》くて意味《いみ》のわからないとっつきにくいものですが、「鈴木《すずき》さんちの香里武《かりぶ》くん」と言《い》っているようなものだと考《かんが》えると、学名《がくめい》にも親《した》しみが湧《わ》きますよ。

カクレクマノミはどんな分類《ぶんるい》になる？

階級《かいきゅう》	カクレクマノミ	ヒト
界《かい》	動物界《どうぶつかい》	動物界《どうぶつかい》
門《もん》	脊椎動物門《せきついどうぶつもん》	節足動物門《せっそくどうぶつもん》　軟体動物門《なんたいどうぶつもん》　脊椎動物門《せきついどうぶつもん》
綱《こう》	硬骨魚綱《こうこつぎょこう》	哺乳綱《ほにゅうこう》
目《もく》	スズキ目《もく》	霊長目《れいちょうもく》
科《か》	スズメダイ科《か》	ヒト科《か》
属《ぞく》	クマノミ属《ぞく》	チンパンジー属《ぞく》　ゴリラ属《ぞく》　ヒト属《ぞく》
種《しゅ》	カクレクマノミ	サピエンス種《しゅ》　ネアンデルタール種《しゅ》　エレクトス種《しゅ》

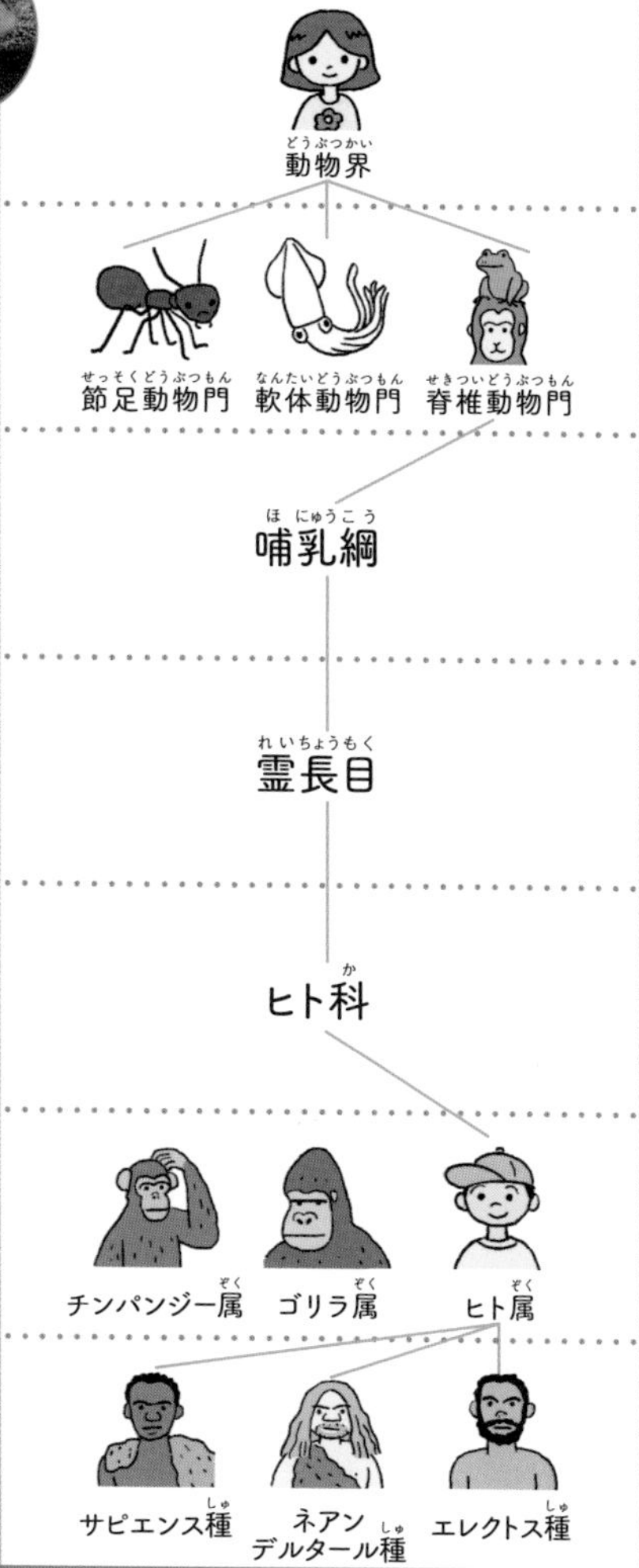

豆知識《まめちしき》

なぜ学名《がくめい》にはラテン語《ご》が使《つか》われるのでしょう？　理由《りゆう》の1つは、その昔学問《むかしがくもん》で使《つか》う正式《せいしき》な言語《げんご》とされていたから。もう1つは、今《いま》の世界《せかい》でラテン語《ご》はもう話《はな》されていないから。つまり今後意味《こんごいみ》が変《か》わることがない安定《あんてい》した言語《げんご》なのです。

魚《さかな》のヒミツ 体《からだ》の構造《こうぞう》はこうなっている！

水《みず》の世界《せかい》を生《い》きる魚《さかな》の体《からだ》の構造《こうぞう》はとても特殊《とくしゅ》で、まるで最先端《さいせんたん》のメカのようです。それぞれの器官《きかん》を覗《のぞ》いてみましょう。

目《め》：魚《さかな》の顔《かお》を正面《しょうめん》や真上《まうえ》から見《み》ると、目《め》が外側《そとがわ》にポッコリと飛《と》び出《だ》しています。これは水晶体《すいしょうたい》がまん丸《まる》だから。

鰓《えら》：水中《すいちゅう》の酸素《さんそ》を取《と》り込《こ》んで呼吸《こきゅう》するための器官《きかん》というイメージですが、浸透圧調整《しんとうあつちょうせい》といって体《からだ》の内外《ないがい》で塩分濃度《えんぶんのうど》のバランスを保《たも》つ働《はたら》きや、有害《ゆうがい》なアンモニアを体外《たいがい》に排出《はいしゅつ》するという大切《たいせつ》な役割《やくわり》もあります。

鰭《ひれ》：泳《およ》ぐための器官《きかん》であると同時《どうじ》に、身分証明書《みぶんしょうめいしょ》のような役割《やくわり》も。筋《すじ》の本数《ほんすう》（鰭条《きじょう》数《すう》）を数《かぞ》えることで種類《しゅるい》を見分《みわ》けられます。

鼻《はな》：多《おお》くの魚《さかな》は鼻《はな》の穴《あな》が４つ。人間《にんげん》のように同《おな》じの穴《あな》で吸《す》う＆吐《は》くのではなく、前《まえ》の穴《あな》から水《みず》を入《い》れて後《うし》ろの穴《あな》から出《だ》します。

側線《そくせん》：小《ちい》さな穴《あな》の開《あ》いた鱗《うろこ》が並《なら》んだもので、水流《すいりゅう》や水圧《すいあつ》の変化《へんか》を感《かん》じることによって周囲《しゅうい》の物《もの》との距離《きょり》などを感知《かんち》します。

耳《みみ》：外《そと》からは見《み》えませんが、頭蓋骨《ずがいこつ》の中《なか》に内耳《ないじ》があり、音《おと》を聞《き》くことができます。

マダイでみる魚《さかな》の体《からだ》

水中《すいちゅう》では角膜《かくまく》で光《ひかり》がほとんど屈折《くっせつ》しないため、まん丸《まる》の水《すい》晶体《しょうたい》で大《おお》きく屈折《くっせつ》させて物《もの》を見《み》ている

硬《かた》い筋《すじ》（棘《きょく》）と柔《やわ》らかい筋《すじ》（軟《なん》条《じょう》）の本数《ほんすう》の組《く》み合《あ》わせにより、姿《すがた》が似《に》ている魚《さかな》でも見分《みわ》けることができる

魚《さかな》がぶつからずに泳《およ》げる秘密《ひみつ》は側線《そくせん》があるから

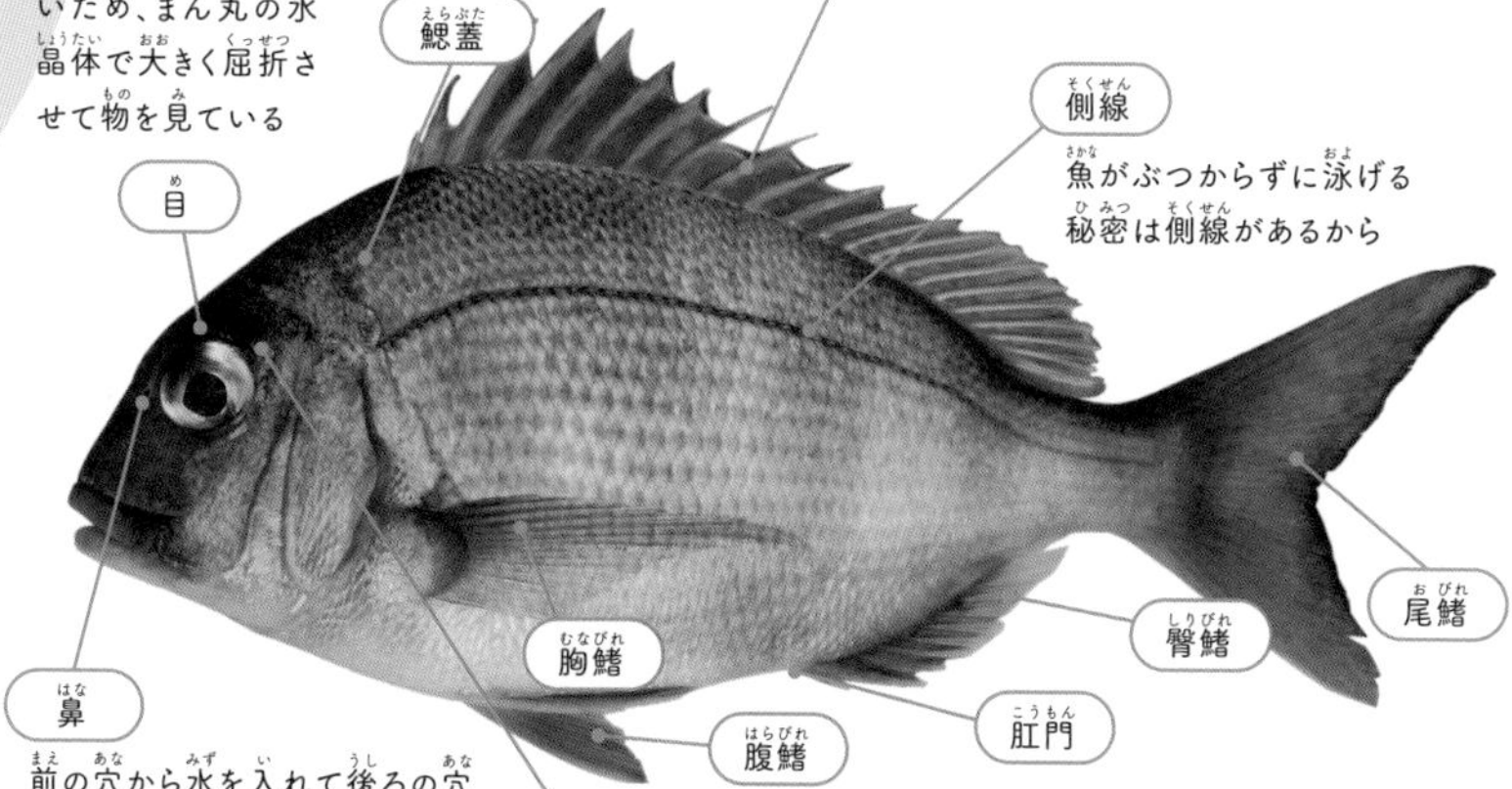

前《まえ》の穴《あな》から水《みず》を入《い》れて後《うし》ろの穴《あな》から出《だ》すためのトンネル部分《ぶぶん》の間《あいだ》に匂《にお》いを感《かん》じる器官《きかん》がある

体《からだ》の傾《かたむ》きを感《かん》じるための耳石《じせき》という石《いし》のようなものが入っており、バランスをとって泳《およ》ぐために役立《やくだ》っている

魚《さかな》にも鼻《はな》の穴《あな》がある

←前《まえ》の穴《あな》から後《うし》ろの穴《あな》に水《みず》が流《なが》れることで、感覚《かんかく》細胞《さいぼう》が匂《にお》いを感知《かんち》。水中《すいちゅう》ではものが見《み》えにくいので、匂《にお》いに敏感《びんかん》。

魚《さかな》の目《め》の仕組《しく》み

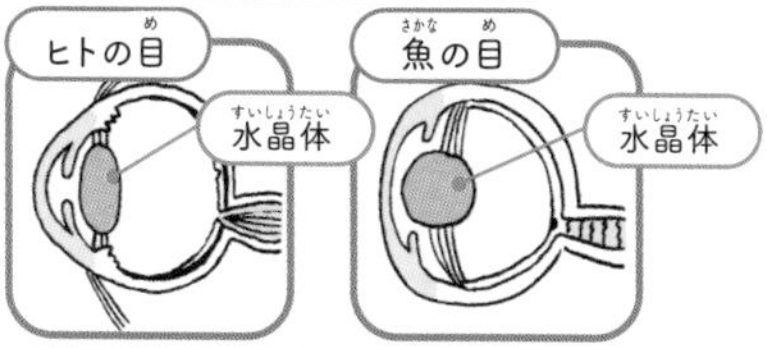

↑魚《さかな》は人間《にんげん》のように水晶体《すいしょうたい》の厚《あつ》みを変《か》えるのではなく、前後《ぜんご》に動《うご》かしてピントを合《あ》わせる。

耳《みみ》の中《なか》にある耳石《じせき》

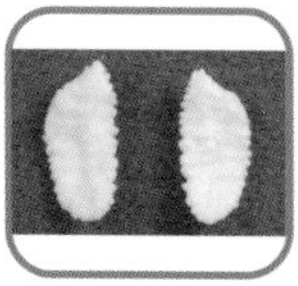

←魚《さかな》の種類《しゅるい》によって耳《じ》石《せき》の形《かたち》や大《おお》きさが違《ちが》う。断面《だんめん》にある年輪《ねんりん》のような線《せん》は魚《さかな》の年齢《ねんれい》を知《し》る手掛《てが》かりに。

豆知識《まめちしき》

魚《さかな》の口《くち》の周《まわ》りを「吻《ふん》」と呼《よ》びます。特《とく》に前《まえ》に突《つ》き出《で》た部分《ぶぶん》を指《さ》すことが多《おお》く、例《たと》えばカジキの仲間《なかま》の長《なが》く尖《とが》っているあのカッコイイ部分《ぶぶん》。つい「角《つの》」とか「鼻先《はなさき》」などと言《い》いたくなりますが、あれも吻《ふん》です。

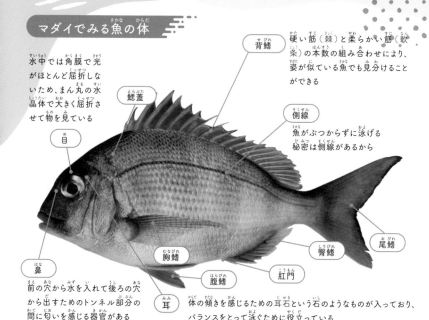

魚《さかな》の大《おお》きさが知《し》りたいときは、図鑑《ずかん》を開《ひら》けば最大《さいだい》サイズが載《の》っています。例《たと》えば、バショウカジキ、全長《ぜんちょう》3・5m。ハナハゼ、体長《たいちょう》12cm。マダイ、尾叉長《びさちょう》77cm。あれ？ 測《はか》り方《かた》が統一《とういつ》されていない！

　魚《さかな》の大《おお》きさは主《おも》に3種類《しゅるい》の方法《ほうほう》で測《はか》られます。全長《ぜんちょう》は体《からだ》の前端《ぜんたん》から尾鰭《おびれ》をすぼめたときの後《うし》ろ端《はし》まで。文字通《もじどお》り全体《ぜんたい》の長《なが》さを指《さ》します。標準体長《ひょうじゅんたいちょう》は上顎《うわあご》の先端《せんたん》から下尾骨《かびこつ》の後《うし》ろ端《はし》まで。これは尾鰭《おびれ》を左右《さゆう》に曲《ま》げたときにできるシワのあたりです。そして尾叉長《びさちょう》は体《からだ》の前端《ぜんたん》から二股《ふたまた》の尾鰭《おびれ》の真《ま》ん中《なか》のへっこみまで。

　測《はか》り方《かた》を分《わ》ける理由《りゆう》の1つ目《め》は、魚種《ぎょしゅ》によって適《てき》した測定方法《そくていほうほう》が異《こと》なるため。サヨリのように下顎《したあご》が長《なが》く伸《の》びているものや、ギンザメのように尾《お》が糸《いと》のように伸《の》びているものなど、魚《さかな》は形《かたち》が様々《さまざま》。それぞれに合《あ》った測《はか》り方《かた》をしないと数値《すうち》が大《おお》きく変《か》わってしまいます。

　2つ目《め》は、標本《ひょうほん》の状態《じょうたい》によって測《はか》れるものが変《か》わるため。尾鰭《おびれ》がボロボロになって捕獲《ほかく》された深海魚《しんかいぎょ》は、全長《ぜんちょう》を測《はか》ることができませんよね。

　そして3つ目《め》は、同《おな》じ魚《さかな》をいくつかの方法《ほうほう》で測《はか》っておくことで、個体《こたい》それぞれの特徴《とくちょう》を把握《はあく》できるようにするためです。例《たと》えば全長《ぜんちょう》と体長《たいちょう》が大《おお》きく違《ちが》う場合《ばあい》、その魚《さかな》は尾鰭《おびれ》か下顎《したあご》が長《なが》いのだろうと想像《そうぞう》できますし、全長《ぜんちょう》と尾叉長《びさちょう》の差《さ》が大《おお》きいならば、尾鰭《おびれ》がVサインのように深《ふか》く切《き》れ込《こ》んでいるのだと推測《すいそく》できますね。

マダイを使《つか》って体《からだ》の大《おお》きさを知《し》ろう

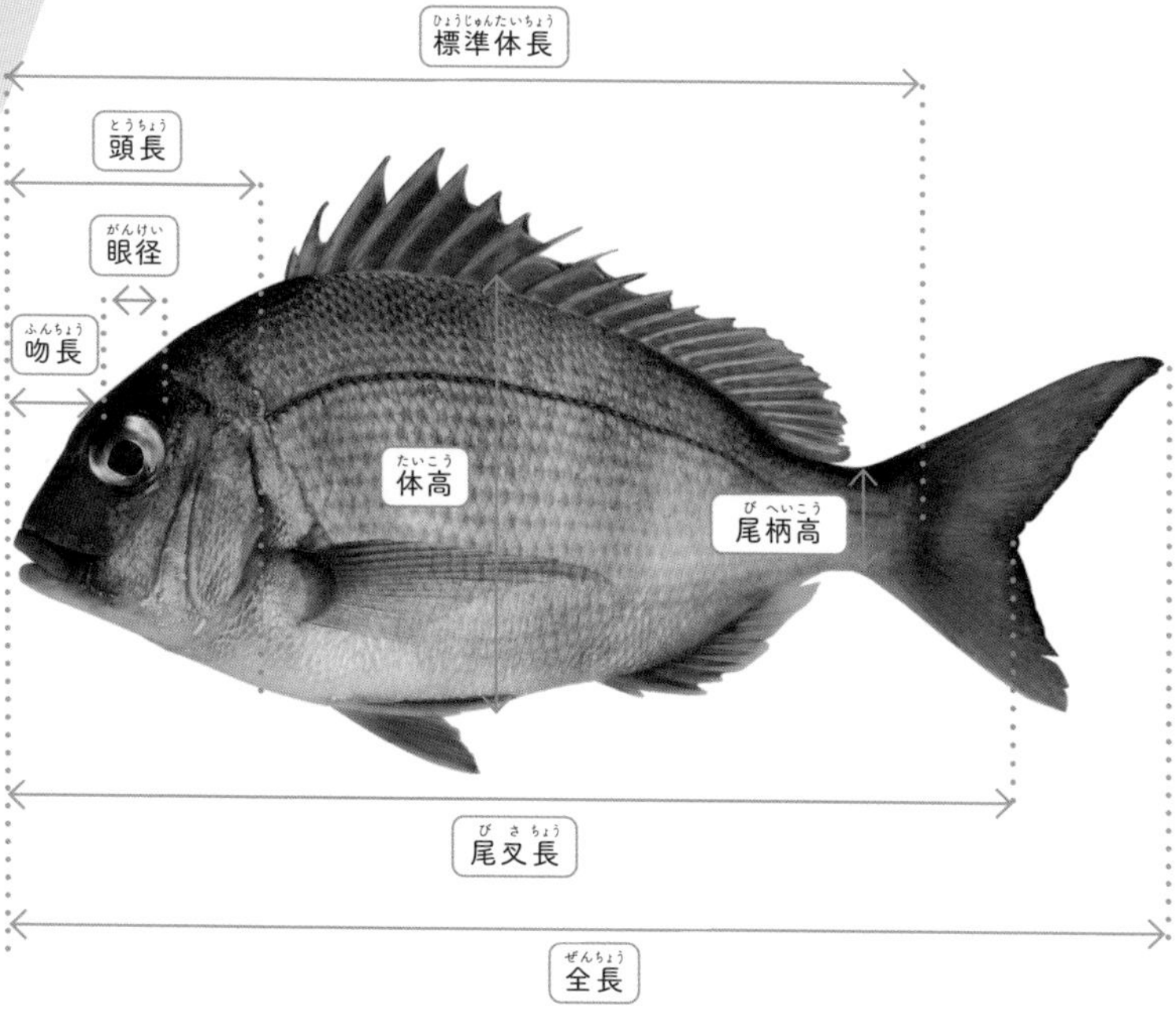

下顎《したあご》が長《なが》いサヨリ

↑カジキのように上顎《うわあご》が突《つ》き出《で》ていると思《おも》われがちだが、長《なが》いのは実《じつ》は下顎《したあご》。表層《ひょうそう》のプランクトンや水面《すいめん》に落《お》ちた昆虫《こんちゅう》などをすくい取《と》って食《た》べるときに活躍《かつやく》する。

尾《お》の長《なが》いギンザメ

↑尾鰭《おびれ》が糸《いと》のように長《なが》いギンザメは、その独特《どくとく》の姿《すがた》から、ギリシャ神話《しんわ》の怪物《かいぶつ》で、頭《とう》部《ぶ》はライオン、体《からだ》はヤギ、尾《お》っぽはヘビで火《ひ》を吐《は》くキメラを由来《ゆらい》として「Chimaera《キメイラ》」という属名《ぞくめい》に。

豆知識《まめちしき》

専門的《せんもんてき》な図鑑《ずかん》には、魚《さかな》の大《おお》きさは英語《えいご》の頭文字《かしらもじ》で示《しめ》されていることがほとんど。全長《ぜんちょう》は英語《えいご》でTotal lengthなので「TL」、標準体長《ひょうじゅんたいちょう》はStandard lengthの略《りゃく》で「SL」、尾叉長《びさちょう》はFork lengthの頭文字《かしらもじ》をとって「FL」と表記《ひょうき》されます。

CHAPTER 1

海《うみ》のはなし

06

キミはエラ呼吸《こきゅう》？ボクは皮《ひ》膚《ふ》呼《こ》吸《きゅう》！

魚《さかな》と言《い》えば鰓呼吸《えらこきゅう》。水《みず》から出《で》たら生《い》きられない。そんな固定観念《こていかんねん》を打《う》ち砕《くだ》くユニークな存在《そんざい》がいます。干潟《ひがた》の陸上《りくじょう》をピョコピョコ跳《は》ね回《まわ》るムツゴロウやトビハゼ。波打《なみう》ち際《ぎわ》の岩《いわ》の表面《ひょうめん》に貼《は》り付《つ》くヨダレカケ。水中《すいちゅう》を嫌《きら》う魚《さかな》たちです。

陸上《りくじょう》で生活《せいかつ》できる理由《りゆう》は、特殊《とくしゅ》な呼吸方《こきゅうほう》法《ほう》にあります。なんと彼《かれ》ら、皮膚呼吸《ひふこきゅう》ができるのです。それだけでは心配《しんぱい》だったのか、口《くち》の中《なか》にためた水《みず》を使《つか》って呼吸《こきゅう》もできちゃうという徹底《てってい》ぶり。そんな彼《かれ》らも、皮《ひ》膚《ふ》がカラカラに乾燥《かんそう》してしまうとさすがに呼吸《こきゅう》ができません。そんなときは泥《どろ》の上《うえ》でゴロゴロ水浴《みずあ》び。すごい能力《のうりょく》を持《も》っていながら、表情《ひょうじょう》や仕草《しぐさ》はちょっととおとぼけ。愛《いと》しいじゃありませんか。

淡水魚《たんすいぎょ》には、ラビリンス器官《きかん》という特殊《とくしゅ》な構造《こうぞう》によって空気中《くうきちゅう》の酸素《さんそ》を直接取《ちょくせつと》り込《こ》むことができるベタや、肺呼吸《はいこきゅう》ができるポリプテルス、腸《ちょう》でも呼吸《こきゅう》ができてしまうドジョウのような強者《つわもの》もいます。魚《さかな》って、思《おも》っている以上《いじょう》に進化《しんか》しているでしょう。

皮膚《ひふ》で呼吸《こきゅう》する仲間《なかま》

←河口付近《かこうふきん》の泥干潟《どろひがた》やマングローブに生息《せいそく》しているミナミトビハゼ。皮膚呼吸《ひふこきゅう》のため全身《ぜんしん》が粘膜《ねんまく》に覆《おお》われている。陸上《りくじょう》では吸盤状《きゅうばんじょう》に進化《しんか》している腹鰭《はらびれ》で体《からだ》を支《ささ》え、胸鰭《むなびれ》を使《つか》って移動《いどう》をする。

腸《ちょう》で呼吸《こきゅう》する仲間《なかま》

↑ドジョウの仲間《なかま》は水中《すいちゅう》の酸素《さんそ》が少《すく》なくなると水面《すいめん》に口《くち》を出《だ》し、空気《くうき》を吸《す》い込《こ》む。口《くち》から吸《す》った空気《くうき》は腸《ちょう》まで運《はこ》ばれ、腸《ちょう》の中《なか》で酸素《さんそ》と二酸化炭素《にさんかたんそ》を交換《こうかん》。その後《ご》、二酸化炭素《にさんかたんそ》の泡《あわ》をオナラのようにお尻《しり》から出《だ》す。

こんな呼吸《こきゅう》をする魚《さかな》も

ポリプテルス

ベタ

↑古代魚《こだいぎょ》ポリプテルスは鰓呼吸《えらこきゅう》に加《くわ》えて肺呼吸《はいこきゅう》、観賞魚《かんしょうぎょ》として人気《にんき》のベタはラビリンス器官《きかん》を使《つか》って呼吸《こきゅう》をする。水面《すいめん》から空気《くうき》を吸《す》うことができるため、酸素《さんそ》が乏《とぼ》しい環境《かんきょう》でも生《い》き延《の》びることができる。

試《ため》してみよう

ベタは初心者《しょしんしゃ》でも飼育《しいく》しやすい人気《にんき》の魚《さかな》。ただ、ケンカっ早《ばや》い一面《いちめん》があるので、1つの水槽《すいそう》で原則《げんそく》1匹《ぴき》しか飼《か》えません。水槽《すいそう》の側面《そくめん》に鏡《かがみ》をおくと、そこに映《うつ》った自分《じぶん》の姿《すがた》を別《べつ》の魚《さかな》と勘違《かんちが》いし、フレアリングという鰭《ひれ》を大《おお》きく広《ひろ》げる仕草《しぐさ》を見《み》せます。これは相手《あいて》への威嚇《いかく》です。

豆知識《まめちしき》

最近《さいきん》の研究《けんきゅう》で、トビハゼは口《くち》の中《なか》にある水《みず》を舌《した》のように使《つか》って陸上《りくじょう》で獲物《えもの》を捕《とら》えることが示《しめ》されました。水《みず》を吐《は》きかけながら獲物《えもの》に近付《ちかづ》き、水《みず》が獲物《えもの》を包《つつ》むと同時《どうじ》に水《みず》ごと吸《す》い込《こ》むというのです。陸《りく》で生《い》きるための進化《しんか》、恐《おそ》るべし！

CHAPTER 1
海《うみ》のはなし

07

多様性《たようせい》は当《あ》たり前《まえ》! 海《うみ》の中《なか》は〝ジェンダーレス〟

広《ひろ》い海《うみ》の中《なか》で、同《おな》じ種類《しゅるい》の2匹《ひき》が出会《であ》うのは奇跡《きせき》のようなもの。でもせっかく巡《めぐ》り会《あ》っても、同《おな》じ性別同士《せいべつどうし》だと子孫《しそん》を残《のこ》すことはできません。そこで、なんと性別《せいべつ》を変《か》える能力《のうりょく》を身《み》につけた魚《さかな》たちがいます。その数《かず》は400種類《しゅるい》にも上《のぼ》ると言《い》われているので、魚《さかな》の世界《せかい》では珍《めずら》しいことではありません。

メスとして成熟《せいじゅく》した後《あと》にオスへ性転換《せいてんかん》するタイプは雌性先熟《しせいせんじゅく》と呼《よ》ばれ、ハナダイやベラなど一夫多妻《いっぷたさい》のハーレムを作《つく》る魚《さかな》に多《おお》く見《み》られます。これならば群《む》れの中《なか》に必《かなら》ずオスがいる状態《じょうたい》を保《たも》てますし、体《からだ》の小《ちい》さなオスが縄張《なわば》り争《あらそ》いで負《ま》けてしまうことも避《さ》けられます。一方《いっぽう》、カクレクマノミやハナヒゲウツボなどオスからメスへの性転換《せいてんかん》は雄《ゆう》性先熟《せいせんじゅく》と呼《よ》ばれ、体《からだ》が大《おお》きなメスが多《おお》くの卵《たまご》を産《う》むことができるというメリットがあります。中《なか》には、オキナワベニハゼのようにどちらの方向《ほうこう》にも何度《なんど》でも性転換《せいてんかん》できる珍《めずら》しいパターンも。生《い》き物《もの》にとって子孫《しそん》を残《のこ》すことがいかに大切《たいせつ》なのかを感《かん》じますね。

雌性先熟《しせいせんじゅく》

メス➡オス

ハナダイの仲間《なかま》・サクラダイ（メス）

サクラダイ（オス）

↑メスの体《からだ》はオレンジ色《いろ》。オスになると赤《あか》みが強《つよ》くなり、名前《なまえ》の由来《ゆらい》である桜吹《さくらふ》雪《ぶき》を散《ち》らしたような模様《もよう》が現《あらわ》れる。

ベラの仲間《なかま》・キュウセン（メス）

キュウセン（オス）

↑メスは比較的《ひかくてき》シックな色《いろ》をしていますが、オスに性転換《せいてんかん》すると鮮《あざ》やかで複雑《ふくざつ》な色合《いろあ》いに。

雄性先熟《ゆうせいせんじゅく》

オス➡メス

カクレクマノミ

↑1番大《ばんおお》きい個体《こたい》がメス、2番目《ばんめ》がオスになり、その他《ほか》の個体《こたい》は無性《むせい》。群《む》れの中《なか》に必《かなら》ず1ペアいる状態《じょうたい》を保《たも》つ。

双方向《そうほうこう》の性転換《せいてんかん》

オス⇄メス

オキナワベニハゼ

↑メスが2匹以上《ひきいじょう》いると、体《からだ》が大《おお》きい個《こ》体《たい》がオスになります。オス同士《どうし》が同居《どうきょ》していると、小《ちい》さい方《ほう》がメスになる。

豆知識《まめちしき》

哺乳類《ほにゅうるい》の場合《ばあい》、体《からだ》の構造《こうぞう》としての性別《せいべつ》が自然《しぜん》に変《か》わることはないですよね。なぜ魚《さかな》はそれができるのか？　理由《りゆう》はオスとメスの生殖器《せいしょくき》の構造《こうぞう》に大《おお》きな違《ちが》いがないため。体《からだ》の外《そと》で受精《じゅせい》するからこそ実現《じつげん》できるのです。

CHAPTER 1

海《うみ》のはなし

08

美《うつく》しき変《へん》身《しん》ヒーローと愛《あい》すべき変《へん》態《たい》たち

本当《ほんとう》に親子《おやこ》？　成長《せいちょう》すると大変身《だいへんしん》！

タテジマキンチャクダイ

幼魚《ようぎょ》

成魚《せいぎょ》は縄張《なわば》り内《ない》の餌《えさ》を守《まも》るため、同種《どうしゅ》の成魚《せいぎょ》を追《お》い払《はら》う。

成魚《せいぎょ》

しかし幼魚《ようぎょ》まで追《お》い払《はら》うと、餌《えさ》にありつけずに死《し》んでしまう。種《しゅ》の繁《はん》栄《えい》のため幼魚《ようぎょ》の模《も》様《よう》を変《か》えて彼《かれ》らを守《まも》っているのだ。

幼《よう》魚《ぎょ》と成魚《せいぎょ》で劇的《げきてき》に見《み》た目《め》が変《か》わる魚《さかな》がたくさんいます。成長《せいちょう》とともに大変身《だいへんしん》するのはなぜなのか、3つのパターンを見《み》てみましょう。

まずは似《に》てない親子《おやこ》の代表《だいひょう》、タテジマキンチャクダイ。幼魚《ようぎょ》は紺《こん》色《いろ》に白《しろ》い渦巻《うずま》きのような模様《もよう》ですが、成魚《せいぎょ》になると青《あお》と黄色《きいろ》の縞々《しましま》模様《もよう》になります。親同士《おやどうし》の縄張《なわば》り争《あらそ》いに子《こ》どもが巻《ま》き込《こ》まれないよ

生活《せいかつ》スタイルによって大変身《だいへんしん》!

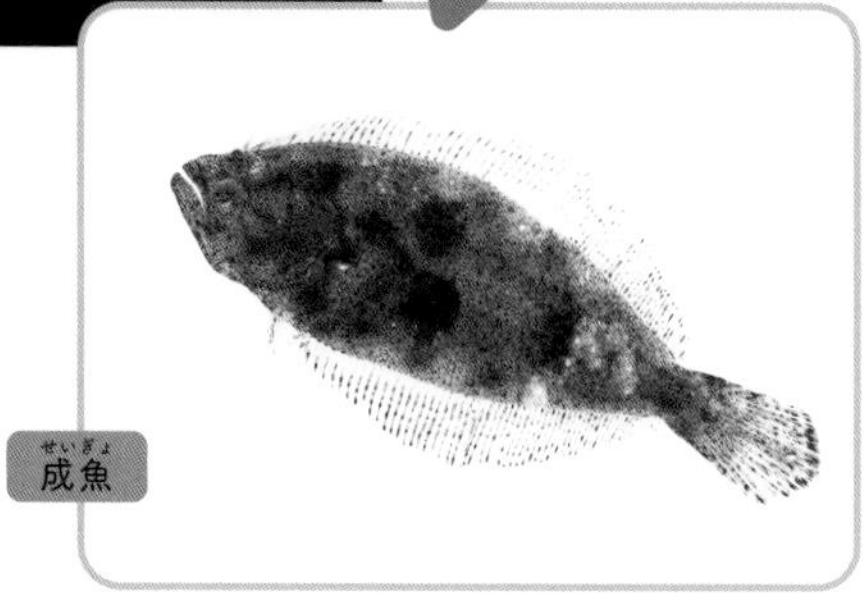

➡成魚《せいぎょ》になり右目《みぎめ》が体《からだ》の左側《ひだりがわ》に移《い》動《どう》してくる際《さい》、頭蓋骨《ずがいこつ》の中《なか》で右目《みぎめ》を支《ささ》える軟骨《なんこつ》も消《き》えていく。同時《どうじ》に、視覚《しかく》と関連《かんれん》した中脳《ちゅうのう》の一部《いちぶ》の「視蓋《しがい》」の右側《みぎがわ》だけが大《おお》きく発達《はったつ》。目《め》の移動《いどう》に合《あ》わせて、頭蓋骨《ずがいこつ》や脳《のう》も変化《へんか》をしている。同《おな》じような変《へん》化《か》は目《め》が体《からだ》の右側《みぎがわ》に寄《よ》るカレイでも見《み》られる。

う、一目瞭然《いちもくりょうぜん》でケンカの対象外《たいしょうがい》だとわかるように全《まった》く異《こと》なる模様《もよう》をしていると考《かんが》えられています。種《しゅ》の未来《みらい》を想《おも》う親《おや》の愛《あい》ですね。

続《つづ》いて生活《せいかつ》スタイルの変化《へんか》によるもの。ヒラメやカレイの仲間《なかま》は、生《う》まれたばかりの頃《ころ》は他《ほか》の魚《さかな》と同《おな》じように縦《たて》になって泳《およ》いでいて、目《め》も体《からだ》の左右《さゆう》にあります。それが海底《かいてい》で暮《く》らすようになるにつれて大変身《だいへんしん》。なんと顔《かお》の表面《ひょうめん》を目《め》が移《い》動《どう》して片側《かたがわ》に寄《よ》ってしまい、体《からだ》を横倒《よこだお》しにして着底《ちゃくてい》するのです。

3つ目《め》は身《み》を守《まも》るため。体《からだ》の小《ちい》さな幼魚《ようぎょ》の頃《ころ》だけ何《なに》かに擬態《ぎたい》して、成魚《せいぎょ》になると魚《さかな》らしい姿《すがた》になるパターンです。これについては、3章《しょう》で詳《くわ》しくご紹介《しょうかい》します。

豆知識《まめちしき》

横縞模様《よこしまもよう》のように見《み》えるタテジマキンチャクダイの成魚《せいぎょ》。間違《まちが》えて名付《なづ》けてしまったわけではないんです。人間《にんげん》と同《おな》じように、魚《さかな》も頭《あたま》を上《うえ》にした状態《じょうたい》で模様《もよう》を見《み》るという決《き》まりがあります。だからこの魚《さかな》はれっきとした縦縞《たてじま》。

生活《せいかつ》の場所《ばしょ》によって体《からだ》の構造《こうぞう》を変《か》える

フィロゾーマ幼生《ようせい》

イセエビ

体長《たいちょう》は3cmでも、体《からだ》の薄《うす》さが1mmほどなので、発見時《はっけんじ》は新種《しんしゅ》の生《い》き物《もの》と間違《まちが》われたほど。

成体《せいたい》

フィロゾーマ幼生《ようせい》はその後《ご》、体《からだ》の中身《なかみ》が中心《ちゅうしん》に縮《ちぢ》み、ガラスのイセエビのような姿《すがた》、プエルルス幼《よう》生《せい》となり、脱皮《だっぴ》をするとようやく成体《せいたい》のイセエビになる。

さらにドラマチックな成長過程《せいちょうかてい》を見《み》せてくれるのが、エビやカニをはじめとする甲殻類《こうかくるい》です。彼《かれ》らの場合《ばあい》、浮遊生活《ふゆうせいかつ》から底生生活《ていせいせいかつ》に移《うつ》る際《さい》、体《からだ》の構造《こうぞう》まで変《か》えてしまうので、変身《へんしん》というより変態《へんたい》といえるでしょう。

高級海産物《こうきゅうかいさんぶつ》のイセエビやセミエビはガッシリ体型《たいけい》のイメージですが、赤《あか》ちゃんはまるでエイリアン！　透明《とうめい》で紙《かみ》のようにペラペラな体《からだ》に、触角《しょっかく》のように飛《と》び出《だ》す目《め》。フィロゾーマ幼生《ようせい》と呼《よ》ばれるこの時期《じき》は、平《ひら》たい体《からだ》で水《みず》の抵抗《ていこう》を増《ま》すことで海流《かいりゅう》に乗《の》って旅《たび》をしています。中《なか》にはクラゲを乗《の》り物《もの》として使《つか》っているちゃっかり者《もの》も

成長《せいちょう》によって体《からだ》の動《うご》きを変《か》える

カニの仲間《なかま》

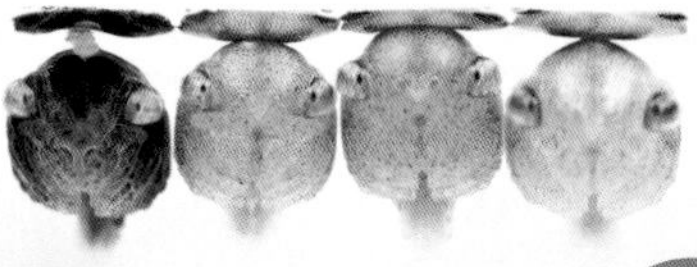

メガロパ幼生《ようせい》

←歩《ある》いて生活《せいかつ》するカニも、生《う》まれたばかりの頃《ころ》はゾエア幼生《ようせい》といい、海《かい》中《ちゅう》を泳《およ》いで生活《せいかつ》。その後《ご》、脱皮《だっぴ》を繰《く》り返《かえ》しメガロパ幼生《ようせい》に。

成体《せいたい》

→メガロパ幼生《ようせい》から成体《せいたい》と同《おな》じ形《かたち》の稚《ち》ガニとなり、最終的《さいしゅうてき》に成体《せいたい》になる。

いたり、クラゲを持《も》ってその毒《どく》で餌《えさ》を取《と》ろうとする策略家《さくりゃくか》も。

お寿司《すし》でおなじみのシャコも、アリマ幼生《ようせい》と呼《よ》ばれる浮遊期《ふゆうき》の姿《すがた》は親《おや》とは似《に》ても似《に》つきません。

そして海底《かいてい》を横歩《よこある》きするのが当《あ》たり前《まえ》だと思《おも》っているカニの仲間《なかま》たちも、赤《あか》ちゃんの頃《ころ》はなんと泳《およ》いでいるんです。鋭《するど》いトゲで身《み》を守《まも》るゾエア幼生《ようせい》から、尾《お》が生《は》えて高速《こうそく》で泳《およ》ぐメガロパ幼生《ようせい》へ。そこから尾《お》が折《お》り畳《たた》まれて「ふんどし」と呼《よ》ばれる部分《ぶぶん》になり、よく知《し》るカニの姿《すがた》になります。彼《かれ》らが変態《へんたい》していく様子《ようす》は、生命《せいめい》の神《しん》秘《ぴ》としか言《い》いようがありません。

豆知識《まめちしき》

ゾエア、メガロパ、フィロゾーマ、ニスト、プエルルス、アリマ…種類《しゅるい》や成長《せいちょう》段階《だんかい》によって呼《よ》び名《な》が変《か》わる甲殻類《こうかくるい》の幼生《ようせい》たち。見《み》た目《め》も響《ひび》きも遠《とお》い星《ほし》の宇宙《うちゅう》人《じん》っぽいですが、身近《みぢか》なシラスの中《なか》によく入《はい》っているので探《さが》してみましょう。

CHAPTER 1

海《うみ》のはなし

09

メスとオス、見《み》た目《め》がこんなに違《ちが》う意《い》外《がい》な理《り》由《ゆう》

派手《はで》さが大違《おおちが》い！

イロブダイ（オス）

イロブダイ（メス）

クジャク（オス）

クジャク（メス）

強《つよ》さを誇示《こじ》して、生《い》き残《のこ》るために派手《はで》になった生《い》き物《もの》たち。ファッションとして着飾《きかざ》る人間《にんげん》とはまた違《ちが》った考《かんが》え方《かた》だね

クジャクやシカ、クワガタムシなど、メスよりもオスの方《ほう》が大《おお》きかったり派《は》手《で》だったりする生《い》き物《もの》が多《おお》いですよね。魚《さかな》も、ベラの仲間《なかま》はオスに性転換《せいてんかん》すると派《は》手《で》な柄《がら》になりますし、オニテングハギはオスだけ角《つの》が伸《の》びます。

雌雄《しゆう》で姿《すがた》が違《ちが》う生《い》き物《もの》がいる理《り》由《ゆう》をダーウィンは性淘汰《せいとうた》という理《り》論《ろん》で説明《せつめい》しました。これには2つの種類《しゅるい》があります。1つは、メス

オスとメスで大《おお》きさが違《ちが》うチョウチンアンコウの仲間《なかま》

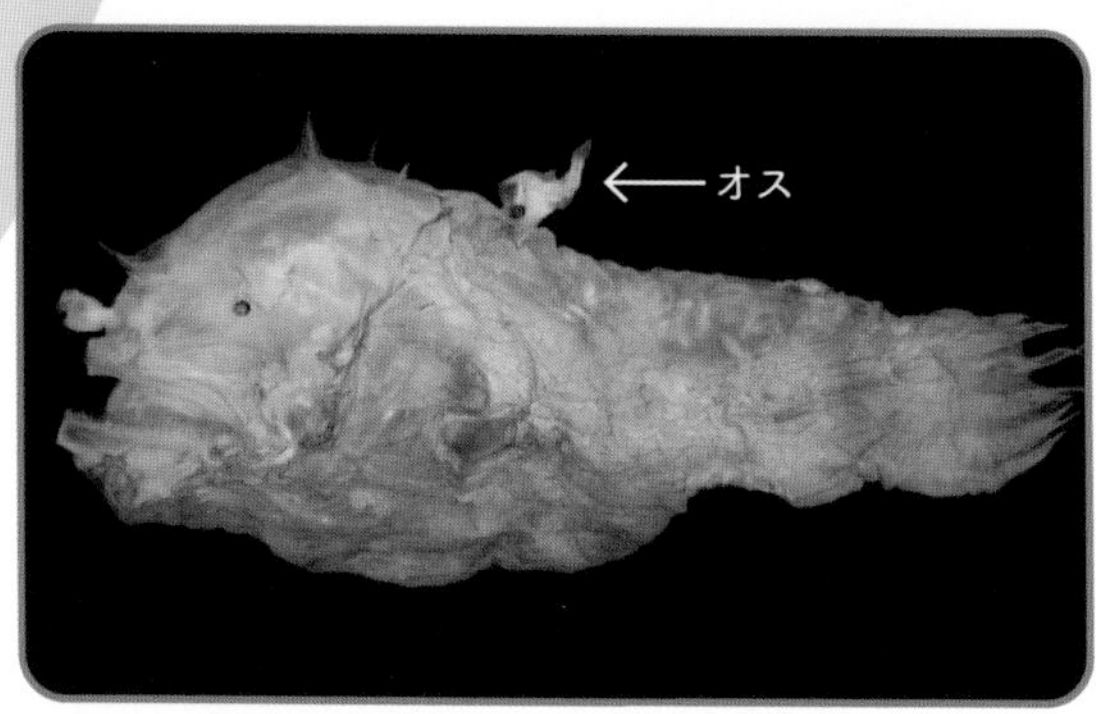

◀謎《なぞ》多《おお》き深海魚《しんかいぎょ》、チョウチンアンコウの仲間《なかま》。真《ま》っ暗《くら》な深海《しんかい》ではお互《たが》いを見《み》つけるのが難《むずか》しいため、確実《かくじつ》に子孫《しそん》を残《のこ》すべく、オスは自分《じぶん》の存在《そんざい》を消《け》してまでメスと融合《ゆうごう》する道《みち》を選《えら》んだのだ。

メスに吸収《きゅうしゅう》されるオス

メスに噛《か》みついたオスは、皮膚《ひふ》が同化《どうか》して血流《けつりゅう》まで繋《つな》がるんだ。すると自分《じぶん》で餌《えさ》を取《と》る必要《ひつよう》はないので、目《め》や内臓《ないぞう》は退化《たいか》。精巣《せいそう》だけを残《のこ》した、繁殖《はんしょく》のための袋《ふくろ》と化《か》してしまうんだよ

をめぐるオス同士《どうし》の戦《たたか》いで、より優《すぐ》れた武器《ぶき》を持《も》つオスが勝《か》って子《し》孫《そん》を残《のこ》し、その武器《ぶき》が進化《しんか》するという同性間淘汰《どうせいかんとうた》。もう1つは、より派手《はで》なオスがメスにモテるため、派手《はで》さが進化《しんか》するという異性《いせい》間淘汰《かんとうた》。

一方《いっぽう》、チョウチンアンコウの仲《なか》間《ま》はオスの大《おお》きさがメスの10分《ぶん》の1くらいしかありません。そしてメスを見《み》つけると体《からだ》に噛《か》みつき、なんとそのままメスの一部《いちぶ》になってしまう種類《しゅるい》もいます。このように極端《きょくたん》に小《ちい》さなオスは矮雄《わいゆう》と呼《よ》ばれ、深海魚《しんかいぎょ》に多《おお》く見《み》られる不思議《ふしぎ》な特徴《とくちょう》です。出会《であ》いの少《すく》ない深海《しんかい》だからこその繁殖戦略《はんしょくせんりゃく》なのかもしれませんね。

豆知識《まめちしき》

矮雄《わいゆう》の中《なか》でもかなり特殊《とくしゅ》なのがボネリムシ。まだ性別《せいべつ》が決《き》まっていない幼生《ようせい》の頃《ころ》に成長《せいちょう》したメスに出会《であ》うと、取《と》り込《こ》まれて体内《たいない》で小《ちい》さなオスとして生《い》きていきます。取《と》り込《こ》まれることなく成長《せいちょう》すると、立派《りっぱ》なメスとして成熟《せいじゅく》するのです。

CHAPTER 1

海《うみ》のはなし

10

青《あお》く見《み》えるあの魚《さかな》、実《じつ》は青《あお》くない!?

小《しょう》学生《がくせい》の頃《ころ》、海《うみ》でソラスズメダイという青《あお》く美《うつく》しい魚《さかな》を捕《つか》まえて、嬉《うれ》しくて家《いえ》の水槽《すいそう》に入《い》れたら、翌朝《よくあさ》には黒《くろ》くなっていたことがありました。魚《さかな》の色《いろ》は変《か》わるんだ！　と驚《おどろ》いたものです。

私《わたし》たちが目《め》にする色《いろ》には2種類《しゅるい》あります。1つは、トマトの赤《あか》のような色素色《しきそしょく》。色《いろ》は光《ひかり》の波長《はちょう》の違《ちが》いによるものですが、表面《ひょうめん》で赤《あか》以《い》外《がい》の波長《はちょう》が吸収《きゅうしゅう》され、赤《あか》の波長《はちょう》だ

青《あお》いソラスズメダイ

黒《くろ》いソラスズメダイ

↑→ソラスズメダイの青色《あおいろ》は光《ひかり》の干渉《かんしょう》によって見《み》えている構造色《こうぞうしょく》。同《おな》じ魚《さかな》でも、光《ひかり》の当《あ》たり具合《ぐあい》や皮《ひ》膚《ふ》の状態《じょうたい》で黒《くろ》く見《み》える。

試《ため》してみよう!

色《いろ》の波長《はちょう》

シャボン玉《だま》を吹《ふ》いてみると、透明《とうめい》なはずのシャボン玉《だま》が虹《にじ》色《いろ》に輝《かがや》いて見《み》える。膜《まく》の表面《ひょうめん》と裏面《うらめん》とで光《ひかり》が反射《はんしゃ》・干渉《かんしょう》しているから様々《さまざま》な色《いろ》（虹色《にじいろ》）になる。これがまさに構造色《こうぞうしょく》だ。

重層薄膜干渉《じゅうそうはくまくかんしょう》の仕組《しく》み

※矢印《やじるし》の色《いろ》は光《ひかり》の波長《はちょう》との関係性《かんけいせい》はありません。

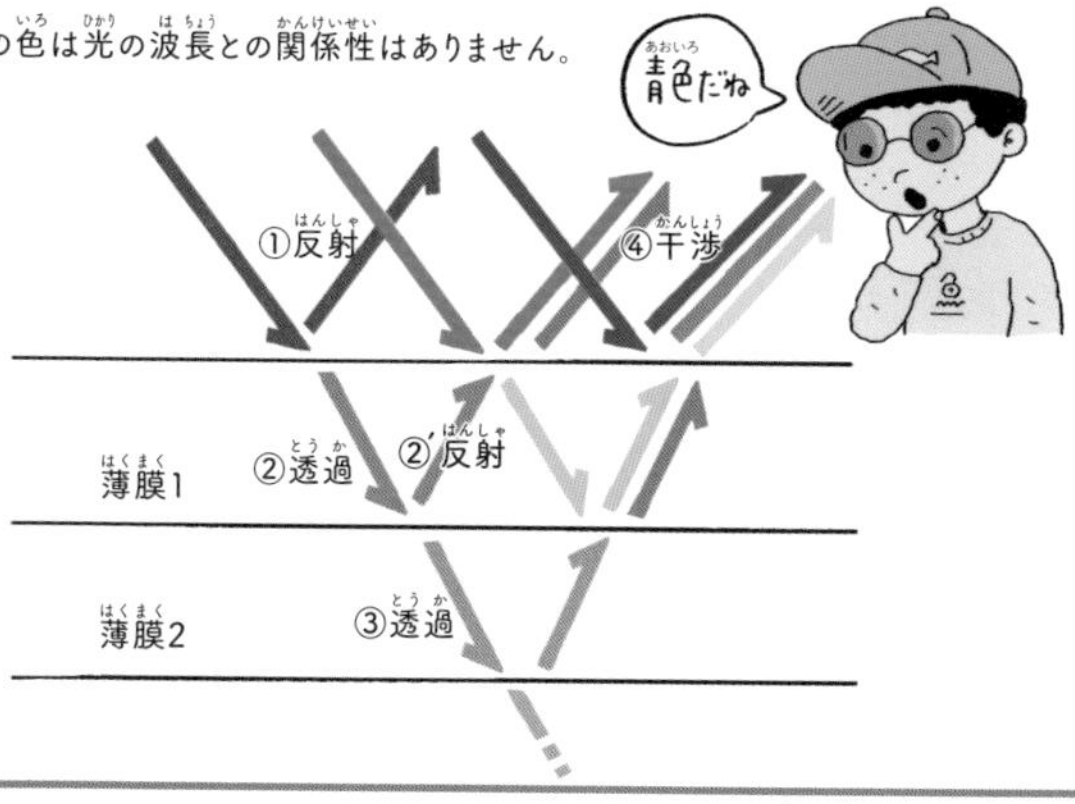

↑1つ目《め》の層《そう》に光《ひかり》が当《あ》たると、反射《はんしゃ》する光《ひかり》（①）と、屈折《くっせつ》して透過《とうか》する光《ひかり》（②）とに分《わ》かれる。②が2つ目《め》の層《そう》に当《あ》たり、また反射《はんしゃ》②´と透過《とうか》③に分《わ》かれ、反射《はんしゃ》した光《ひかり》は1つ目《め》の層《そう》でまた屈折《くっせつ》して①と混《ま》ざり（干渉《かんしょう》④）、新《あら》たな波長《はちょう》の光《ひかり》を生《う》む……これが繰《く》り返《かえ》されることで、見《み》かけの色《いろ》が生《う》まれる。

タチウオやイワシ、サンマなどがキラキラ輝《かがや》いて見《み》えるのは、虹色素胞《にじしきそほう》の中《なか》にグアニンという薄《うす》い結晶《けっしょう》を持《も》っているから。これが鏡《かがみ》のように光《ひかり》を反射《はんしゃ》するんだ

けが反射《はんしゃ》されることで、その物《もの》は赤《あか》く見《み》えるわけです。もう1つは、実際《じっさい》には色《いろ》がないのに表面《ひょうめん》の構造《こうぞう》によって色《いろ》が見《み》える構造色《こうぞうしょく》です。

ソラスズメダイをはじめとする鮮《あざ》やかな青色《あおいろ》の魚《さかな》やタチウオのような銀《ぎん》ピカの魚《さかな》がまさにこれ。皮《ひ》膚《ふ》に虹色素胞《にじしきそほう》という細胞《さいぼう》を持《も》ち、その中《なか》は薄《うす》い膜《まく》が何層《なんそう》も重《かさ》なったような構造《こうぞう》になっています。光《ひかり》が入《はい》ってきたとき、それぞれの膜《まく》で異《こと》なる屈折率《くっせつりつ》の反射《はんしゃ》と透過《とうか》が起《お》こり、それらが干渉《かんしょう》し合《あ》って鮮《あざ》やかな色《いろ》が生《う》み出《だ》されています。これを重層薄膜干渉《じゅうそうはくまくかんしょう》といいます。入《はい》る光《ひかり》や層《そう》の厚《あつ》みが変《か》われば、見《み》えている色《いろ》も変《か》わるというわけです。

豆知識《まめちしき》

魚《さかな》に限《かぎ》らず、モルフォチョウやクジャクなど生《い》き物《もの》が見《み》せる青《あお》は構造色《こうぞうしょく》によるもの。しかし、サンゴ礁《しょう》の海《うみ》に暮《く》らすニシキテグリは青《あお》い色素《しきそ》を持《も》っていることが知《し》られています。地球上《ちきゅうじょう》でごく限《かぎ》られた、本当《ほんとう》に青《あお》い生《い》き物《もの》なのです。

CHAPTER 1

海《うみ》のはなし

11

イカはなぜ危機《きき》を察知《さっち》すると一瞬《いっしゅん》で色《いろ》を変《か》えられるのか

イカのお刺身《さしみ》は白《しろ》いですよね。でも生《い》きているときのイカは様々《さまざま》な色《いろ》をしています。そして敵《てき》に襲《おそ》われたときなどに一瞬《いっしゅん》で色《いろ》を変《か》えることができます。これはどんな仕組《しく》みなのでしょうか。

イカの体表《たいひょう》には魚《さかな》と同《おな》じように色素胞《しきそほう》がありますが、その構造《こうぞう》は特殊《とくしゅ》です。色素胞《しきそほう》の中《なか》には**オモクローム**と呼《よ》ばれる赤色《あかいろ》や黄《き》色《いろ》、褐色《かっしょく》の色素《しきそ》が入《はい》った袋《ふくろ》があります。3色《しょく》のインク袋《ぶくろ》をイメージして下《くだ》さい。この色素胞《しきそほう》は伸《の》び縮《ちぢ》みする性質《せいしつ》があり、例《たと》えば赤《あか》の色素胞《しきそほう》が横《よこ》にビヨーンと広《ひろ》がると、体《からだ》中《じゅう》で赤《あか》のインク袋《ぶくろ》が同時《どうじ》に広《ひろ》がって、全体《ぜんたい》が一瞬《いっしゅん》で赤《あか》くなったように見《み》えるのです。赤《あか》い傘《かさ》で考《かんが》えるとわかりやすいでしょう。赤《あか》い傘《かさ》を持《も》った人《ひと》が大勢《おおぜい》いる白《しろ》い広場《ひろば》を空《そら》から見《み》てみるとします。全員《ぜんいん》が傘《かさ》を閉《と》じていれば広場《ひろば》は白《しろ》く見《み》えますが、一斉《いっせい》に傘《かさ》を広《ひろ》げた瞬間《しゅんかん》、広場全体《ひろばぜんたい》が真《ま》っ赤《か》になりますね。

水族館《すいぞくかん》のイカを近《ちか》くでよく見《み》てみると、体《からだ》の表面《ひょうめん》で色《いろ》のついた点《てん》が大《おお》きくなったり小《ちい》さくなったりする様子《ようす》を観察《かんさつ》できますよ。

イカの体《からだ》の色《いろ》の変化《へんか》

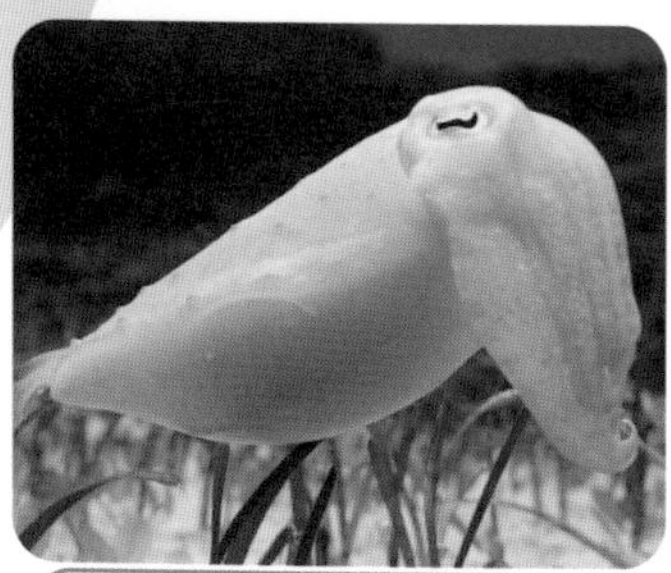

色素胞《しきそほう》が縮《ちぢ》んでいる：無色《むしょく》

↑赤《あか》い傘《かさ》を全員閉《ぜんいんと》じていると、上《うえ》から見《み》た時《とき》に赤《あか》い点《てん》はまばらにしか見《み》えない。

色素胞《しきそほう》が広《ひろ》がっている：有色《ゆうしょく》

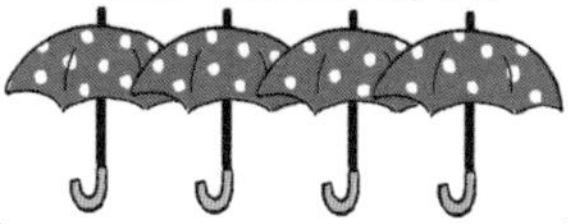

↑赤《あか》い傘《かさ》を一斉《いっせい》に開《ひら》くと、上《うえ》から見《み》た時《とき》に一面《いちめん》が赤《あか》く見《み》えるようになる。

イカの皮膚《ひふ》の拡大《かくだい》

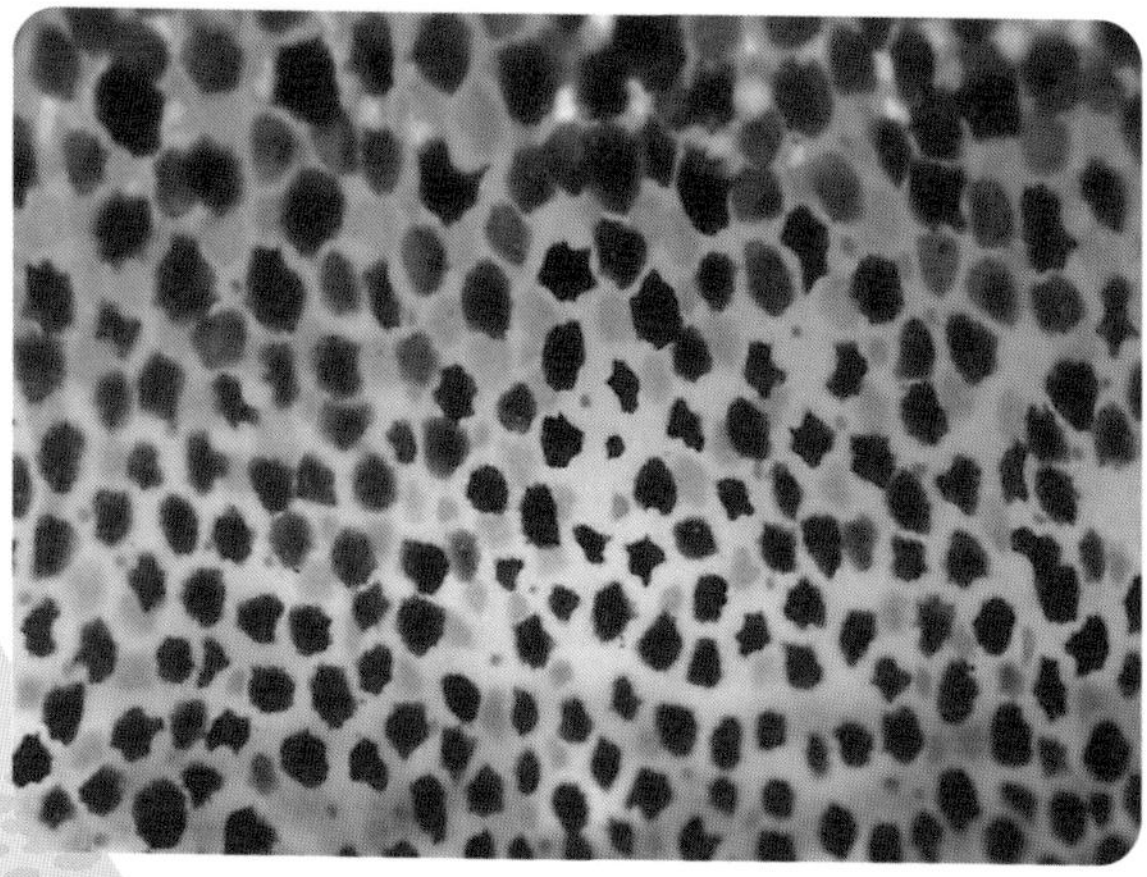

←色素胞《しきそほう》は興奮状態《こうふんじょうたい》で変《へん》化《か》しやすく、天敵《てんてき》から逃《に》げるときや威嚇《いかく》するとき、求愛《きゅうあい》の際《さい》にも変化《へんか》する。中《なか》には体《からだ》の左右半分《さゆうはんぶん》だけ色《いろ》を変《か》えることができる種類《しゅるい》や、電光掲示板《でんこうけいじばん》のように模様《もよう》を波打《なみう》たせる種類《しゅるい》もいるから驚《おどろ》き。

豆知識《まめちしき》

イカは3色《しょく》の色素胞《しきそほう》を何層《なんそう》も重《かさ》ねて持《も》っているので、色《いろ》の重《かさ》なりによって様々《さまざま》な色彩《しきさい》が現《あらわ》れます。また、虹色素胞《にじしきそほう》も持《も》っているため構造色《こうぞうしょく》によるキラキラを生《う》み出《だ》すこともできる、優《すぐ》れたアーティストのような存在《そんざい》なのです。

深海《しんかい》に棲《す》む生物《せいぶつ》が水圧《すいあつ》に押《お》し潰《つぶ》されないワケとは

海《うみ》の中《なか》では10m潜《もぐ》るごとに約《やく》1気圧《きあつ》ずつ水圧《すいあつ》が増《ま》していきます。水深《すいしん》1600mでは小指《こゆび》の先《さき》にお相撲《すもう》さん1人《ひとり》が乗《の》っかるくらいの力《ちから》がかかっています。これだけの力《ちから》で四方八方《しほうはっぽう》から押《お》されているのに、なぜ深海魚《しんかいぎょ》は涼《すず》しい顔《かお》をして悠々《ゆうゆう》と泳《およ》いでいられるのでしょうか？

その秘密《ひみつ》は体《からだ》の中《なか》に気体《きたい》がないから。浅《あさ》い海《うみ》の魚《さかな》は鰾《うきぶくろ》を持《も》つことで浮《う》き沈《しず》みを調整《ちょうせい》していますが、深海《しんかい》に行《い》くと圧力《あつりょく》に弱《よわ》い気《き》体《たい》は潰《つぶ》されてしまいます。そこで深海魚《しんかいぎょ》は、鰾《うきぶくろ》を持《も》たなかったり、中《なか》を脂《あぶら》などで満《み》たしたりといった工夫《くふう》をしているのです。

また、深海魚《しんかいぎょ》というと体《からだ》がブヨブヨしたものが多《おお》い印象《いんしょう》ですが、これも同《おな》じ理由《りゆう》です。体《からだ》を水分《すいぶん》で満《み》たすことによって水圧《すいあつ》に負《ま》けないように進化《しんか》したのです。水《みず》の力《ちから》には水《みず》で対抗《たいこう》しようという作戦《さくせん》ですね。

他《ほか》にも、高《たか》い圧力《あつりょく》を受《う》けても細胞《さいぼう》のタンパク質《しつ》の構造《こうぞう》が崩《くず》れないように守《まも》るTMAO※という物質《ぶっしつ》も持《も》っています。深海《しんかい》だけにとても深《ふか》いテーマですね。

※トリメチルアミン-N-オキシドのこと

海《うみ》の深《ふか》さとその場所《ばしょ》での生《い》き物《もの》

深《ふか》さ（m）	
200	光《ひかり》がほとんど届《とど》かず、光合成《こうごうせい》ができなくなる
1000	一般的《いっぱんてき》な漁法《ぎょほう》で魚《さかな》が取《と》れる深《ふか》さ
3000	マッコウクジラが潜《もぐ》れる深《ふか》さ
4000	圧力《あつりょく》で人間《にんげん》の細胞《さいぼう》が変形《へんけい》し始《はじ》める
8300	魚《さかな》がいることが確《たし》かめられた最《もっと》も深《ふか》い場所《ばしょ》
11000	世界《せかい》で最《もっと》も深《ふか》い海底《かいてい》（マリアナ海溝《かいこう》にあるチャレンジャー海淵《かいえん》）

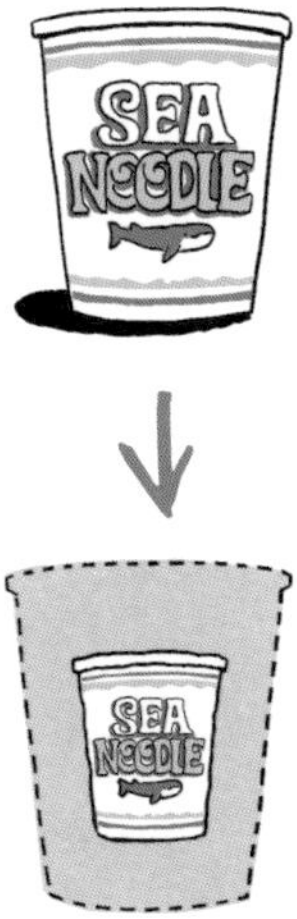

深《ふか》さ6500mになるとカップ麺《めん》の容器《ようき》は圧縮《あっしゅく》されて容積《ようせき》が約《やく》1/8に！

高《たか》さ8.5cm→4.7cm
口径《こうけい》8cm→4cm
厚《あつ》み3mm→2mm

最《もっと》も深《ふか》い場所《ばしょ》に棲《す》むスネイルフィッシュの仲間《なかま》

←スネイルフィッシュの仲間《なかま》は、伊豆《いず》・小笠原海溝《おがさわらかいこう》の水深《すいしん》8336m で撮影《さつえい》された。体長《たいちょう》は約《やく》20cm。地上《ちじょう》の約《やく》800倍《ばい》の水圧《すいあつ》から身《み》を守《まも》るため、体《からだ》はゼラチンのようなものに覆《おお》われている。

豆知識《まめちしき》

タンパク質《しつ》を守《まも》るのも8200 ～ 8400m の水圧《すいあつ》が限界《げんかい》だと考《かんが》えられています。これが理論上《りろんじょう》魚《さかな》が生《い》きられる限界水深《げんかいすいしん》です。今《いま》まで確認《かくにん》された最深記録《さいしんきろく》は8336mを泳《およ》ぐスネイルフィッシュの仲間《なかま》。これを超《こ》える魚《さかな》は現《あらわ》れるのでしょうか？

「鳴《な》く魚《さかな》」は意外《いがい》とたくさんいる！

魚《さかな》の鳴《な》き声《ごえ》を聞《き》いたことはありますか？ 実《じつ》は魚《さかな》も鳴《な》くんです。音《おと》を出《だ》す魚《さかな》がいると言《い》った方《ほう》が正《ただ》しいでしょうか。その例《れい》を発音方法《はつおんほうほう》ごとに見《み》てみましょう。

まずは鰾《うきぶくろ》を使《つか》うタイプ。代表的《だいひょうてき》なのはホウボウ。発音筋《はつおんきん》と呼《よ》ばれる筋肉《きんにく》を使《つか》って鰾《うきぶくろ》を振動《しんどう》させて音《おと》を出《だ》します。これが「ボゥボゥ」と聞《き》こえることが名前《なまえ》の由来《ゆらい》になったとも。同《おな》じ発音《はつおん》タイプには、シログチやイシダイ、マツカサウオなどがいます。

次《つぎ》に歯《は》を使《つか》うタイプ。フグやカワハギ、クマノミの仲間《なかま》は、歯《は》を擦《す》り合《あ》わせたりぶつけたりすることで音《おと》を出《だ》します。いわゆる歯《は》ぎしりですね。最後《さいご》は骨《ほね》や棘《とげ》を使《つか》うタイプ。ナマズの仲間《なかま》のギギは、胸鰭《むなびれ》の棘《とげ》と付《つ》け根《ね》の骨《ほね》を擦《す》り合わせ、名前《なまえ》の通《とお》りの音《おと》を出《だ》します。

鳴《な》き声《ごえ》が琴《こと》の音色《ねいろ》のようだとされて「コトヒキ」と名付《なづ》けられた魚《さかな》もいれば、古《ふる》女房《にょうぼう》のように小言《こごと》がうるさいということで「オールドワイフ」と呼《よ》ばれた魚《さかな》もいるので、音《おと》の出《だ》し方《かた》も人《ひと》の捉《とら》え方《かた》も様々《さまざま》ですね。

音《おと》を出《だ》す魚《さかな》たち

ホウボウ

←鰾《うきぶくろ》を使《つか》う代表的《だいひょうてき》な魚《さかな》。胸鰭《むなびれ》の一部《いちぶ》が足《あし》のように進化《しんか》していて海底《かいてい》を歩《ある》くユニークな生態《せいたい》から、「方々歩《ほうぼうある》く」が由来《ゆらい》になったとも言《い》われている。

カワハギ

→硬《かた》い歯《は》を使《つか》って歯《は》ぎしりをすることで「ギッギッ」「グググッ」と細《こま》かく鳴《な》く。

ギギ

←「ギーギー」という鳴《な》き声《ごえ》がそのまま名前《なまえ》になったギギ。まるで虫《むし》の鳴《な》き声《ごえ》のような音《おと》を出《だ》す。

豆知識《まめちしき》

魚《さかな》の鳴《な》き声《ごえ》を耳《みみ》にできるのは釣《つ》り上《あ》げたときが多《おお》いでしょう。これは威嚇《いかく》のための音《おと》だと考《かんが》えられますが、仲間《なかま》に危険《きけん》を知《し》らせるためだったり、求愛《きゅうあい》のためだったりと、魚種《ぎょしゅ》や状況《じょうきょう》によって音《おと》を出《だ》す理由《りゆう》はいろいろあるようです。

CHAPTER 1

海《うみ》のはなし

14

暖《あたた》かい海《うみ》の魚《さかな》はカラフルで、冷《つめ》たい海《うみ》の魚《さかな》は地《じ》味《み》!?

赤《あか》や黄色《きいろ》、青《あお》など色鮮《いろあざ》やかな魚《さかな》を見《み》ると「沖縄《おきなわ》あたりにいそう」と考《かんが》えますよね。逆《ぎゃく》に北海道《ほっかいどう》の海《うみ》の幸《さち》といえば、ホッケやサケなど体《からだ》の色《いろ》が地味《じみ》な魚《さかな》を思《おも》い浮《う》かべるでしょう。この多《おお》くの人《ひと》が持《も》っているイメージ、理由《りゆう》を探《さぐ》ろうとすると実《じつ》はとても複雑《ふくざつ》で奥《おく》が深《ふか》いのです。

まずは透明度《とうめいど》について考《かんが》えてみましょう。暖《あたた》かい海《うみ》は水《みず》が澄《す》んでいますが、冷《つめ》たい海《うみ》は栄養分《えいようぶん》が豊富《ほうふ》でプランクトンも多《おお》く、水《みず》が濁《にご》りがち。透明度《とうめいど》の高《たか》い環境《かんきょう》では色《いろ》は大《たい》切《せつ》な情報《じょうほう》ですが、濁《にご》った場所《ばしょ》では色《いろ》を身《み》につけてもあまり意味《いみ》がありません。

次《つぎ》に背景《はいけい》について。南国《なんごく》の海《うみ》と言《い》えば色《いろ》とりどりのサンゴ礁《しょう》。背景《はいけい》がカラフルな環《かん》境《きょう》では、自分《じぶん》もカラフルになった方《ほう》が周《まわ》りに溶《と》け込《こ》むことができて、地味《じみ》な姿《すがた》をしているよりかえって目立《めだ》たなくなります。

さらに生物多様性《せいぶつたようせい》も影響《えいきょう》しています。サンゴ礁《しょう》の海《うみ》は魚《さかな》の種類《しゅるい》が多《おお》いため、その分《ぶん》敵《てき》も多《おお》いもの。目立《めだ》つ警戒色《けいかいしょく》で毒《どく》を持《も》つアピールをすることも生《い》き残《のこ》る知恵《ちえ》なのです。

暖《あたた》かい海《うみ》

透明度《とうめいど》が高《たか》く、太陽《たいよう》の光《ひかり》が強《つよ》く差《さ》し込《こ》むため、照《て》らされる魚《さかな》たちの色彩《しきさい》が際立《きわだ》ちます。サンゴ礁《しょう》や海藻類《かいそうるい》が広《ひろ》がり、背《はい》景《けい》もカラフルになりがち。

冷《つめ》たい海《うみ》

冷《つめ》たい海《うみ》には栄養分《えいようぶん》やそれを餌《えさ》にするプランクトンが多《おお》く、濁《にご》りやすくなります。その分太陽《ぶんたいよう》の光《ひかり》も届《とど》きにくくなり、背景《はいけい》にも鮮《あざ》やかな色《いろ》はあまりない。

寒《さむ》い地域《ちいき》の海《うみ》が濁《にご》る仕組《しく》み

暖《あたた》かい水《みず》は上《うえ》へ、冷《つめ》たい水《みず》は下《した》へ移動《いどう》する性質《せいしつ》がある。海面《かいめん》で冷《ひ》やされた水《みず》が沈《しず》み、底《そこ》の方《ほう》の水《みず》が上《あ》がってくる時《とき》に、栄養分《えいようぶん》が巻《ま》き上《あ》げられる。

試《ため》してみよう

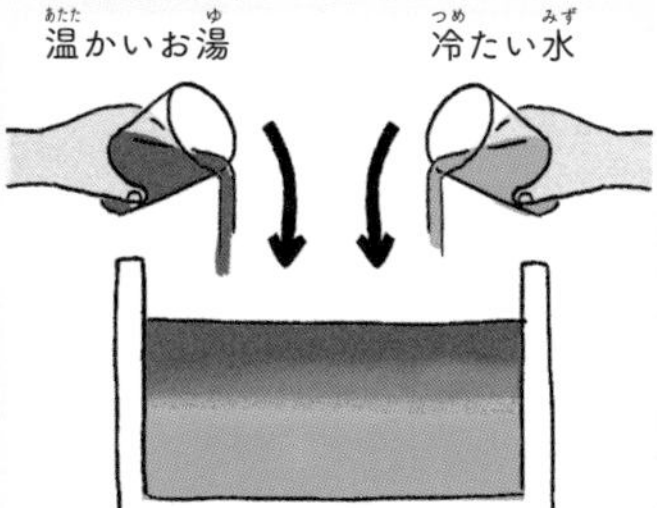

水槽《すいそう》の壁《かべ》に沿《そ》って、それぞれ色《いろ》をつけたお湯《ゆ》と冷《つめ》たい水《みず》をそっと注《そそ》ぎ入《い》れてみよう。お湯《ゆ》は上《うえ》、冷《つめ》たい水《みず》は下《した》へと分《わ》かれる様子《ようす》が見《み》えるはず！

豆知識《まめちしき》

寒《さむ》い地域《ちいき》では海面《かいめん》が冷《ひ》やされて水《みず》が上下《じょうげ》に入《い》れ変《か》わり、沈殿《ちんでん》している栄養分《えいようぶん》が巻《ま》き上《あ》げられて水《みず》が濁《にご》ります。さらにそれを餌《えさ》にしてプランクトンも増《ふ》えて濁《にご》りが増《ま》す。決《けっ》して汚《きたな》いということではありません。海《うみ》が豊《ゆた》かな証拠《しょうこ》です。

深《しん》海《かい》で暮《く》らす生《い》き物《もの》はなぜ巨《きょ》大《だい》なものが多《おお》いのか

巨《きょ》大《だい》な深《しん》海《かい》魚《ぎょ》

カグラザメ

←多《おお》くのサメは鰓孔《えらあな》が5対《つい》ですが、カグラザメは6対《つい》。これは古《こ》代《だい》のサメの特徴《とくちょう》を残《のこ》していると考《かんが》えられています。

ソコボウズ

→水深《すいしん》800～5000mの深海《しんかい》に棲《す》む。頭《あたま》が丸《まる》く、深海底《しんかいてい》付《ふ》近《きん》に生息《せいそく》するので「底坊主《そこぼうず》」と呼《よ》ばれる。体長《たいちょう》は最大《さいだい》で2mになる。

全長《ぜんちょう》2.5m超《ご》えのヨコヅナイワシが撮影《さつえい》されたよ。これは2,000m以深《いしん》の硬骨魚類《こうこつぎょるい》で最大《さいだい》だ！

駿《する》河《が》湾《わん》の深《しん》海《かい》をカメラで覗《のぞ》いた時《とき》、カグラザメやオンデンザメといった全《ぜん》長《ちょう》4m超《ご》えの巨《きょ》大《だい》ザメたちが餌《えさ》に噛《か》みついてくるのが見《み》えました。カメラが水《すい》深《しん》2000mまで下《お》りると、現《あらわ》れたのはソコボウズやイバラヒゲなど巨《きょ》大《だい》魚《ぎょ》ばかり。ダイオウイカやダイオウグソクムシ、タカアシガニ、ヨコヅナイワシなど、深《ふか》い海《うみ》ほど大《おお》きな生《い》き物《もの》が多《おお》いのはなぜ

ベルクマンの法則《ほうそく》

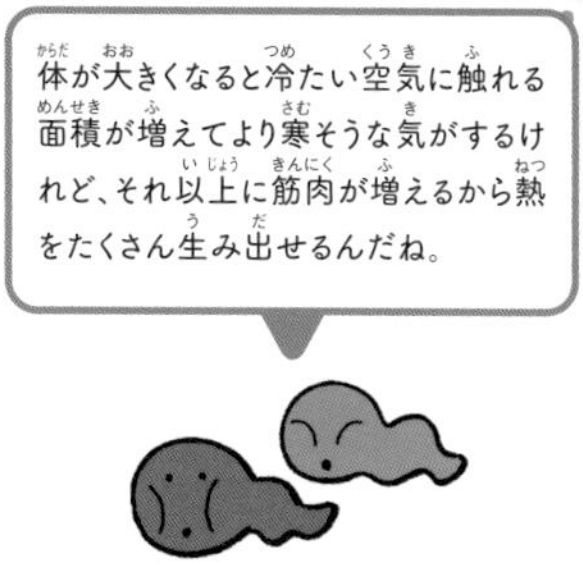

クマの体長《たいちょう》の比較《ひかく》

寒《かん》 ↕ 暖《だん》

ホッキョクグマ（北極《ほっきょく》）	180~250cm
エゾヒグマ（北海道《ほっかいどう》）	180~200cm
ツキノワグマ（本州《ほんしゅう》）	140cm程度《ていど》
マレーグマ（東南《とうなん》アジア）	100~140cm

なのでしょう？

深海巨大症《しんかいきょだいしょう》と呼《よ》ばれるこの傾向《けいこう》には、明確《めいかく》な答《こた》えはまだ見《み》つかっていません。手掛《てが》かりになりそうなのはベルクマンの法則《ほうそく》。マレーグマよりもヒグマ、ヒグマよりもホッキョクグマとだんだん大《おお》きくなるように、近《ちか》い仲間《なかま》が寒冷地域《かんれいちいき》ほど体《からだ》が大《おお》きくなるという傾向《けいこう》を指《さ》します。ただ、これは恒温動物《こうおんどうぶつ》の場合《ばあい》。同《おな》じ説明《せつめい》を変温動物《へんおんどうぶつ》である魚《さかな》に当《あ》てはめられるかどうかは意見《いけん》が分《わ》かれるところです。

他《ほか》にも、体《からだ》が大《おお》きいほど省《しょう》エネに生《い》きられるというクライバーの法則《ほうそく》でも説明《せつめい》されていますが、本《ほん》当《とう》のところは深海魚《しんかいぎょ》たちに聞《き》いてみないとわかりませんね。

豆知識《まめちしき》

生《い》き物《もの》が熱《ねつ》を生《う》み出《だ》すのは筋肉《きんにく》。熱《ねつ》が逃《に》げるのは体表《たいひょう》から。体積《たいせき》は辺《へん》の3乗《じょう》、表面積《ひょうめんせき》は辺《へん》の2乗《じょう》で計算《けいさん》されるので、体《からだ》が大《おお》きくなるほどこの差《さ》は開《ひら》いていき、熱《ねつ》を生《う》む量《りょう》に比《くら》べて逃《にげ》げる量《りょう》を抑《おさ》えられるのです。これがベルクマンの法則《ほうそく》。

マグロは釣《つ》り上《あ》げた瞬間《しゅんかん》に体温《たいおん》上昇《じょうしょう》でヤケる!?

魚《さかな》は変温動物《へんおんどうぶつ》。周《まわ》りの水温《すいおん》によって体《からだ》の中《なか》の温度《おんど》が変《か》わります。しかし、マグロの仲間《なかま》やネズミザメ類《るい》の一部《いちぶ》は海水《かいすい》よりも体内《たいない》を高温《こうおん》に保《たも》つという特殊能力《とくしゅのうりょく》を持《も》っています。それを可能《かのう》にしているのが奇網《きもう》と呼《よ》ばれる血管《けっかん》の構造《こうぞう》。筋肉《きんにく》によって温《あたた》められた静脈《じょうみゃく》と冷たい動脈《どうみゃく》とを並《なら》べることで、熱《ねつ》を移《うつ》して使《つか》い回《まわ》すというエコカーのようなことをしているのです。この構造《こうぞう》のおかげで、より速《はや》く、より長《なが》く泳《およ》ぐ力《ちから》がみなぎっているわけです。

そんなマグロですが、アツい魚《さかな》であるがゆえに困《こま》ったことが起《お》きます。釣《つ》り上《あ》げるとき、体温《たいおん》の急上昇《きゅうじょうしょう》によって身《み》がヤケるのです。焼《や》き魚《ざかな》のようになるわけではありませんが、身《み》の赤色《あかいろ》がくすみ、パサパサとして、味《あじ》も食感《しょっかん》も落《お》ちてしまいます。

せっかくの高級魚《こうきゅうぎょ》がこうなっては台無《だいな》しということで、マグロを一度《いちど》落《お》ち着《つ》かせてから釣《つ》り上《あ》げたり、船《ふね》に上《あ》げてすぐに冷《ひ》やしたりと、漁師《りょうし》さんたちは試行錯誤《しこうさくご》してヤケと戦《たたか》っているのです。

ヤケたマグロとヤケなかったマグロ

捕獲時《ほかくじ》のストレスで体温《たいおん》が約《やく》40℃に上昇《じょうしょう》。こうしてヤケが起《お》こり、赤身《あかみ》の色《いろ》が白《しろ》っぽくくすんで、食感《しょっかん》も落《お》ちてしまう。

ヤケのないマグロ

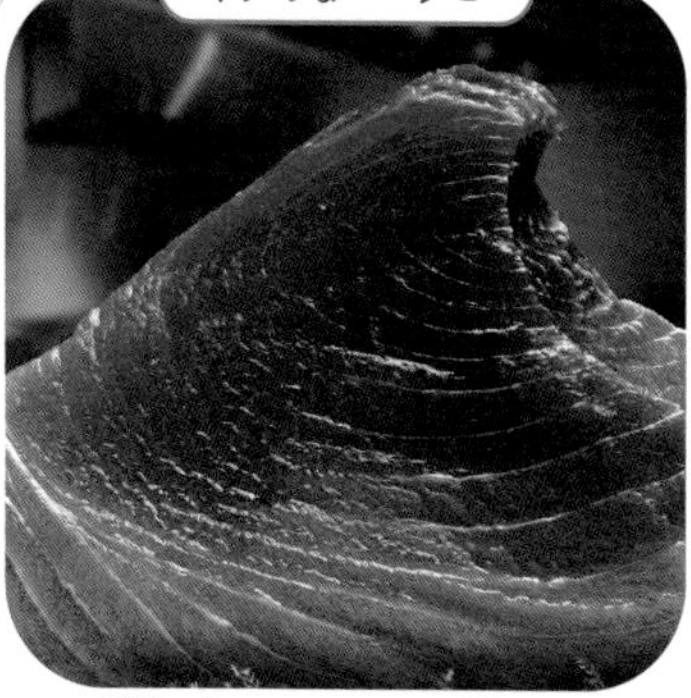

食卓《しょくたく》に上《あ》がるマグロは、鮮《あざ》やかな赤《あか》が美《うつく》しい。

ヤケのあるマグロ

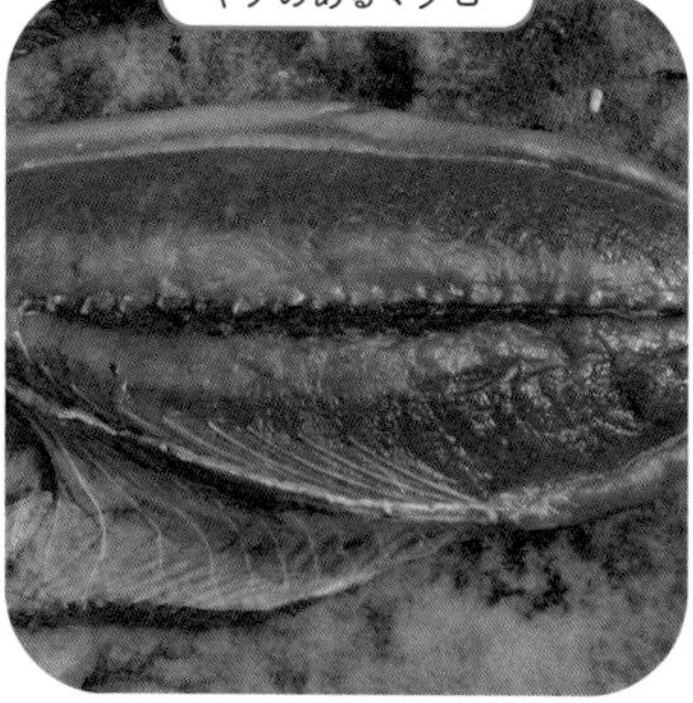

赤身《あかみ》がヤケた状態《じょうたい》。味《あじ》も酸味《さんみ》が強《つよ》く、スポンジのような食感《しょっかん》に。

マグロのヤケを防《ふせ》ぐ方法《ほうほう》

捕獲後《ほかくご》、生《い》きたまま一定時間氷《いっていじかんこおり》などの入《はい》った魚槽内《ぎょそうない》で冷《ひ》やすほか、すぐに活《い》き締《じ》め（血抜《ちぬ》き）を行《おこな》う。

マグロ漁《りょう》は時間《じかん》も体力《たいりょく》も使《つか》うとてもハードなもの。時《とき》には命《いのち》がけで獲《と》って来《く》ることもあるんだ。そんな大切《たいせつ》なマグロを絶対《ぜったい》にヤケさせたくないから、漁師《りょうし》さんたちは一生懸命《いっしょうけんめい》戦《たたか》っているんだね

豆知識《まめちしき》

ヤケが起《お》きる原因《げんいん》は体温上昇《たいおんじょうしょう》だけではないようです。身《み》の乳酸値《にゅうさんち》が増《ま》してpHが下《さ》がることや、ストレスによるアドレナリンなど神経伝達物質《しんけいでんたつぶっしつ》の作用《さよう》もあると考《かんが》えられており、完璧《かんぺき》な予防策《よぼうさく》を見《み》つけ出《だ》すにはまだ時間《じかん》がかかりそうです。

17 キンメダイの目《め》とネコの目《め》の光《ひか》る原理《げんり》は同《おな》じ

真《ま》っ暗《くら》な深海《しんかい》では、視覚《しかく》に頼《たよ》らず他《ほか》の器官《きかん》を発達《はったつ》させた生《い》き物《もの》と、意地《いじ》でも見《み》ようとして目《め》を大《おお》きく発達《はったつ》させた生《い》き物《もの》とがいます。キンメダイは後者《こうしゃ》の代表《だいひょう》。名前《なまえ》の通《とお》り金色《きんいろ》に輝《かがや》く大《おお》きな目《め》が特徴《とくちょう》ですが、一体《いったい》どんな原理《げんり》で光《ひか》るのでしょう？

人間《にんげん》の目《め》は入《はい》ってきた光《ひかり》を水晶体《すいしょうたい》で屈折《くっせつ》させ、網膜《もうまく》に集《あつ》めて物《もの》を見《み》ています。ただ、入《はい》ってきた光《ひかり》の一部《いちぶ》は眼球《がんきゅう》を透過《とうか》して使《つか》われない情報《じょうほう》となってしまいます。一方《いっぽう》、キンメダイは目《め》の奥《おく》にタペータム（輝板《きばん》）と呼《よ》ばれる鏡《かがみ》のような構造《こうぞう》を持《も》つことで、透《とう》過《か》した光《ひかり》を反射《はんしゃ》させて再利用《さいりよう》してやろうと考《かんが》えたのです。この鏡《かがみ》に光《ひかり》が反射《はんしゃ》するので、キンメダイの目《め》は輝《かがや》いて見《み》えるのです。

深海魚《しんかいぎょ》にはこの構造《こうぞう》を持《も》つ種類《しゅるい》が多《おお》くいますが、身近《みぢか》なところにも、タペータムを持《も》つ生《い》き物《もの》がいるんです。それが、ネコ。夜道《よみち》でネコに会《あ》うと目《め》がキラリと光《ひか》りますよね。深海《しんかい》と陸上《りくじょう》、魚類《ぎょるい》と哺乳類《ほにゅうるい》。棲《す》む環境《かんきょう》も分《ぶん》類《るい》も離《はな》れているのに同《おな》じ進化《しんか》の答《こた》えに行《い》き着《つ》くとは…これだから生物《せいぶつ》は面白《おもしろ》い！

キンメダイの目《め》とネコの目《め》の比較《ひかく》

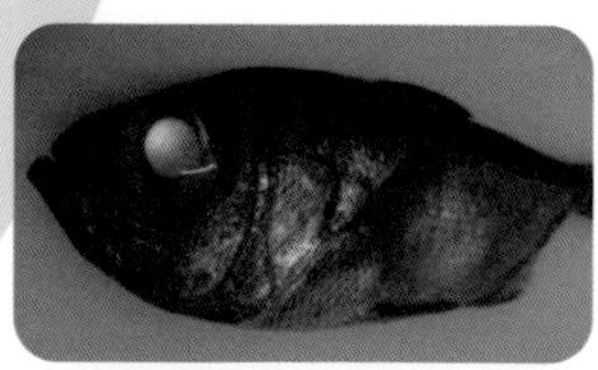

←タペータムが光《ひかり》を反射《はんしゃ》して目《め》が金色《きんいろ》に光《ひか》る。暗《くら》い深海《しんかい》でも獲物《えもの》を見《み》つけるための工夫《くふう》だ。

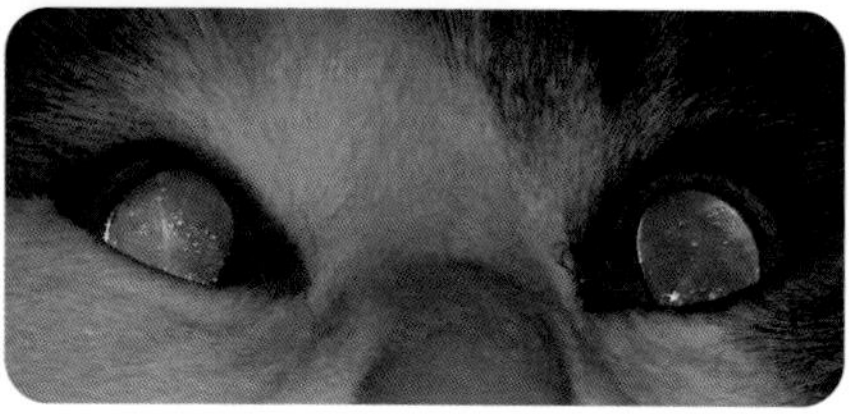

→ネコは夜行性《やこうせい》なので、暗闇《くらやみ》で獲物《えもの》が見《み》えるようにタペータムがある。しかし暗闇《くらやみ》で見《み》えても、視力《しりょく》は0.1くらい。

試《ため》してみよう

暗《くら》いところでフラッシュをたいて撮影《さつえい》した家族《かぞく》や友達《ともだち》の写真《しゃしん》を探《さが》してみよう。

ヒトはタペータムがないから網膜上《もうまくじょう》の血管《けっかん》が光《ひかり》で照《て》らされて、「赤目《あかめ》」になっているのがわかるはずだ。

タペータムの仕組《しく》み

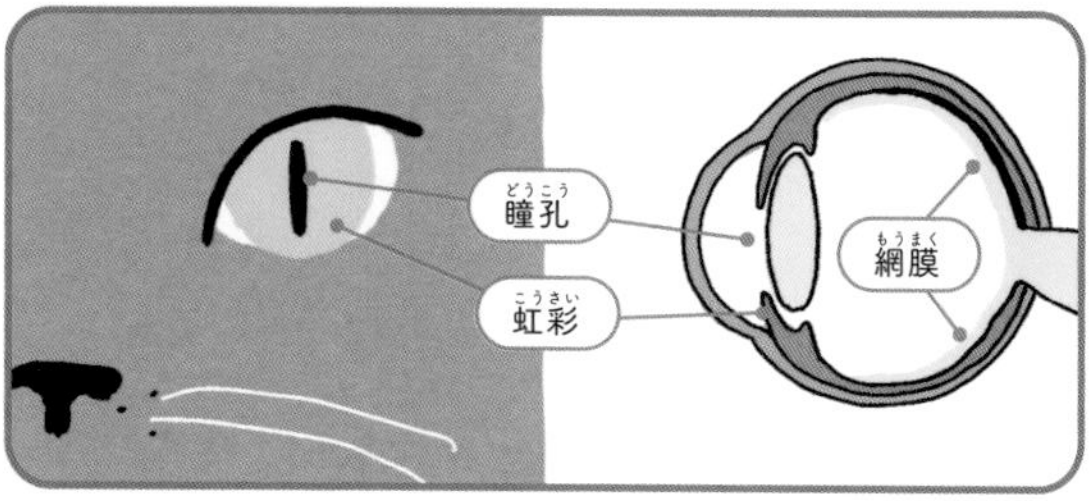

←網膜《もうまく》の奥《おく》にタペータムがあるす。これが凹形《おうがた》の鏡《かがみ》になっており、眼球《がんきゅう》を透過《とうか》した光《ひかり》を後《うし》ろから再利用《さいりよう》することができるのだ。

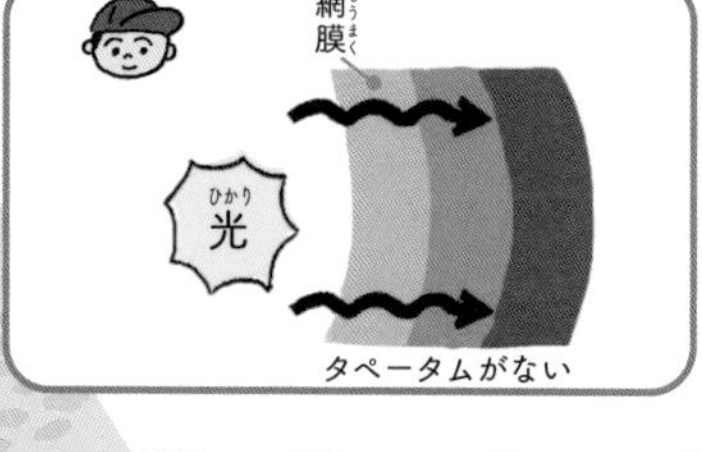

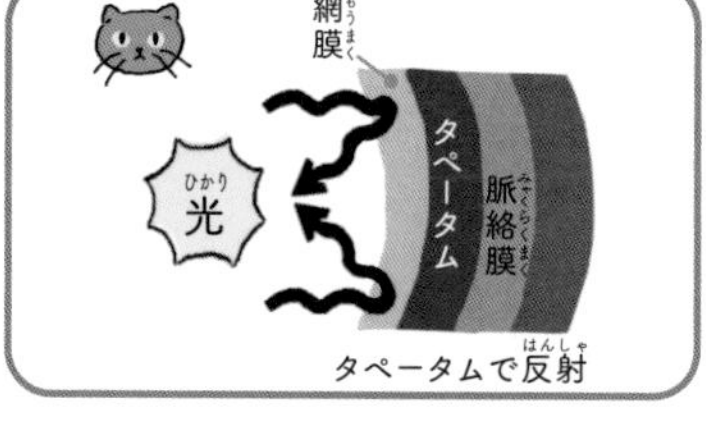

豆知識《まめちしき》

小《ちい》さな目《め》を持《も》つ深海魚《しんかいぎょ》は「目《め》が退化《たいか》した」と言《い》われがちですが、僕《ぼく》はそう思《おも》いません。余計《よけい》なエネルギーを使《つか》わなくてすむように、目《め》を小《ちい》さくして別《べつ》の器官《きかん》を発達《はったつ》させました。これも、過酷《かこく》な環境《かんきょう》で生《い》きるための立派《りっぱ》な進化《しんか》なのです。

CHAPTER 1

海《うみ》のはなし

18

月《つき》に導《みちび》かれる海《うみ》の生《い》き物《もの》たちの誕《たん》生《じょう》秘《ひ》話《わ》

海《うみ》と宇宙《うちゅう》は繋《つな》がっているのを知《し》っていますか？　海《うみ》には満潮《まんちょう》と干潮《かんちょう》があり、1日《にち》に2回《かい》ずつ海面《かいめん》の高《たか》さが上下《じょうげ》しますが、これには月《つき》の引力《いんりょく》が関係《かんけい》しています。

月《つき》は、海《うみ》の中《なか》の生《い》き物《もの》にも様々《さまざま》な影響《えいきょう》を与《あた》えています。例《たと》えば満月《まんげつ》の前後《ぜんご》の夜《よる》に一斉《いっせい》に産卵《さんらん》するサンゴ。干満差《かんまんさ》が大《おお》きい大《おお》潮《しお》のタイミングを狙《ねら》うことで、卵《たまご》が潮《しお》の流《なが》れに乗《の》って遠《とお》くまで運《はこ》ばれるというメリットが考《かんが》えられます。最近《さいきん》の研究《けんきゅう》では、太陽《たいよう》が沈《しず》んでから月光《げっこう》が海《うみ》を照《て》らすまでの間《あいだ》の真《ま》っ暗《くら》な時間《じかん》が産卵《さんらん》を誘導《ゆうどう》するスイッチになっていることが示《しめ》されました。クサフグも大潮《おおしお》の時《とき》、つまり満月《まんげつ》や新月《しんげつ》の時《とき》に海岸《かいがん》で一斉《いっせい》に産卵《さんらん》します。ウミガメも同《おな》じ。海《かい》面《めん》が最《もっと》も高《たか》くなる大潮《おおしお》の満潮時刻《まんちょうじこく》は、より陸《りく》の奥《おく》の方《ほう》まで泳《およ》いで行《い》けるのです。

他《ほか》にも、月明《つきあ》かりのない新月《しんげつ》の夜《よる》に方向《ほうこう》感覚《かんかく》を失《うしな》って浜《はま》に打《う》ち上《あ》がるホタルイカの「身投《みな》げ」も有名《ゆうめい》。38万《まん》kmも離《はな》れている月《つき》がこれほどまでに海《うみ》の生《い》き物《もの》の道《みち》しるべになっているなんて、ロマンチックですね！

月《つき》の引力《いんりょく》で誕生《たんじょう》する命《いのち》

ホタルイカ

↑3月《がつ》から5月《がつ》、北陸地域《ほくりくちいき》の風物詩《ふうぶつし》ともいえるホタルイカの「身《み》投《な》げ」。日中《にっちゅう》は200~600m の深海《しんかい》で過《す》ごすが、産卵《さんらん》のために浅瀬《あさせ》に上《あ》がり、海岸《かいがん》に体《からだ》が打《う》ち上《あ》がった際《さい》の衝撃《しょうげき》で青《あお》く光《ひか》る。

ホタルイカのどこが光《ひか》っている？

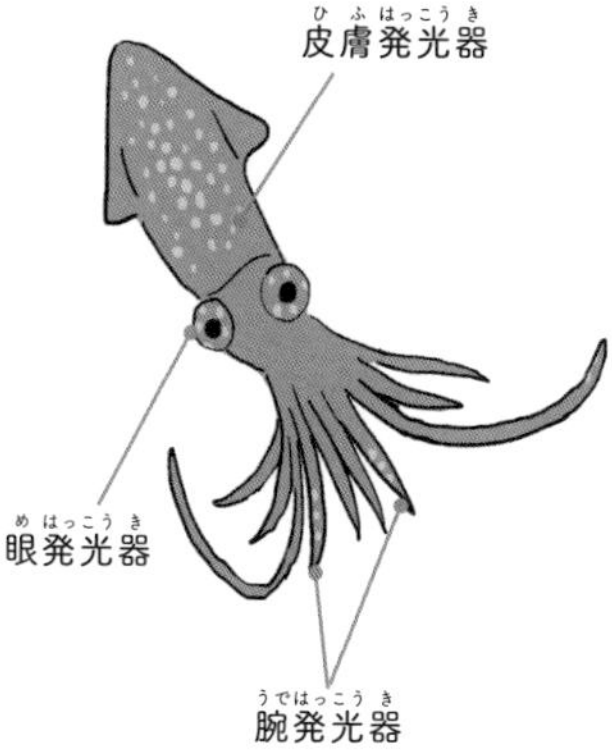

サンゴ

←年《ねん》に1度《ど》、5～6月《がつ》の満月《まんげつ》の時期《じき》に、卵《たまご》と精子《せいし》が入《はい》ったバンドルと呼《よ》ばれるカプセルを一斉《いっせい》に放出《ほうしゅつ》する。

↓5月中旬《がつちゅうじゅん》から7月《がつ》の大潮《おおしお》の時期《じき》に、満潮時刻《まんちょうじこく》の前《まえ》の2時間《じかん》ほどで産卵《さんらん》が行《おこな》われる。メスが波打《なみう》ち際《ぎわ》に卵《たまご》を産《う》み、そこにオスが放精《ほうせい》する。

クサフグ

豆知識《まめちしき》

潮《しお》の満《み》ち引《ひ》きは、月《つき》の引力《いんりょく》だけではなく、地球《ちきゅう》と月《つき》が共通《きょうつう》の重心《じゅうしん》で回《まわ》ることによって生《しょう》じる慣性力《かんせいりょく》も合《あ》わさって起《お》きています。また、地球《ちきゅう》には太陽《たいよう》の引力《いんりょく》も働《はたら》くので、それが月《つき》の引力《いんりょく》と重《かさ》なると最《もっと》も干満差《かんまんさ》が大《おお》きい大潮《おおしお》になります。

CHAPTER 1

海《うみ》のはなし

19

海《うみ》のバランスを保《たも》つ働《はたら》き者《もの》 ハダカイワシの壮《そう》絶《ぜつ》な旅《たび》

海《うみ》を守《まも》っているスーパーヒーローは誰《だれ》か？　いろいろな正解《せいかい》があるでしょうが、僕《ぼく》なら「ハダカイワシ」と答《こた》えます。ほんの数《すう》cmの小《ちい》さな魚《さかな》です。ちょっと触《ふ》れただけで鱗《うろこ》が剥《は》がれ落《お》ちてハダカになってしまうか弱《よわ》い存在《そんざい》です。でも彼《かれ》ら、ものすごく働《はたら》き者《もの》なんです。昼間《ひるま》は深海《しんかい》にいますが、夜《よる》になると海面付近《かいめんふきん》まで泳《およ》いで上《あ》がってきます。毎晩《まいばん》、何百《なんびゃく》mもの上下《じょうげ》の旅《たび》。この行動《こうどう》は日周鉛直移動《にっしゅうえんちょくいどう》と呼《よ》ばれています。この旅《たび》は危険《きけん》だらけ。体《からだ》の小《ちい》さな彼《かれ》らは、様々《さまざま》な水深《すいしん》でありとあらゆる生《い》き物《もの》に食《た》べられてしまいます。これがとても大事《たいじ》。ハダカイワシの仲間《なかま》は２５０種類近《しゅるいちか》くもいる一大《いちだい》グループです。彼《かれ》らが世界中《せかいじゅう》の海《うみ》で鉛《えん》直移動《ちょくいどう》の途中《とちゅう》で食《た》べられまくることによって、深海《しんかい》のミネラルが浅瀬《あさせ》に運《はこ》ばれ、浅瀬《あさせ》の栄養《えいよう》が深海《しんかい》へと運《はこ》ばれるのです。

ハダカイワシがいなければ、もしかしたら深海《しんかい》は生《い》き物《もの》が暮《く》らせない死《し》の世界《せかい》になっていたかもしれません。小《ちい》さくて健気《けなげ》なヒーローをぜひ応援《おうえん》してあげてください。

なぜハダカなのか？

↑←鱗《うろこ》が剥《は》がれやすく、漁《りょう》で獲《と》れたものはほとんどハダカ状態《じょうたい》になってしまう（上《うえ》）。鱗《うろこ》が付《つ》いている生《い》きた姿《すがた》が見《み》られることは稀《まれ》（左《ひだり》）。ちなみに、イワシとは縁《えん》もゆかりもない別《べつ》の魚《さかな》。

日周鉛直移動《にっしゅうえんちょくいどう》

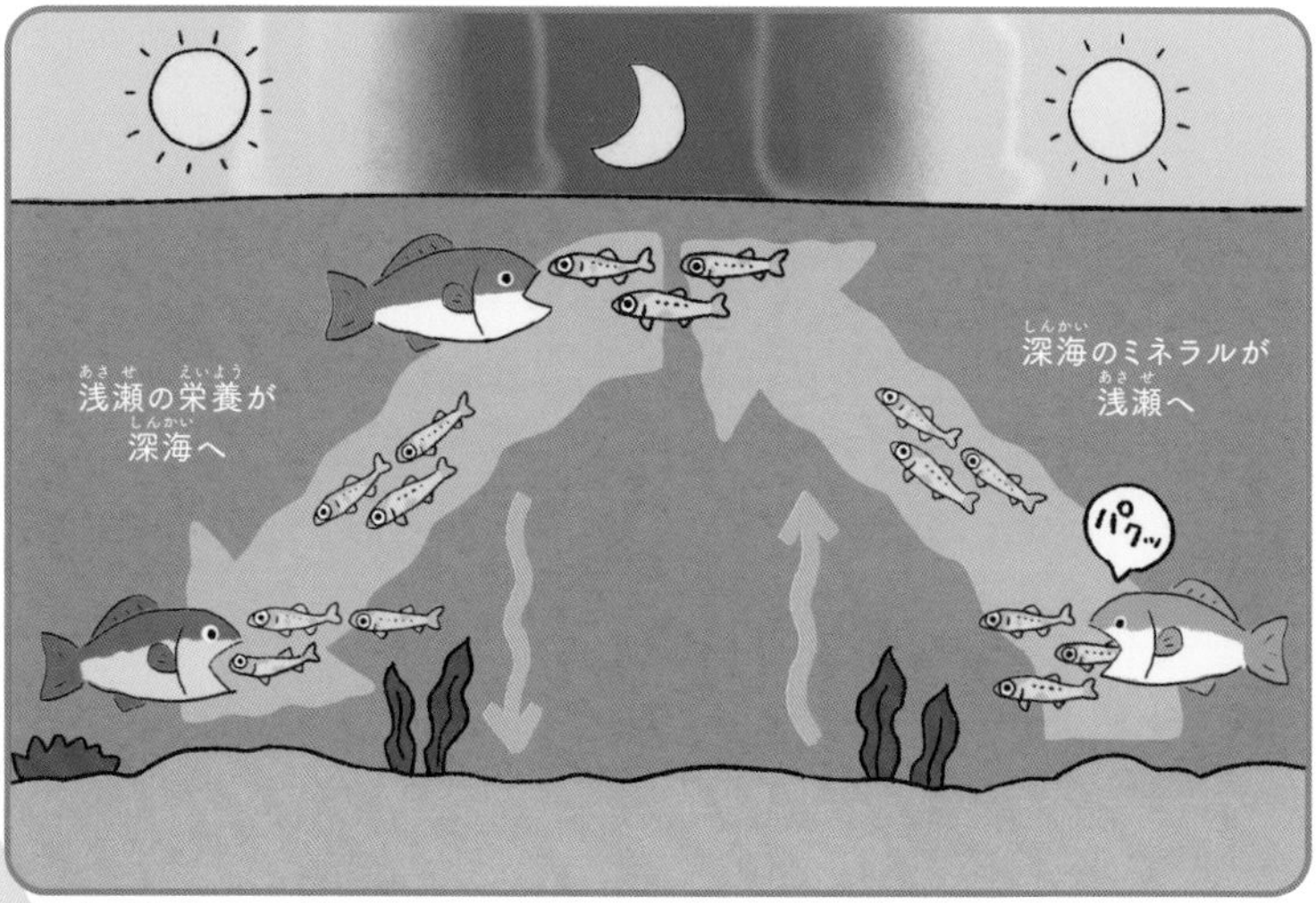

↑餌《えさ》を探《さが》したり、捕食者《ほしょくしゃ》から逃《に》げたりするために日没《にちぼつ》と日出《ひので》で泳《およ》ぐ深《ふか》さを変《か》える習性《しゅうせい》のこと。海面近《かいめんちか》くは敵《てき》が多《おお》いものの、餌《えさ》が豊富《ほうふ》なので、食事《しょくじ》のために上《あ》がってくる。

豆知識《まめちしき》

すっかりやられ役《やく》のように紹介《しょうかい》してしまいましたが、ハダカイワシたちも黙《だま》って食《た》べられているわけではありません。私《わたし》たちの想像《そうぞう》を超《こ》えたスゴ技《わざ》によって身《み》を守《まも》っています。その生存戦略《せいぞんせんりゃく》については3章《しょう》で詳《くわ》しく見《み》ていきましょう。

CHAPTER 1

海《うみ》のはなし

20

サケは白身魚《しろみざかな》！サーモンピンクは親子愛《おやこあい》の色《いろ》

サーモンピンクという色《いろ》があるほど、サケの身《み》は美《うつく》しい暖色《だんしょく》に染《そ》まっています。赤《あか》いか白《しろ》いかと聞《き》かれれば、赤《あか》に近《ちか》いでしょう。でも実《じつ》はサケは白身魚《しろみざかな》なんです。赤身《あかみ》と白身《しろみ》を分《わ》けているのは、身《み》の色《いろ》ではなく筋肉《きんにく》に含《ふく》まれる成分《せいぶん》の量《りょう》。ミオグロビンという色素《しきそ》タンパク質《しつ》が多《おお》く含《ふく》まれているものを赤身魚《あかみざかな》と呼《よ》びます。

ではサケの身色《みいろ》の正体《しょうたい》は何《なん》なのかと言《い》うと、食《た》べているエビやカニに含《ふく》まれるアスタキサンチンという栄養素《えいようそ》の色《いろ》なのです。

生《う》まれたばかりのサケは身《み》が白《しろ》く、餌《えさ》をたくさん食《た》べることで栄養《えいよう》が身《み》の色《いろ》として染《し》みついていきます。

こうして立派《りっぱ》に成長《せいちょう》した母《はは》ザケは、命《いのち》がけで川《かわ》を遡上《そじょう》して産卵《さんらん》します。サケの卵《たまご》であるイクラは鮮《あざ》やかな赤色《あかいろ》ですよね。あの赤《あか》こそ、一生《いっしょう》かけて溜《た》め込《こ》んだ栄養《えいよう》の色《いろ》。最後《さいご》の力《ちから》を振《ふ》り絞《しぼ》って我《わ》が子《こ》にすべての栄《えい》養《よう》を授《さず》けた母《はは》ザケは、身《み》が白《しろ》に戻《もど》って生涯《しょうがい》を閉《と》じるのです。サーモンピンクには泣《な》かせる親子愛《おやこあい》の物語《ものがたり》が詰《つ》まっているのです。

サケの身色《みいろ》の変化《へんか》

成魚《せいぎょ》の身《み》は暖色《だんしょく》に染《そ》まる

↑ミオグロビンによる色《いろ》とは異《こと》なり、赤《あか》というよりオレンジ色《いろ》に近《ちか》い。

産卵後《さんらんご》の身《み》は白《しろ》くなる

↑一生《いっしょう》かけて貯《た》めた栄養素《えいようそ》を卵《たまご》に注《そそ》ぎ込《こ》み、身《み》の色《いろ》が抜《ぬ》けた河川遡上《かせんそじょう》したサケの身《み》（下《した》）と、まだ海洋《かいよう》生活中《せいかつちゅう》のサケの身《み》（上《うえ》）。

遡上《そじょう》するサケ

←川《かわ》を下《くだ》り海《うみ》で育《そだ》ったサケは、約《やく》3～4年後《ねんご》、産卵《さんらん》のために生《う》まれた川《かわ》に戻《もど》ってくる。これを母川回《ぼせんかい》帰《き》という。

サケは生《う》まれた川《かわ》の匂《にお》いを覚《おぼ》えているから戻《もど》れると考《かんが》えられているよ！

豆知識《まめちしき》

赤身魚《あかみざかな》に多《おお》く含《ふく》まれるミオグロビンには、筋肉《きんにく》に酸素《さんそ》を蓄《たくわ》える働《はたら》きがあります。カツオやブリのように大海原《おおうなばら》を長《なが》く泳《およ》ぎ続《つづ》ける魚《さかな》は、じっとしている魚《さかな》に比《くら》べて酸素《さんそ》の消費量《しょうひりょう》が多《おお》いため、ミオグロビンによって持久力《じきゅうりょく》をつけています。

27

猛毒《もうどく》フグを無毒化《むどくか》できる!? 魚《さかな》の毒《どく》はどこから生《う》まれるのか

適《てき》切《せつ》な処理《しょり》なしで食《た》べると命《いのち》を落《お》とすこともあるフグ。テトロドトキシンという猛毒《もうどく》を持《も》ち、種類《しゅるい》によって毒《どく》が含《ふく》まれる部位《ぶい》も異《こと》なるため、調理《ちょうり》するには特別《とくべつ》な免許《めんきょ》がいるほど要注意《ようちゅうい》な存在《そんざい》です。でも実《じつ》はフグを無毒化《むどくか》する方法《ほうほう》があるんです。

多《おお》くの場合《ばあい》、魚《さかな》たちは自分《じぶん》で毒《どく》を作《つく》り出《だ》しているわけではありません。ビブリオなど海《うみ》にいる細菌《さいきん》が毒《どく》の素《もと》を作《つく》り、それを貝《かい》類《るい》などが取《と》り込《こ》む。それをフグが食《た》べるという食物連鎖《しょくもつれんさ》の中《なか》で毒《どく》がどんどん濃《こ》くなって溜《た》まるのです。これを生物濃縮《せいぶつのうしゅく》と呼《よ》びます。

アオブダイなどが持《も》つパリトキシンも、イワスナギンチャクを食《た》べることで、そこに共生《きょうせい》する渦鞭毛藻類《うずべんもうそうるい》が作《つく》る毒《どく》が体内《たいない》に溜《た》まる生物濃縮《せいぶつのうしゅく》によるもの。スベスベマンジュウガニも地域《ちいき》によって毒《どく》の種類《しゅるい》や強《つよ》さが異《こと》なるため餌由来《えさゆらい》だと考《かんが》えられます。

そう、フグを無毒化《むどくか》する方法《ほうほう》とは、毒《どく》の素《もと》になる餌《えさ》を与《あた》えないこと。完全《かんぜん》にとは言《い》い切《き》れませんが、養殖《ようしょく》のフグは毒《どく》を持《も》たないまま育《そだ》てることができるのです。

生物濃縮《せいぶつのうしゅく》の仕組《しく》み

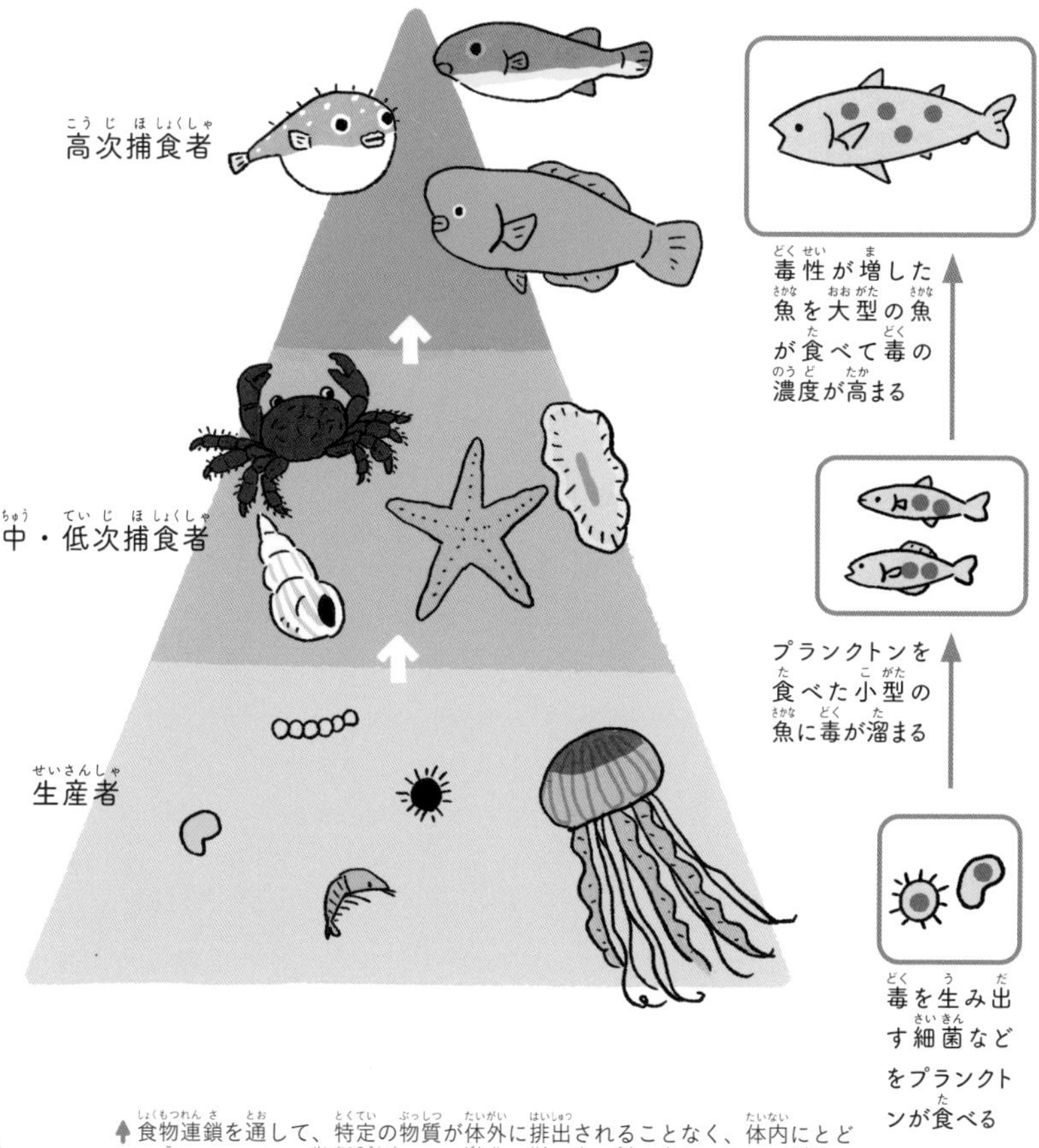

↑食物連鎖《しょくもつれんさ》を通《とお》して、特定《とくてい》の物質《ぶっしつ》が体外《たいがい》に排出《はいしゅつ》されることなく、体内《たいない》にとどまり濃《こ》くなっていく生物濃縮《せいぶつのうしゅく》。この原理《げんり》で毒《どく》を持《も》つ餌《えさ》を食《た》べたフグが毒化《どくか》することが、1981年《ねん》の実験《じっけん》で示《しめ》された。

豆知識《まめちしき》

フグ毒《どく》は体内《たいない》にあるため、捕食《ほしょく》されなければ効果《こうか》を発揮《はっき》しません。でも捕食《ほしょく》されたら死《し》んでしまいます。何《なん》のための毒《どく》かというと、子《こ》どもを守《まも》るため。フグの赤《あか》ちゃんは体表《たいひょう》が毒《どく》で包《つつ》まれており、それによって敵《てき》から身《み》を守《まも》れるのです。

COLUMN 1

魚《さかな》の分布《ぶんぷ》は人《ひと》の分布《ぶんぷ》

魚《さかな》が棲《す》んでいる範囲《はんい》のことを分布域《ぶんぷいき》といいます。図鑑《ずかん》には「北海道南部《ほっかいどうなんぶ》～駿河湾《するがわん》、インド洋《よう》、大西洋《たいせいよう》の熱帯《ねったい》～温帯《おんたい》域《いき》に分布《ぶんぷ》」のように、その魚種《ぎょしゅ》がどこからどこまで棲《す》んでいるのかという情報《じょうほう》が書《か》かれています。ときには「日本近海《にほんきんかい》にのみ生息《せいそく》」と書《か》かれた日本固有種《にほんこゆうしゅ》や、さらにピンポイントに「三浦半島《みうらはんとう》に生息《せいそく》」などと書《か》かれていることも。

では、この範囲以外《はんいいがい》の場所《ばしょ》でその魚《さかな》を見《み》つけたら、それは見間違《みまちが》いなのかというと、そんなことはありません。幼魚《ようぎょ》は海流《かいりゅう》に運《はこ》ばれて本来《ほんらい》いないはずの場所《ばしょ》まで流《なが》れて行《い》くこともありますし、沖縄《おきなわ》で釣《つ》りをしていたら海外《かいがい》でしか見《み》つかっていないはずの魚《さかな》がかかったという話《はなし》も聞《き》きます。分布域《ぶんぷいき》は、ある魚《さかな》がその範囲《はんい》にしかいないということを示《しめ》しているとは限《かぎ》りません。その存在《そんざい》に気付《きづ》く人《ひと》がその場所《ばしょ》にいた、というのが本当《ほんとう》の意味《いみ》。見《み》つける人《ひと》がいて、種類《しゅるい》の違《ちが》いに気付《きづ》く人《ひと》がいて、記録《きろく》を残《のこ》す人《ひと》がいて、発表《はっぴょう》する人《ひと》がいる。こうした人《ひと》たちが揃《そろ》ってはじめて、その魚《さかな》がその場所《ばしょ》に「生息《せいそく》している」と認《みと》められます。魚《さかな》の分布《ぶんぷ》は、つまり人《ひと》の分布《ぶんぷ》なのです。

新《あたら》しい発見《はっけん》があるかどうか、学問《がくもん》が発展《はってん》するかどうかは、人《ひと》にかかっているわけです。知識《ちしき》と探求心《たんきゅうしん》をもち、観察力《かんさつりょく》を磨《みが》いて海《うみ》を覗《のぞ》けば、あなたもいつか大発見《だいはっけん》をするかもしれませんよ！

CHAPTER 2

すごすぎる海《うみ》の暮《く》らしのはなし

私《わたし》たちが遊《あそ》べる穏《おだ》やかな浅瀬《あさせ》から、
1万《まん》mを超《こ》える真《ま》っ暗闇《くらやみ》な深海《しんかい》まで、
海《うみ》の生物《せいぶつ》たちはそれぞれの場所《ばしょ》に順応《じゅんのう》するため
私《わたし》たちの想像《そうぞう》を超《こ》えた体《からだ》の機能《きのう》や暮《く》らしぶりを身《み》につけました。

22

タコの心《しん》臓《ぞう》は3つ、脳《のう》は9つ!?

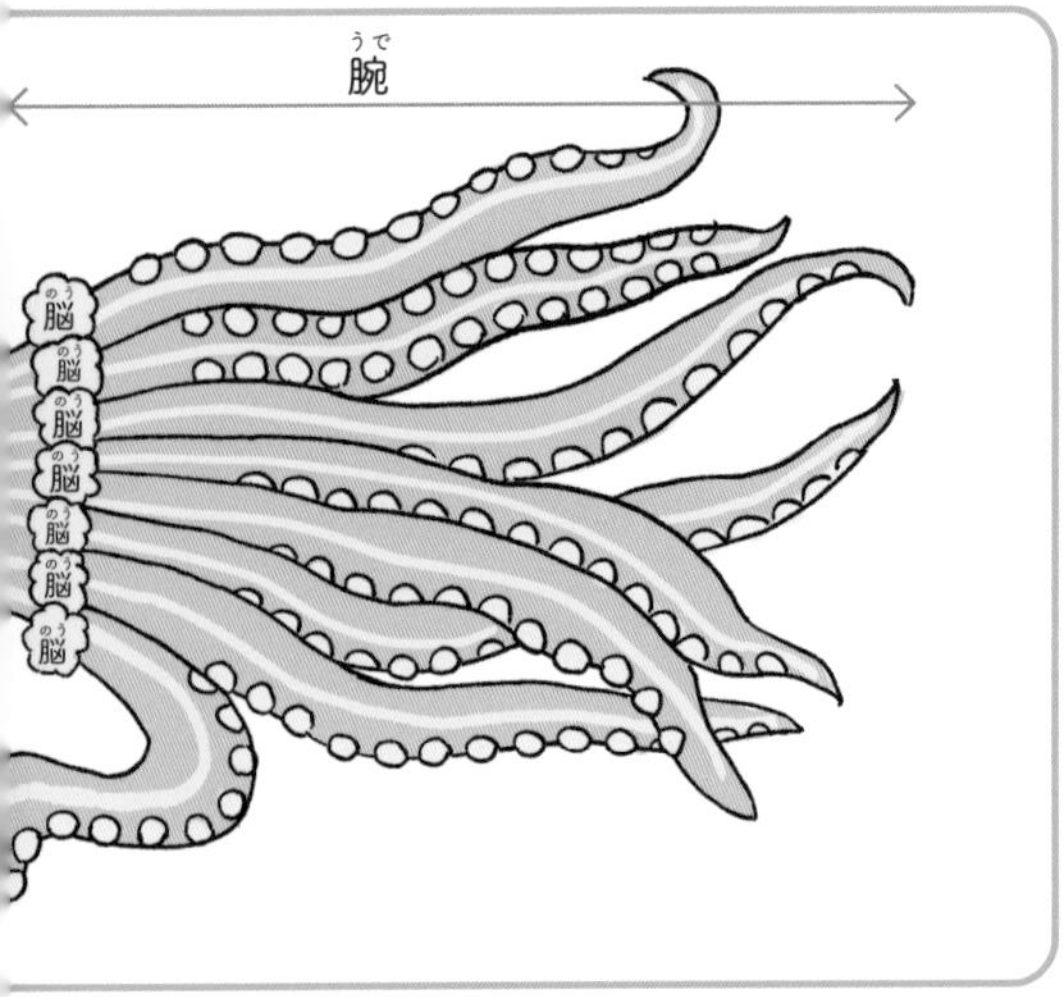

SF映画《えいが》では宇宙人《うちゅうじん》がタコのような見《み》た目《め》で描《えが》かれることがありますよね。あれはあながち間違《まちが》いではないかもしれません。

タコの体《からだ》が特殊《とくしゅ》なのは、まず心《しん》臓《ぞう》を3つ持《も》っていること。1つは体心臓《たいしんぞう》と呼《よ》ばれ、私《わたし》たちと同《おな》じように全身《ぜんしん》に血液《けつえき》を巡《めぐ》らせるためのメインの心臓《しんぞう》です。それとは別《べつ》に、鰓《えら》に血液《けつえき》を送《おく》る鰓心臓《えらしんぞう》というものが左右《さゆう》にあります。鰓《えら》は酸素《さんそ》を取《と》

タコの胴《どう》と頭部《とうぶ》の構造《こうぞう》

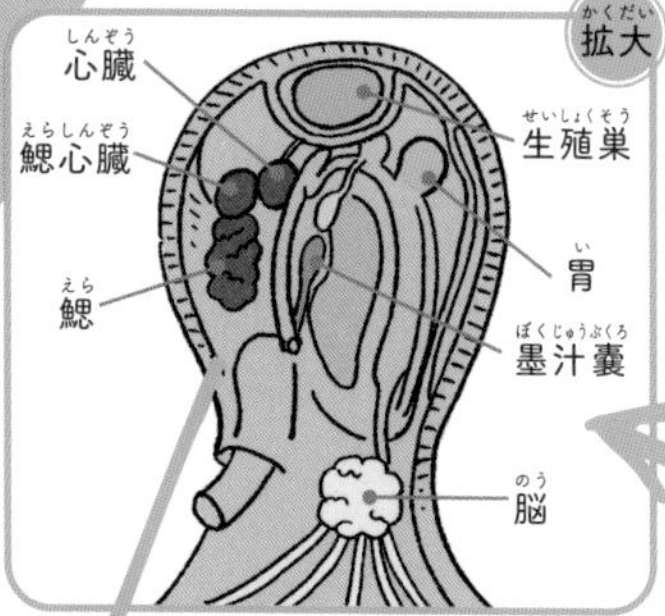

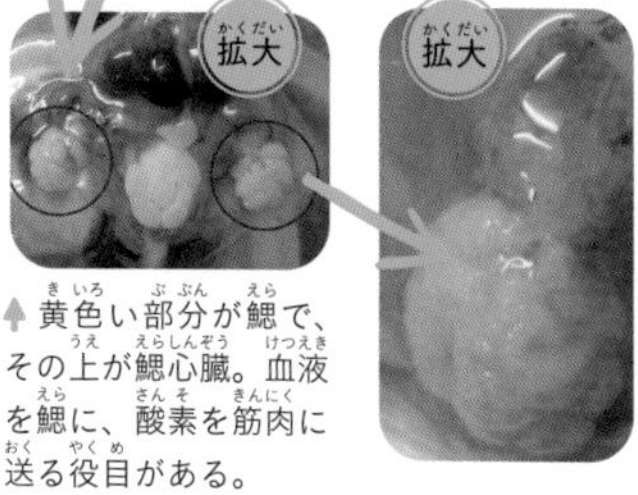

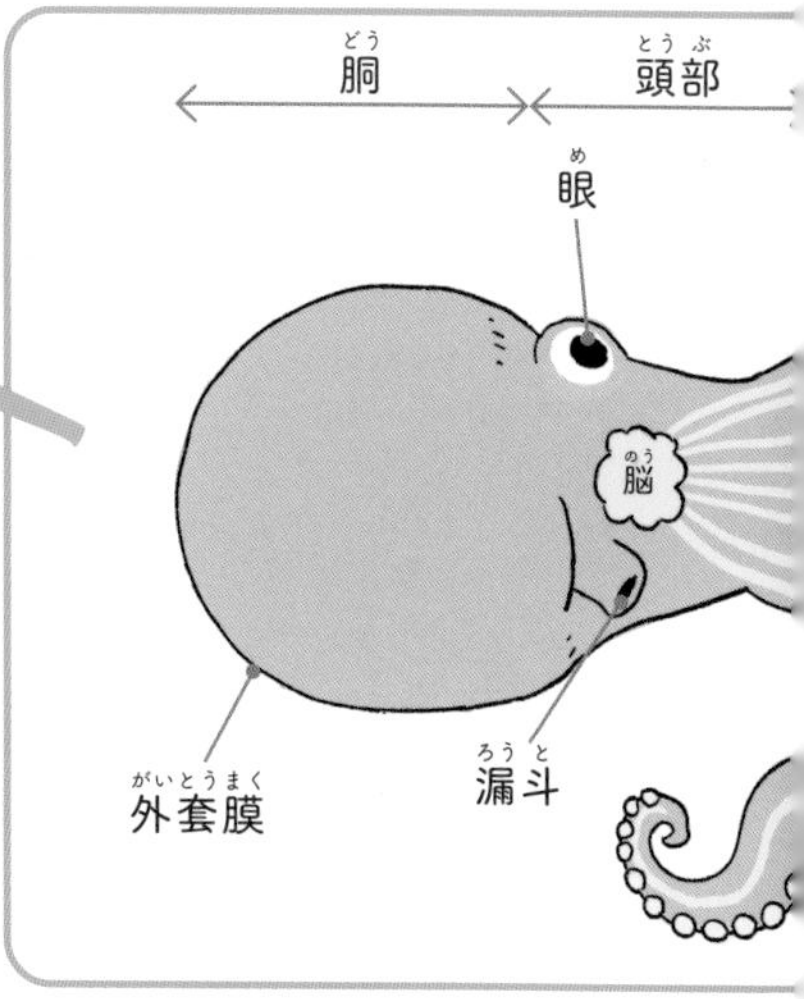

↑黄色《きいろ》い部分《ぶぶん》が鰓《えら》で、その上《うえ》が鰓心臓《えらしんぞう》。血液《けつえき》を鰓《えら》に、酸素《さんそ》を筋肉《きんにく》に送《おく》る役目《やくめ》がある。

り込《こ》むための大切《たいせつ》な器官《きかん》。ダイナミックな動《うご》きをするイカやタコは多《おお》くの酸素《さんそ》を使《つか》うため、心臓《しんぞう》1つではまかなえないのでしょうね。

さらに、なんと脳《のう》が9つあるとも考《かんが》えられています。タコは8本《ぽん》の腕《うで》をそれぞれ自由自在《じゆうじざい》に動《うご》かせて、物《もの》は掴《つか》めるわ、道具《どうぐ》は使《つか》えるわ、味《あじ》はわかるわ……こんなハイスペックな技《わざ》をこなすには脳《のう》1つでは処理《しょり》が追《お》い付《つ》かないだろう、きっと各腕《かくうで》に小《ちい》さな脳《のう》があるんだ、と考《かんが》える研究者《けんきゅうしゃ》もいます。最《さい》近《きん》の研究《けんきゅう》では脳《のう》と腕《うで》が独立《どくりつ》して動《うご》いているわけではないという結果《けっか》も出《で》ていますが、この身近《みぢか》な地球外《ちきゅうがい》生命体《せいめいたい》（？）の思考回路《しこうかいろ》が完全《かんぜん》に解《かい》明《めい》される日《ひ》は来《く》るのでしょうか。

豆知識《まめちしき》

タコの丸《まる》く膨《ふく》らんでいる部分《ぶぶん》は頭《あたま》ではなく胴《どう》。では頭部《とうぶ》はどこかというと、胴《どう》と腕《うで》の間《あいだ》の眼《め》があるところ。つまり頭《あたま》から腕《うで》が生《は》えていて、その反対側《はんたいがわ》に胴体《どうたい》があるのです。人間《にんげん》とはパーツの並《なら》び順《じゅん》がまるで違《ちが》う。やっぱり宇宙人《うちゅうじん》ですね。

23

前《まえ》向《む》きにも進《すす》める！「カニは横《よこ》歩《ある》き」とは限《かぎ》らない

磯《いそ》や川《かわ》でカニと追《お》いかけっこをしたことがある方《かた》なら、カニの横歩《よこある》きの素《す》早《ばや》さを知《し》っていますよね。カニがなぜ横歩《よこある》きをするのかというと、横長《よこなが》の体《からだ》の側面《そくめん》に多《おお》くの脚《あし》が並《なら》んでいるという構造上《こうぞうじょう》、横向《よこむ》きの方《ほう》が速《はや》く動《うご》けるから。前《まえ》に歩《ある》こうとすると関節《かんせつ》がうまいこと曲《ま》がらない上《うえ》に、脚同《あしどう》士《し》がぶつかってしまいます。それさえ克服《こくふく》できれば、どう歩《ある》こうがカニの自由《じゆう》です。

実《じつ》は、克服《こくふく》したカニがいるんです。青《あお》い握《にぎ》りこぶしのような姿《すがた》のミナミコメツキガニは、潮《しお》が引《ひ》いた干潟《ひがた》を集団《しゅうだん》で前向《まえむ》きに歩《ある》きます。その様子《ようす》が軍隊《ぐんたい》の隊列《たいれつ》に似《に》ていることから、英語《えいご》では兵士《へいし》のカニを意味《いみ》する「soldier crab《ソルジャー クラブ》」と呼ばれます。

高級食材《こうきゅうしょくざい》のアサヒガニは、縦《たて》に伸《の》びた独《どく》特の体型《たいけい》で前《まえ》のめりに猛《もう》ダッシュ。ヒラコウカムリはまるで昔話《むかしばなし》に出《で》てくる笠《かさ》みたいに貝殻《かいがら》を背負《せお》って、身《み》を隠《かく》しながら前進《ぜんしん》。タカアシガニは1歩《ぼ》1歩《ぼ》深海底《しんかいてい》を踏《ふ》みしめながら堂々《どうどう》とした前歩《まえある》き。生《い》き方《かた》も歩《ある》き方《かた》も前向《まえむ》きなカニは、結構《けっこう》いるものです。

集団《しゅうだん》で前進《ぜんしん》するミナミコメツキガニ

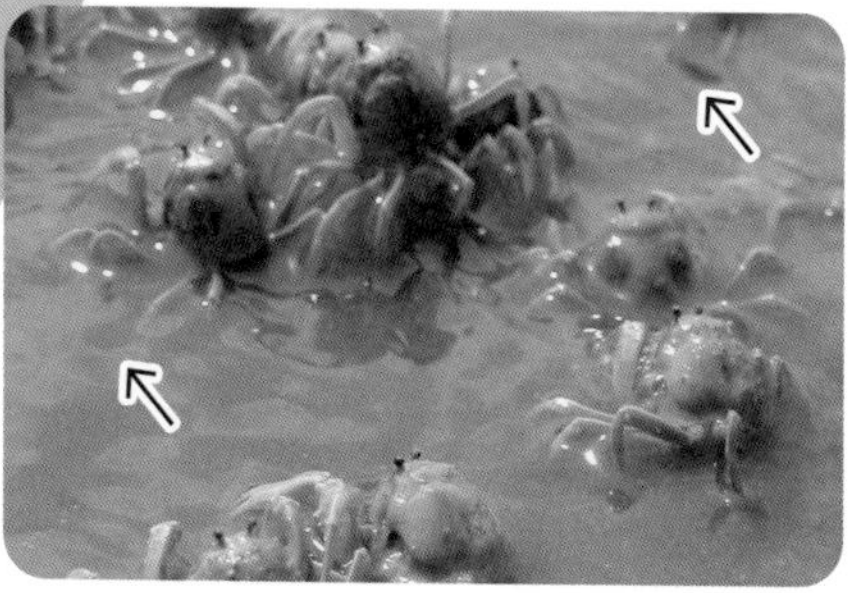

甲幅《こうはば》1cm ほどの小さなカニで、特徴的《とくちょうてき》なくすんだ青色《あおいろ》をしている。敵《てき》が近《ちか》づくと、体《からだ》をねじのように回転《かいてん》させながら素早《すばや》く砂《すな》に潜《もぐ》ります。食《た》べると不自然《ふしぜん》な甘《あま》さが口《くち》に広《ひろ》がるそう。

ダッシュが得意《とくい》なアサヒガニ

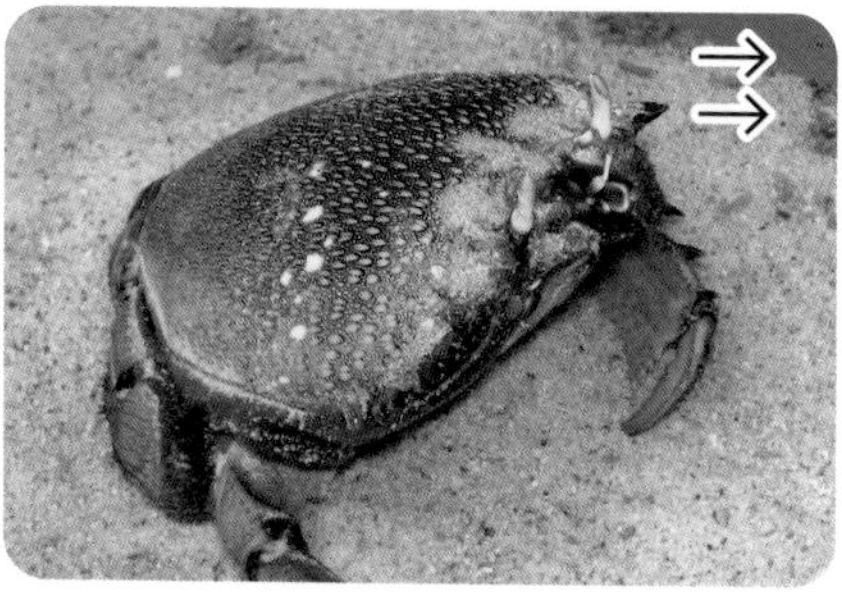

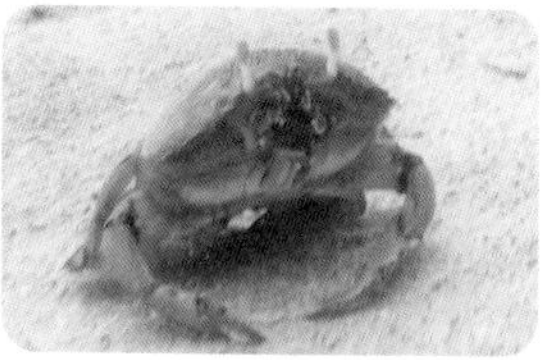

ビワのような縦長《たてなが》の甲《こう》が特徴《とくちょう》のアサヒガニ。後《うし》ろの脚《あし》で砂《すな》を押《お》すようにして海底《かいてい》を走《はし》る。

長《なが》い足《あし》で四方《しほう》自由《じゆう》に歩《ある》くタカアシガニ

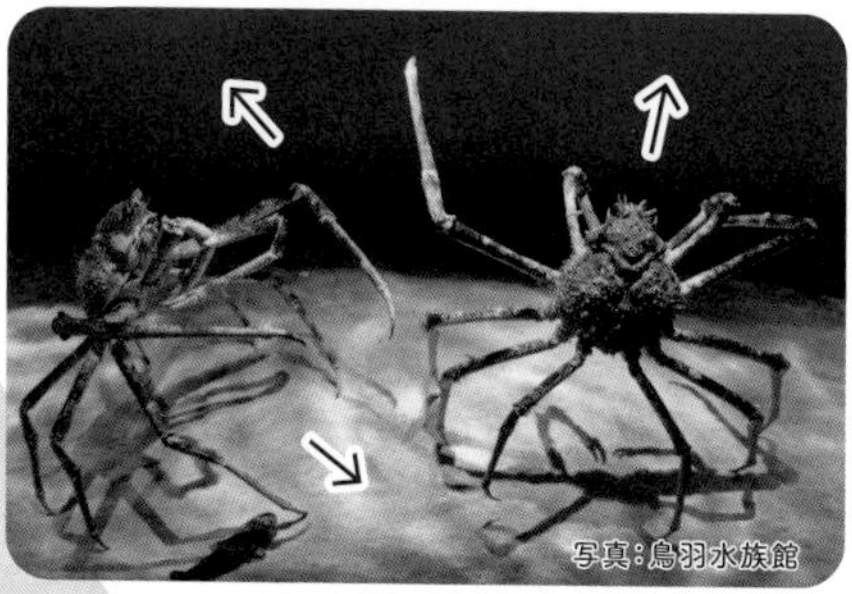

写真：鳥羽水族館

脚《あし》の長《なが》さが約《やく》1.5m のタカアシガニ。海底《かいてい》ではその長《なが》い足《あし》と可動域《かどういき》の広《ひろ》い関節《かんせつ》を使《つか》って前後左右《ぜんごさゆう》自由《じゆう》に動《うご》く。

豆知識《まめちしき》

カニを捕《つか》まえるとき、握《にぎ》ったり背中《せなか》とお腹《なか》をつまんだりするとハサミに挟《はさ》まれて痛《いた》い思《おも》いをします。おすすめの方法《ほうほう》は、まず人差《ひとさ》し指《ゆび》で甲《こう》を上《うえ》から押《お》さえて固定《こてい》し、親指《おやゆび》と中指《なかゆび》で甲《こう》を左右《さゆう》からつまむ。こうするとハサミは届《とど》きません。

CHAPTER 2

海《うみ》の暮《く》らしのはなし

24

海《うみ》には一生《いっしょう》、浮気《うわき》も別居《べっきょ》も離婚《りこん》もできない夫婦《ふうふ》がいる

夫《ふう》婦《ふ》のかたちは様々《さまざま》あれど、深海底《しんかいてい》に立《た》つタワーマンションに閉《と》じ込《こ》められて一生《いっしょう》を過《す》ごすというのは独特《どくとく》な関係《かんけい》です。ドラマの舞台《ぶたい》は筒状《つつじょう》の海綿動物《かいめんどうぶつ》・カイロウドウケツ。ガラス質《しつ》の網目構造《あみめこうぞう》で、中《なか》は空洞《くうどう》。出入口《でいりぐち》はありません。

そこへ流《なが》れてきたドウケツエビの赤《あか》ちゃんたち。網目《あみめ》を抜《ぬ》けて中《なか》に入《はい》ります。自然《しぜん》と2匹《ひき》だけ残《のこ》り、中《なか》で成長《せいちょう》します。そしてある日《ひ》気《き》づくのです。大きくなった体《からだ》では外《そと》に出《で》られないことに。もう一生《いっしょう》2人《ふたり》で暮《く》らすしかありません。気《き》が合《あ》わないとかタイプじゃないとか言《い》っている場合《ばあい》ではないのです。オスとメスに成熟《せいじゅく》し、夫婦《ふうふ》となって産卵《さんらん》。孵化《ふか》した赤《あか》ちゃんは網目《あみめ》を通《とお》り抜《ぬ》けて旅立《たびだ》ち、次《つぎ》なる舞台《ぶたい》を探《さが》すのです。

いろいろ問題《もんだい》がありそうだと思《おも》うかもしれませんが、これは賢《かしこ》い生存戦略《せいぞんせんりゃく》。ドウケツエビは硬《かた》いカイロウドウケツに守《まも》られ、網目《あみめ》に引《ひ》っかかる餌《えさ》を食《た》べることができるので、安全《あんぜん》に子育《こそだ》てができるデリバリーサービス付《つ》きマンションのようなものですね。

カイロウドウケツの外見《がいけん》と内部《ないぶ》

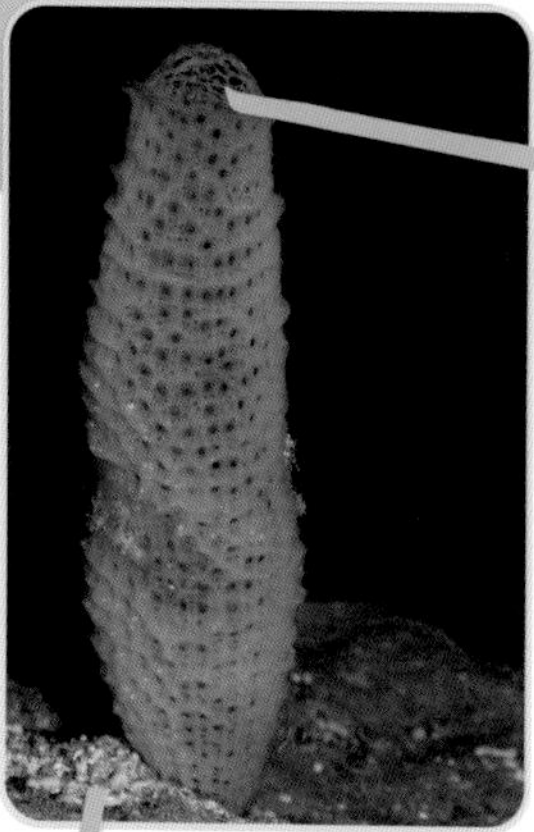

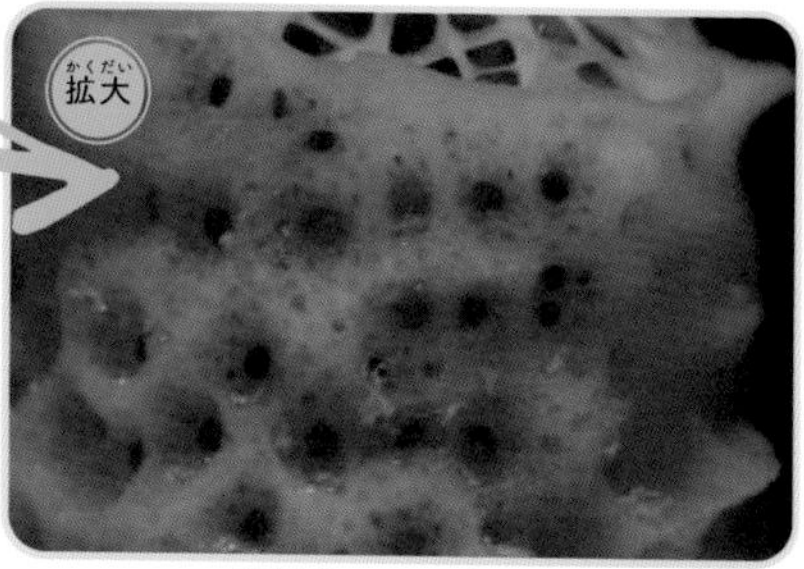

ちなみに、大人気《だいにんき》ゲームの中《なか》で捕獲《ほかく》できる生物《せいぶつ》として登場《とうじょう》し、一気《いっき》に有名《ゆうめい》になった。

人間《にんげん》が作《つく》った置物《おきもの》のようだが、れっきとした動物《どうぶつ》。網目状《あみめじょう》の骨格《こっかく》を利用《りよう》し海水《かいすい》を濾《こ》して、引《ひ》っかかったプランクトンや有機物《ゆうきぶつ》を食《た》べている。

まれにカイロウドウケツの中《なか》に3匹《びき》のドウケツエビがいることもあるらしいよ！ 夫婦間《ふうふかん》で揉《も》めそう……

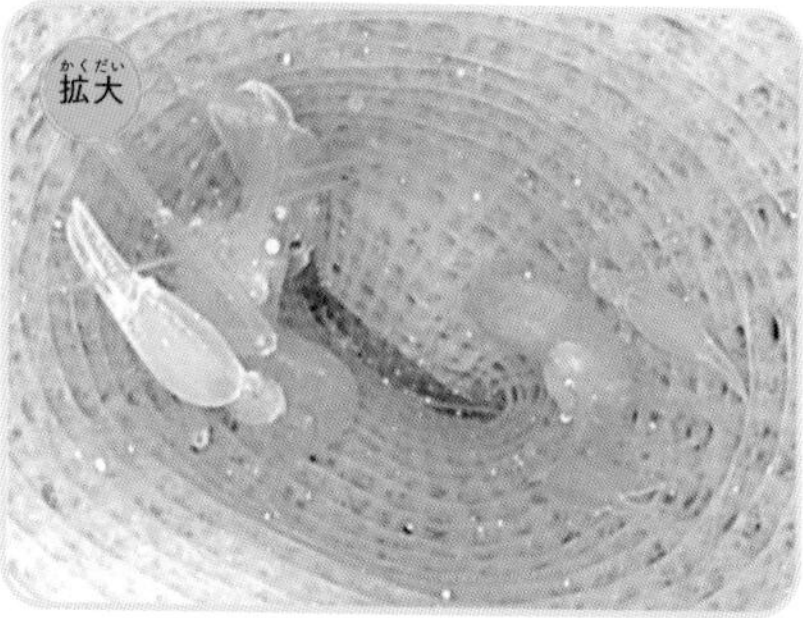

網目《あみめ》からハサミ脚《あし》を出《だ》し、引《ひ》っかかった有機物《ゆうきぶつ》などを食《た》べて生活《せいかつ》するドウケツエビ。そのおかげでカイロウドウケツは目詰《めづ》まりを防《ふせ》げるため、Win-Win《ウィンウィン》の関係《かんけい》だと考《かんが》えられている。

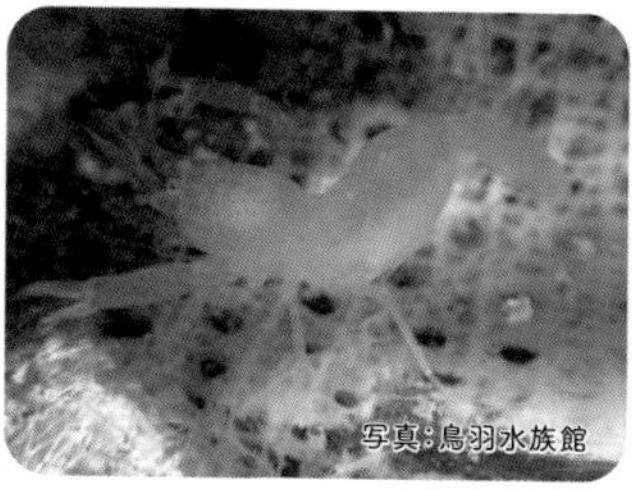

写真：鳥羽水族館

カイロウドウケツが外敵《がいてき》から守《まも》ってくれるため、ドウケツエビの体《からだ》は柔《やわ》らかくデリケート。水色《みずいろ》に見《み》える部分《ぶぶん》は卵《たまご》。

豆知識《まめちしき》

漢字《かんじ》で書《か》くと「偕老同穴《かいろうどうけつ》」。共《とも》に老《お》いて同《おな》じ墓穴《はかあな》に入《はい》るという意味《いみ》です。ドウケツエビの生態《せいたい》から結婚《けっこん》の縁起物《えんぎもの》として使《つか》われることも。英語《えいご》では「ビーナスの花籠《はなかご》」。夫婦《ふうふ》の物語《ものがたり》でも形《かたち》の美《うつく》しさでも、昔《むかし》から人々《ひとびと》を魅了《みりょう》してきたのですね。

25

究極《きゅうきょく》の口《くち》の中《なか》で子《こ》育《そだ》てをする

今《いま》はお父《とう》さんが子育《こそだ》てするのも当《あ》たり前《まえ》な時代《じだい》。でも魚《さかな》の世界《せかい》ではずっと昔《むかし》から子育《こそだ》てパパたちが活躍《かつやく》しているんです。育児《いくじ》のトレンドは口内保育《こうないほいく》（マウスブリーディング）。保育園《ほいくえん》もなければベビーシッターもいない海《うみ》の中《なか》で、確実《かくじつ》に守《まも》れる場所《ばしょ》は自分《じぶん》の口《くち》の中《なか》だったのですね。

ネンブツダイの場合《ばあい》、メスが産《う》んだ卵《たまご》をオスが口《くち》でキャッチして、孵化《ふか》するまで1週間以上守《しゅうかんいじょうまも》り続《つづ》けます。ただでさえ顎《あご》が疲《つか》れそうなのに、卵《たまご》に新鮮《しんせん》な海水《かいすい》がかかるようにと口《くち》をパクパク。この行動《こうどう》が念仏《ねんぶつ》を唱《とな》えているように見《み》えることから名前《なまえ》が付《つ》きました。保育中《ほいくちゅう》のお父《とう》さんは基本的《きほんてき》に何《なに》も食《た》べません。究極《きゅうきょく》の父性愛《ふせいあい》、泣《な》かせますね。

同《おな》じくオスが口内保育《こうないほいく》をすることで有名《ゆうめい》なのがジョーフィッシュの仲間《なかま》なのですが、こちらは巣穴《すあな》を持《も》っています。卵《たまご》を一《いっ》瞬口《しゅんくち》から出《だ》して奥《おく》に隠《かく》し、餌《えさ》を食《た》べてからくわえ直《なお》すというちゃっかり技《わざ》が使《つか》えるのです。これでも十分立派《じゅうぶんりっぱ》なイクメンだと思《おも》いますよ。

口《くち》の中《なか》で子育《こそだ》てする魚《さかな》たち

ネンブツダイ

漁港内《ぎょこうない》でもよく群《む》れを見《み》かけるネンブツダイは、オレンジ色《いろ》の体《からだ》で海《うみ》の金魚《きんぎょ》とも呼《よ》ばれる。ネンブツダイをはじめとするテンジクダイの仲間《なかま》は、メスが卵《たまご》を産《う》んだ瞬間《しゅんかん》にオスが口《くち》で受《う》け取《と》り、そのまま孵化《ふか》するまで守《まも》り続《つづ》ける。

ジョーフィッシュの仲間《なかま》

「ジョー」は英語《えいご》で顎《あご》という意味《いみ》。大《おお》きく広《ひろ》がる顎《あご》を使《つか》い卵《たまご》を口《くち》に入《い》れて守《まも》る。ただ、孵化寸前以外《ふかすんぜんいがい》は餌《えさ》を食《た》べる時《とき》には卵《たまご》を巣穴《すあな》に置《お》く。

孵化《ふか》の瞬間《しゅんかん》

口《くち》をパクパクさせて一生懸命遠《いっしょうけんめいとお》くに稚魚《ちぎょ》を飛《と》ばす。

お腹《なか》の袋《ふくろ》で子育《こそだ》てをする魚《さかな》

タツノオトシゴの仲間《なかま》

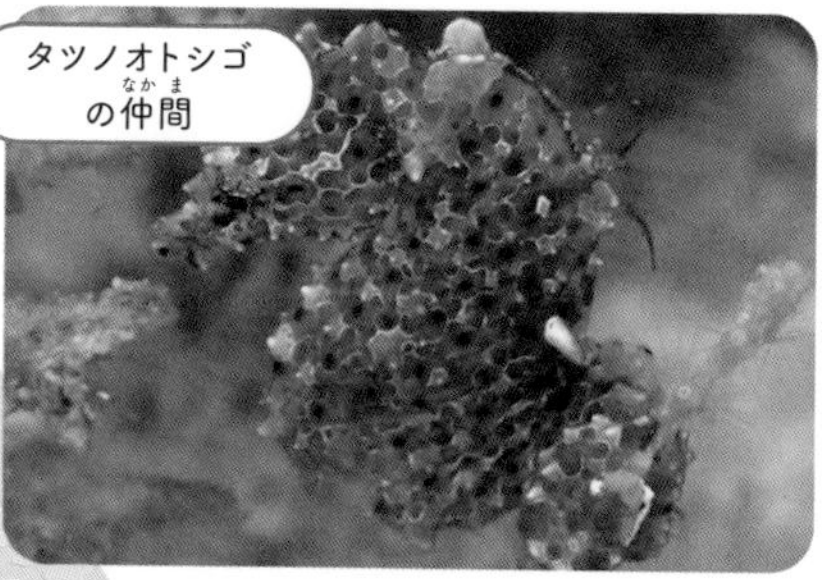

タツノオトシゴのメスは、オスの育児嚢《いくじのう》に卵《たまご》を産《う》み付《つ》ける。育児嚢《いくじのう》の中《なか》はひだ状《じょう》になっていて、多《おお》くの卵《たまご》を安全《あんぜん》に包《つつ》み込《こ》むことができる。種類《しゅるい》によっては一度《いちど》に1500匹《びき》もの赤《あか》ちゃんを産《う》むこともあるとか。

豆知識《まめちしき》

タツノオトシゴは代表的《だいひょうてき》なイクメン魚《ぎょ》。オスはメスが産《う》み付《つ》けた卵《たまご》が孵化《ふか》するまで、お腹にある育児嚢《いくじのう》で守《まも》ります。卵《たまご》の成長《せいちょう》に合《あ》わせてだんだんお腹《なか》が膨《ふく》らんでくるので、お父《とう》さんが妊娠《にんしん》するという不思議《ふしぎ》な現象《げんしょう》が起《お》こるのです。

26

タカアシガニは好《この》みの女子《じょし》を囲《かこ》い込《こ》む

源《げん》氏物語《じものがたり》の主人公《しゅじんこう》・光源氏《ひかるげんじ》は、10歳《さい》ほどの少女《しょうじょ》、若紫《わかむらさき》に恋焦《こいこ》がれる女性《じょせい》の面影《おもかげ》を重《かさ》ねます。彼女《かのじょ》を家《いえ》に連《つ》れ帰《かえ》って自分《じぶん》の理想《りそう》とする女性《じょせい》に育《そだ》てようと考《かんが》え、数年後《すうねんご》ついに2人《ふたり》は結《むす》ばれるのです。

現代《げんだい》でこんなことをやったら大問題《だいもんだい》ですが、これをリアルにやってのける生《い》き物《もの》がいるのです。その強者《つわもの》とは、世界最大《せかいさいだい》の**甲《こう》殻類《かくるい》**であるタカアシガニ。彼《かれ》らは好《この》みのメスを見《み》つけると後《うし》ろから抱《だ》きしめて、相手《あいて》が交尾《こうび》できる準備《じゅんび》が整《ととの》うまで羽交《はが》い締《じ》めにします。

これではとんでもないヤツみたいに思《おも》われてしまうので、タカアシガニの名誉《めいよ》を守《まも》るために理由《りゆう》を説明《せつめい》しますね。カニが交尾《こうび》できるのは、メスが脱皮《だっぴ》した直後《ちょくご》の**外骨格《がいこっかく》**が柔《やわ》らかい時《とき》。そのタイミングを逃《のが》さないよう、そして別《べつ》のオスに奪《うば》われないよう、脱皮前《だっぴまえ》のメスを囲《かこ》い込《こ》んでおくのです。**交《こう》尾前《びまえ》ガード**と呼《よ》ばれるこの行動《こうどう》は、確実《かくじつ》に子孫《しそん》を残《のこ》すための正当《せいとう》な戦略《せんりゃく》なのですね。

あまりフォローになっていないか……。

交尾前《こうびまえ》ガードを見《み》せるタカアシガニ

◀カニの中《なか》でも特別長《とくべつなが》い脚《あし》が、交尾前《こうびまえ》ガードでも役《やく》に立《た》っている。子孫《しそん》を残《のこ》すために全力《ぜんりょく》な様子《ようす》が、この姿《すがた》からひしひしと伝《つた》わる。

ふんどしの中《なか》に生殖器《せいしょくき》

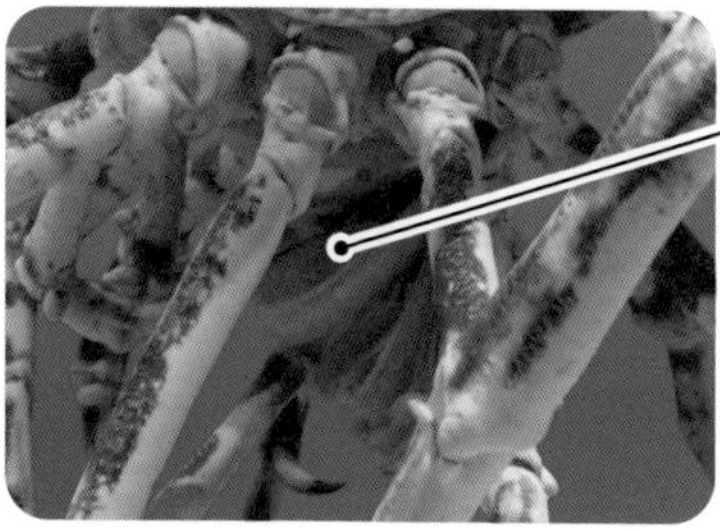

◀カニのお腹《なか》にあるフタのような部分《ぶぶん》を「ふんどし」と呼《よ》ぶ。ここを開《ひら》くと生殖器《せいしょくき》が現《あらわ》れるので、交尾《こうび》する時《とき》のカニは写真《しゃしん》のようにふんどしを開《ひら》く。

つかんだ手《て》を離《はな》さないイガグリガニ

◀カニという名前《なまえ》だがヤドカリの仲間《なかま》のイガグリガニ。脚《あし》が短《みじか》いからなのか、ハサミをがっちりとつかんでメスを逃《にが》さないようにしている。

写真すべて：鳥羽水族館

豆知識《まめちしき》

交尾前《こうびまえ》ガードは、タカアシガニに限《かぎ》らず様々《さまざま》な甲殻類《こうかくるい》で見《み》られる、意外《いがい》と一般的《いっぱんてき》な行動《こうどう》です。後《うし》ろから抱《だ》きしめるタイプやハサミを掴《つか》んで離《はな》さないタイプなど、監禁《かんきん》…いや、囲《かこ》い込《こ》みの方法《ほうほう》は種類《しゅるい》によって異《こと》なります。

種《しゅ》の未来《みらい》を担《にな》う 片道《かたみち》切符《きっぷ》の旅人《たびびと》・死滅回遊魚《しめつかいゆうぎょ》

モンガラカワハギの仲間《なかま》

↓独創的《どくそうてき》な模様《もよう》からシンプルなツートンカラーまで、個性豊《こせいゆた》かな柄《がら》が魅力《みりょく》のモンガラカワハギの仲間《なかま》。南国《なんごく》の海《うみ》のシンボルのような魚《さかな》だ。

アミモンガラ

ツマジロモンガラ

ムラサメモンガラ

チョウチョウウオの仲間《なかま》

トゲチョウチョウウオ

チョウハン

ハタタテダイ

↑死滅回遊魚《しめつかいゆうぎょ》の代表《だいひょう》とも言《い》えるのがチョウチョウウオの仲間《なかま》。黄色《きいろ》い体《からだ》でヒラヒラ泳《およ》ぐ様子《ようす》がお花畑《はなばたけ》を舞《ま》うチョウのようだから、この名前《なまえ》が付《つ》いた。

死《し》滅回遊魚《めつかいゆうぎょ》……悪《あく》の組織《そしき》のような響《ひび》きですが、これは儚《はかな》い運命《うんめい》と壮大《そうだい》な使命《しめい》を背負《せお》ったドラマチックな魚《さかな》たちの呼《よ》び名《な》です。

南《みなみ》の海《うみ》の幼魚《ようぎょ》たちは、夏《なつ》、黒潮《くろしお》に乗《の》って関東周辺《かんとうしゅうへん》の海《うま》まで流《なが》れてきます。カラフルな幼魚《ようぎょ》たちが乱《らん》舞《ぶ》する様《さま》は南国《なんごく》のよう。しかし冬《ふゆ》になると水温《すいおん》が15℃くらいまで下《さ》がるため、暖《あたた》かい海出身《うみしゅっしん》の彼《かれ》らは越冬《えっとう》できず死《し》んでしまうのです。

その他《た》の仲間《なかま》

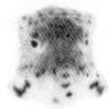

コンゴウフグ

オニベラ

サザナミハギ

キンギョハナダイ

ロクセンフエダイ

クロホシマンジュウダイ

スズメダイの仲間《なかま》

ミヤコキセンスズメダイ

←名前《なまえ》にタイと付《つ》いているが、タイの仲間《なかま》ではない。暖《あたた》かい海《うみ》ではサンゴ礁《しょう》の隙間《すきま》やイソギンチャクに隠《かく》れて、群《む》れで生活《せいかつ》している。

ミツボシクロスズメダイ

ソラスズメダイ

流《なが》される理由《りゆう》に台風《たいふう》もあるよ。夏《なつ》から秋《あき》に発生《はっせい》した台風《たいふう》によって流速《りゅうそく》が速《はや》くなった黒潮《くろしお》に、幼魚《ようぎょ》がさらわれてしまうんだね。

知《し》ってる?　黒潮《くろしお》の速《はや》さは時速《じそく》7km

「寒《さむ》くなったら戻《もど》ればいいのに」と思《おも》うかもしれません。しかし、黒潮《くろしお》は速《はや》い場《ば》所《しょ》では時速《じそく》7km以上《いじょう》。ジョギングくらいの速《はや》さの流《なが》れなので、幼魚《ようぎょ》が逆《さか》らって泳《およ》ぐことは厳《きび》しいのです。

生《い》き残《のこ》れないとわかっていてなぜ流《なが》れて来《く》るのか。それは、彼《かれ》らが種《しゅ》の生息域拡大《せいそくいきかくだい》という使命《しめい》を背《せ》負《お》っているから。サンゴ礁《しょう》の海《うみ》がこの先もずっと存在《そんざい》し続《つづ》けるとは限《かぎ》りません。環境《かんきょう》の変化《へんか》と共《とも》に自《じ》分《ぶん》たちの種《しゅ》が絶滅《ぜつめつ》してはいけない。そこで幼魚《ようぎょ》たちは海流《かいりゅう》に乗《の》り、新《しん》天地開拓《てんちかいたく》の旅《たび》に出《で》ます。ほとんどは使命《しめい》を果《は》たすことができず死滅《しめつ》してしまうため、これは無効分散《むこうぶんさん》と呼《よ》ばれます。それでも、いつか奇《き》跡《せき》が起《お》きて、辿《たど》り着《つ》いた地《ち》で子孫《しそん》を残《のこ》すことができるかもしれない。

そんなわずかな可能性《かのうせい》を信《しん》じて、親《おや》たちはこの夏《なつ》も大切《たいせつ》な我《わ》が子《こ》を片道切符《かたみちきっぷ》の旅《たび》に送《おく》り出《だ》すのです。

豆知識《まめちしき》

近年《きんねん》、地球温暖化《ちきゅうおんだんか》の影響《えいきょう》で南国《なんごく》の幼魚《ようぎょ》たちが越冬《えっとう》することが増《ふ》えてきました。呼《よ》び名《な》も死滅回遊魚《しめつかいゆうぎょ》から季節来遊魚《きせつらいゆうぎょ》に変《か》わりつつあります。彼《かれ》らにとっては奇《き》跡《せき》でも、生態系《せいたいけい》のバランスが崩《くず》れることを考《かんが》えると心配《しんぱい》な変化《へんか》ですね。

CHAPTER 2

海《うみ》の暮《く》らしのはなし

28

生《い》きている化《か》石《せき》・シーラカンスはなぜ生《い》き残《のこ》ったのか

シーラカンスの標本《ひょうほん》

↑現在《げんざい》生《い》きているシーラカンスの仲間《なかま》としては、アフリカとインドネシアの一部《いちぶ》に生息《せいそく》している2種《しゅ》が確認《かくにん》されている。

シーラカンスは体長《たいちょう》約《やく》2mで体重《たいじゅう》は約《やく》90kg。約《やく》100年《ねん》ほどの寿命《じゅみょう》です。鰾《うきぶくろ》の中《なか》は脂肪《しぼう》で満《み》たされていて、胎内《たいない》で卵《たまご》が孵化《ふか》して赤《あか》ちゃんを産《う》む卵胎生《らんたいせい》なんだ！

絶《ぜつ》滅《めつ》したと思《おも》われていたシーラカンスが、1938年《ねん》に南《みなみ》アフリカで発見《はっけん》されました。この仲間《なかま》は恐竜《きょうりゅう》の時代《じだい》よりも古《ふる》い約《やく》4億年前《おくねんまえ》の地層《ちそう》からも化石《かせき》が見《み》つかっており、姿《すがた》は今《いま》とほとんど変《か》わっていません。「生《い》きている化《か》石《せき》」と呼《よ》ばれる彼《かれ》らはなぜ長《なが》い間《あいだ》同《おな》じ姿《すがた》で生《い》き残《のこ》れたのでしょう？

シーラカンスの仲間《なかま》は100種《しゅ》類《るい》以上《いじょう》の化石《かせき》が見《み》つかっており、

シーラカンスの仲間《なかま》

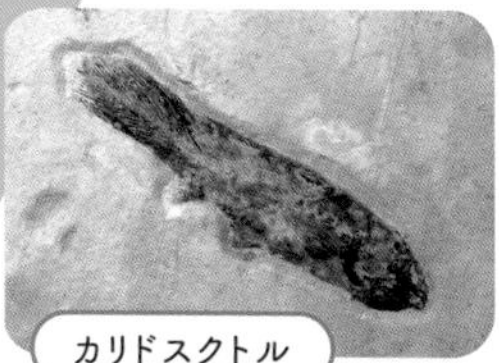

カリドスクトル

ウンディナピスキス

↑古生代《こせいだい》〜中生代《ちゅうせいだい》の地層《ちそう》から見《み》つかった、絶滅《ぜつめつ》したシーラカンスの先祖《せんぞ》たち。鰭《ひれ》の数《かず》や形《かたち》など、体《からだ》の特徴《とくちょう》が現存《げんぞん》するシーラカンスと共通《きょうつう》している。

シーラカンスの体《からだ》のつくり

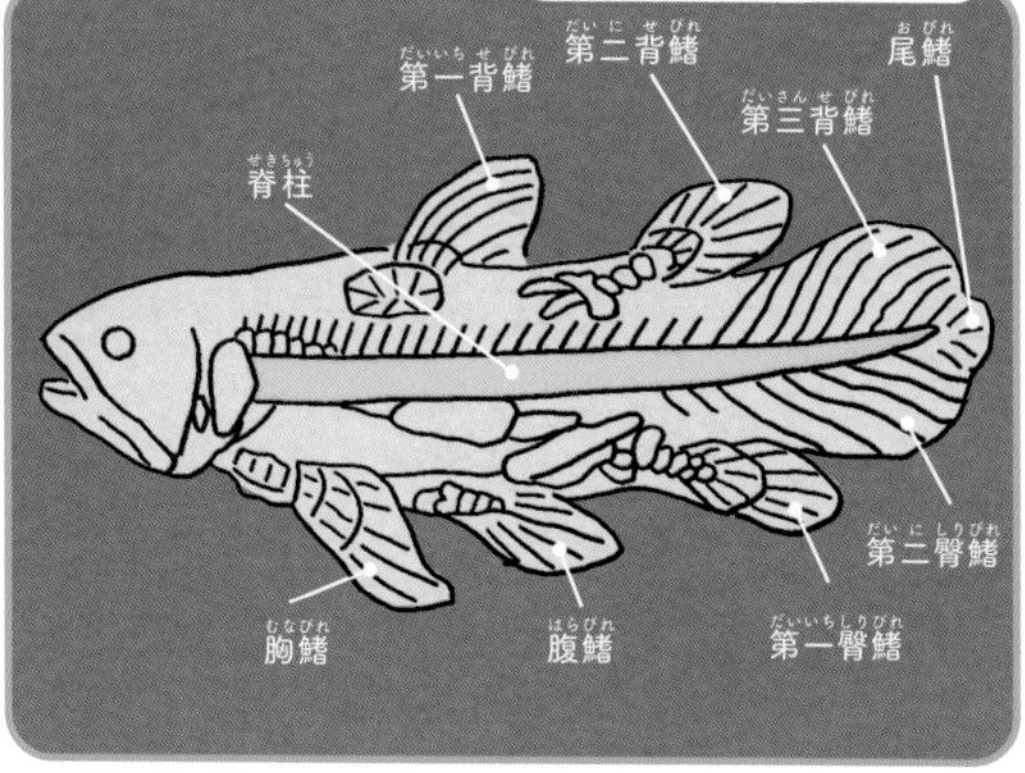

↑他《ほか》の魚《さかな》と比《くら》べて鰭《ひれ》の数《かず》が多《おお》いことが特徴《とくちょう》。中《なか》でも胸鰭《むなびれ》と腹鰭《はらびれ》には大《おお》きな骨《ほね》と関節《かんせつ》があり、まるで歩《ある》くように動《うご》かす。これが、魚類《ぎょるい》から両生類《りょうせいるい》に変化《へんか》する過程《かてい》を残《のこ》しているのでないかと考《かんが》えられている。体《からだ》にワックスエステルという人間《にんげん》が消化《しょうか》できない成分《せいぶん》が多《おお》く含《ふく》まれており、食用《しょくよう》にはならない。

もともとは浅《あさ》い海《うみ》や川《かわ》に棲《す》んでいたようです。これらの種類《しゅるい》の大半《たいはん》は恐竜《きょうりゅう》と共《とも》に絶滅《ぜつめつ》しましたが、一《いち》部《ぶ》深海《しんかい》へと下《お》りて行《い》った種類《しゅるい》だけが、陸上《りくじょう》の環境変化《かんきょうへんか》の影響《えいきょう》を受《う》けずに生《い》き残《のこ》ったと考《かんが》えられています。深海《しんかい》の安定《あんてい》した環境《かんきょう》が彼《かれ》らを守《まも》ったのですね。長年姿《ながねんすがた》を変《か》えていないのは、進化《しんか》していないのではなく、これ以上進化《いじょうしんか》する必要《ひつよう》がない完成形《かんせいけい》だからなのです。

人が消化《しょうか》できない脂《あぶら》を持《も》っためちゃくちゃ不味《まず》い魚《さかな》であることや、ワシントン条約《じょうやく》で守《まも》られていることで、現代《げんだい》のシーラカンスは人間《にんげん》に乱獲《らんかく》されずに生《い》き残《のこ》っています。これからも末永《すえなが》く生《い》き続《つづ》けて、地球《ちきゅう》を見守《みまも》ってほしいですね。

豆知識《まめちしき》

古代《こだい》の構造《こうぞう》を残《のこ》したシーラカンスは、他《ほか》の多《おお》くの魚《さかな》と違《ちが》い背骨《せぼね》がありません。代《か》わりにチューブのような脊柱《せきちゅう》があり、中《なか》は体液《たいえき》で満《み》たされています。「シーラカンス（Coelacanth）」とは、ギリシャ語《ご》でこの脊柱《せきちゅう》を意味《いみ》する言葉《ことば》なのです。

29

やっぱりサメは最強《さいきょう》&最恐《さいきょう》？お腹《なか》の中《なか》でバトルロワイヤル

サメの生《う》まれ方《かた》はバラエティー豊《ゆた》か！多《おお》くの魚《さかな》のように卵《たまご》を産《う》み落《お》とすタイプ（卵生《らんせい》）は、サメ界《かい》では少数派《しょうすうは》。多《おお》くのサメは母親《ははおや》の胎内《たいない》で子《こ》が育《そだ》って赤《あか》ちゃんを出産《しゅっさん》するタイプ（胎生《たいせい》）なんです。

胎生《たいせい》には、孵化《ふか》した赤《あか》ちゃんが卵黄《らんおう》の栄養《えいよう》だけで成長《せいちょう》する卵黄依存型《らんおういぞんがた》と、母親《ははおや》から栄養《えいよう》をもらって育《そだ》つ母体依存型《ぼたいいぞんがた》の2種類《しゅるい》があります。母体依存型《ぼたいいぞんがた》がさらに3タイプに分《わ》かれ、人間《にんげん》と同《おな》じようにへその緒《お》を通《とお》して栄養《えいよう》が送《おそ》られる胎盤型《たいばんがた》、分泌物《ぶんぴつぶつ》によって栄養《えいよう》をもらう子宮《しきゅう》ミルク型《がた》、そして胎内《たいない》で他《ほか》の卵《たまご》を食《た》べる卵食型《らんしょくがた》があります。

この卵食型《らんしょくがた》の中《なか》でも最強《さいきょう》、いや最恐《さいきょう》なのがシロワニという強面《こわもて》のサメ。なんと卵《たまご》だけでなく孵化《ふか》した他《ほか》の赤《あか》ちゃんまで食《た》べてしまいます。きょうだいを食《た》べて育《そだ》ち、勝《か》ち残《のこ》った1匹《ぴき》※だけがこの世《よ》に誕生《たんじょう》することを許《ゆる》されるのです。この子宮内共食《しきゅうないともぐ》いは、確実《かくじつ》に育《そだ》つことができる生命力《せいめいりょく》あふれる子《こ》を産《う》むために磨《みが》き上《あ》げた、恐《おそ》ろしくもたくましい繁殖戦略《はんしょくせんりゃく》なのですね。

※子宮《しきゅう》は2つあるため、一度《いちど》に産《う》まれる赤《あか》ちゃんは2匹《ひき》です。

胎盤型《たいばんがた》

↑哺乳類《ほにゅうるい》のような胎盤《たいばん》を作《つく》り、そこから栄養供給《えいようきょうきゅう》を行《おこな》う。

←人間《にんげん》のように臍《へそ》の緒《お》が胎盤《たいばん》につながっているシュモクザメ。

卵食《らんしょく》・共食《ともぐ》い型《がた》

↑胎内《たいない》で未受精卵《みじゅせいらん》や受精卵《じゅせいらん》、胚《はい》を食《た》べて成長《せいちょう》する。

←シロワニは最初《さいしょ》に発生《はっせい》した胎仔《たいし》が他《ほか》の卵《たまご》や胎仔《たいし》を食《た》べる。

母体依存型《ぼたいいぞんがた》

卵黄《らんおう》
依存型《いぞんがた》

子宮《しきゅう》ミルク型《がた》

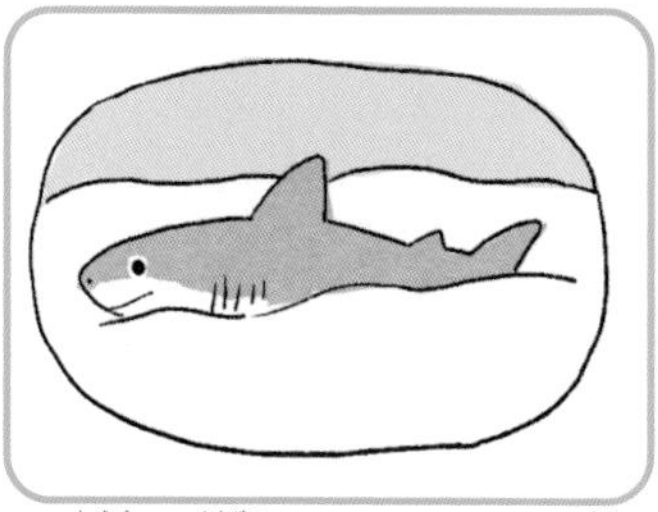

↑子宮《しきゅう》から分泌《ぶんぴつ》されるミルクのような液体《えきたい》を胎仔《たいし》に与《あた》えて育《そだ》てる。

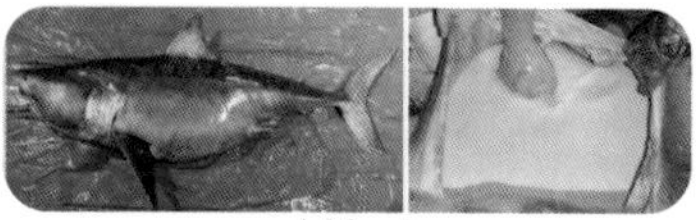

↑ホホジロザメの子宮《しきゅう》に満《み》たされたミルク。成長《せいちょう》すると卵食《らんしょく》もする。

写真：（一財）沖縄美ら島財団

卵黄依存型《らんおういぞんがた》

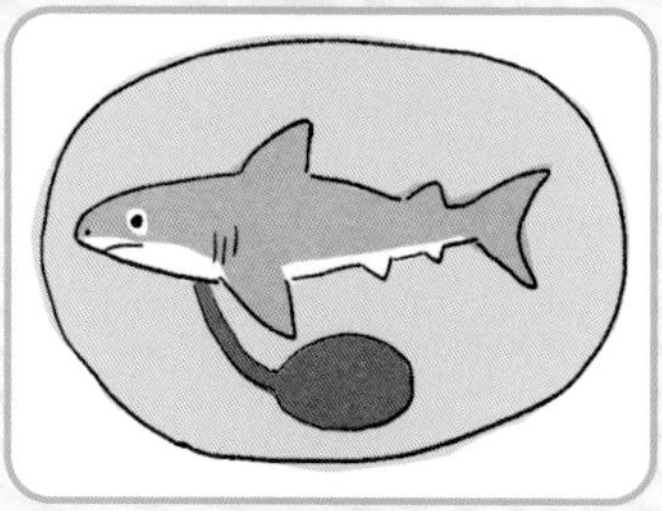

↑胚《はい》が持《も》つ巨大《きょだい》な卵黄嚢《らんおうのう》（ヨークサック）から主《おも》に栄養供給《えいようきょうきゅう》をする。

→卵黄嚢《らんおうのう》を持《も》つラブカの胎仔《たいし》。栄養《えいよう》を吸収《きゅうしゅう》して体外《たいがい》に出《で》るまで、妊娠期間《にんしんきかん》は約《やく》3年半《ねんはん》。

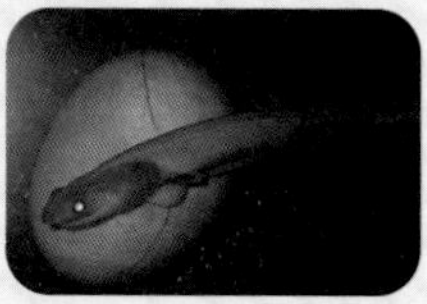

豆知識《まめちしき》

シロワニの「ワニ（和邇《わに》）」というのは日本《にほん》の神話《しんわ》に出《で》てくる海《うみ》の怪物《かいぶつ》のことで、爬虫類《はちゅうるい》のワニではなくサメのことを指《さ》すという説《せつ》が有力《ゆうりょく》です。その名残《なごり》で、今《いま》でもサメのことをワニと呼《よ》ぶ地域《ちいき》があります。

研《けん》究《きゅう》者《しゃ》の代《か》わりにサンプルを収《しゅう》集《しゅう》してくれる貝《かい》

クマサカガイのさまざまなデコレーション

↑貝殻《かいがら》の表面《ひょうめん》を念入《ねんい》りに掃除《そうじ》してから、粘液《ねんえき》を分泌《ぶんぴつ》して、のりで貼《は》るように貝殻《かいがら》や小石《こいし》をくっつける。

←二枚貝《にまいがい》の内側《うちがわ》を上《うえ》に向《む》けて付着《ふちゃく》させる傾向《けいこう》がある。

写真提供:鳥羽水族館

深《しん》海底《かいてい》に落《お》ちているものを拾《ひろ》い集《あつ》めて持《も》ち歩《ある》く、変《か》わり者《もの》がいます。クマサカガイという巻貝《まきがい》。彼《かれ》らは二枚貝《にまいがい》や巻貝《まきがい》、小石《こいし》などを自分《じぶん》の貝殻《かいがら》に貼《は》り付《つ》けて、ごてごてにデコレーションします。ときにはサメの歯《は》やプルトップなど意表《いひょう》を突《つ》く物《もの》を付《つ》けていることも。個体《こたい》によって集《あつ》める物《もの》の好《この》みがあることも知《し》られており、統一《とういつ》感《かん》のある飾《かざ》り付《つ》けがとても美《うつく》しい

名前《なまえ》の由来《ゆらい》は大泥棒《おおどろぼう》！

幼《おさな》い頃《ころ》の源義経《みなもとのよしつね》（牛若《うしわか》丸《まる》）が奥州《おうしゅう》へ向《む》かう途中《とちゅう》、盗賊《とうぞく》の熊坂長範《くまさかちょうはん》が荷物《にもつ》を奪《うば》おうとする様《さま》を描《えが》いた浮世絵《うきよえ》。

どうして貝《かい》などを付着《ふちゃく》させるのか？

貝《かい》をたくさんつけることで捕食者《ほしょくしゃ》から見《み》つかりにくくしている。また、たくさんの貝《かい》が鎧《よろい》のような役割《やくわり》をして、食《た》べられないようにしているという説《せつ》もある

クマサカガイは柔《やわ》らかい砂《すな》の海底《かいてい》で過《す》ごしているので、雪《ゆき》の日《ひ》に「かんじき」をはくように、殻《から》の周《まわ》りに貝《かい》をつけて砂地《すなじ》で動《うご》きやすいようにしている可能性《かのうせい》も

ため、貝殻《かいがら》の収集家《しゅうしゅうか》に大人気《だいにんき》。自《じ》分《ぶん》のコレクションごと人間《にんげん》にコレクションされてしまうんですね。

名前《なまえ》の由来《ゆらい》は、平安時代《へいあんじだい》の伝説《でんせつ》に登場《とうじょう》する熊坂長範《くまさかちょうはん》という大泥《おおどろ》棒《ぼう》。盗《ぬす》んだ物《もの》や七《なな》つ道具《どうぐ》を背負《せお》う姿《すがた》に重《かさ》ね合《あ》わせたようです。

そんなクマサカガイの生態《せいたい》は、人《ひと》がなかなか調査《ちょうさ》に行《い》けない深海《しんかい》底《てい》で、研究者《けんきゅうしゃ》の代《か》わりにサンプルを集《あつ》めて来《き》てくれるようなもの。デコレーションから深海《しんかい》の貝《かい》の分《ぶん》布《ぷ》を知《し》ることができたり、くっつけていたサンゴの中《なか》から新種《しんしゅ》の藻《そう》類《るい》が発見《はっけん》されたりと、盗人《ぬすっと》どころか深海研究《しんかいけんきゅう》に大《おお》いに貢献《こうけん》している存在《そんざい》なのです。

豆知識《まめちしき》

クマサカガイが貝殻《かいがら》をデコレーションする理由《りゆう》はまだはっきりとはわかっていません。死《し》んだ貝《かい》のふりをして身《み》を守《まも》るカモフラージュ説《せつ》、貝殻《かいがら》の防御力《ぼうぎょりょく》を高《たか》める補強説《ほきょうせつ》、泥《どろ》に沈《しず》みこまないようにするためのかんじき説《せつ》などが有力《ゆうりょく》です。

31 トビウオはなぜ飛《と》ぶのか

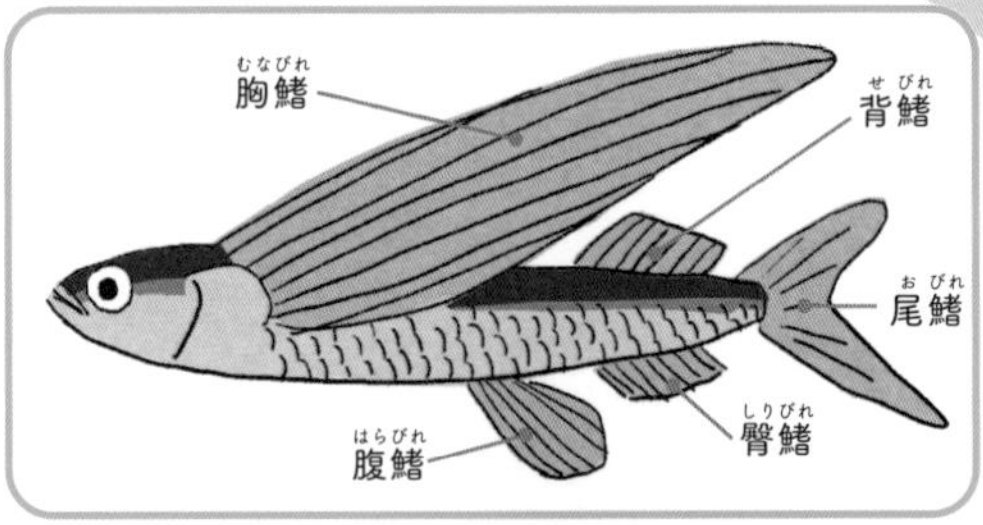

↑飛《と》ぶために使《つか》っているので、胸鰭《むなびれ》、腹鰭《はらびれ》、尾鰭《おびれ》はとっても立派《りっぱ》！

→海面《かいめん》に描《えが》かれた筋《すじ》で、尾鰭《おびれ》で水面《みなも》をけってジャンプしている様子《ようす》がわかる。

多《おお》くの魚《さかな》は水《みず》から出《で》ると呼吸《こきゅう》ができません。それなのにトビウオは海面《かいめん》から飛《と》び出《だ》し、100m以上《いじょう》も滑空《かっくう》します。息《いき》ができず苦《くる》しいのに、なぜわざわざ飛《と》ぶのでしょう？

彼《かれ》らは先祖《せんぞ》が鳥《とり》だったからでも、目立《めだ》ちたがりだからでもなく、敵《てき》から逃《に》げるために飛《と》ぶのです。命《いのち》を守《まも》るために仕方《しかた》なく飛《と》んでいます。

天敵《てんてき》はシイラ。ものすごいスピードで追《お》いかけてくる厳《いか》つい顔《かお》をしたシイラの攻撃《こうげき》を避《さ》けるためには、泳《およ》いで逃《に》げるのでは間《ま》に合《あ》わないと考《かんが》えたのでしょう。最後《さいご》の逃《に》げ道《みち》を用意《ようい》しているスパイみたいでカッコいいですね。

豆知識《まめちしき》

トビウオが飛《と》べる秘密《ひみつ》は鰭《ひれ》にあります。尾鰭《おびれ》の下側《したがわ》が長《なが》くなっていて、ここで海面《かいめん》を力強《ちからづよ》く蹴《け》って飛《と》び出《だ》します。そして羽《はね》のような胸鰭《むなびれ》を広《ひろ》げて滑空《かっくう》。さらに腹鰭《はらびれ》を飛行機《ひこうき》の水平尾翼《すいへいびよく》のように使《つか》って揚力《ようりょく》を調整《ちょうせい》します。

子《こ》どもが親《おや》を養《やしな》う!? コンビクト・ブレニー

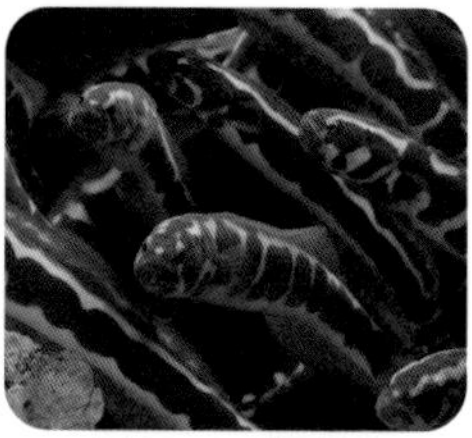

↑成長《せいちょう》すると筋《すじ》が斑点《はんてん》に変《か》わり、さらに複雑《ふくざつ》な虫《むし》食《ぐ》い模様《もよう》に変化《へんか》。

↑幼魚《ようぎょ》の頃《ころ》は頭《あたま》から尾鰭《おびれ》にかけて白《しろ》と黒《くろ》の筋模様《すじもよう》が入《はい》っている。

成魚《せいぎょ》はサンゴ礁《しょう》の海底《かいてい》にある巣穴《すあな》で約《やく》1年《ねん》も幼魚《ようぎょ》と一緒《いっしょ》に暮《く》らすんだ。魚《さかな》がここまで長《なが》いこと親子《おやこ》で暮《く》らすのは珍《めずら》しいんだけど、それは子《こ》どもが外《そと》で食《た》べた餌《えさ》のおこぼれを親《おや》が待《ま》っているからなんだって!

海《うみ》を泳《およ》いでコンビクト・ブレニーの成魚《せいぎょ》を探《さが》すのは、ほぼ不可能《ふかのう》です。なぜなら彼《かれ》らは巣穴《すあな》を掘《ほ》ってその中《なか》で暮《く》らし、朝《あさ》も昼《ひる》も夜《よる》も、いついかなる時《とき》も出《で》てこないから。魚界《さかなかい》きっての引《ひ》きこもりです。どうやって餌《えさ》を食《た》べているのでしょう？ なんと子どもに運《はこ》ばせるのです。巣穴《すあな》に同居《どうきょ》する幼魚《ようぎょ》たちは、日中餌《にっちゅうえさ》を求《もと》めて出《で》かけます。そして夕方《ゆうがた》に帰宅《きたく》すると、親《おや》は幼魚《ようぎょ》を口《くち》の中《なか》にパクリ。どうやら幼魚《ようぎょ》の排《はい》泄物《せつぶつ》か何《なに》かから栄養《えいよう》をもらっているようです。親《おや》が子《こ》のすねをかじって生《い》きるとは……。それでいいのか、オトナたちよ！

豆知識《まめちしき》

コンビクトというのは囚人《しゅうじん》のこと。幼魚《ようぎょ》は毒《どく》のあるゴンズイによく似《に》た姿《すがた》をしており、擬態《ぎたい》して身《み》を守《まも》っていると考《かんが》えられていますが、成魚《せいぎょ》になるととても複雑《ふくざつ》な模様《もよう》に変身《へんしん》します。この模様《もよう》が囚人服《しゅうじんふく》に似《に》ていることが名前《なまえ》の由来《ゆらい》です。

33

ニシンのおならは敵《てき》国《こく》の潜《せん》水《すい》艦《かん》と間《ま》違《ちが》えられた

あなたはおならで会話《かいわ》ができますか？　工夫《くふう》すれば色々《いろいろ》な高《たか》さの音《おと》を出《だ》して会話《かいわ》できるかもしれませんが、普通《ふつう》はしないですよね。数《かず》の子《こ》でおなじみのニシンは、鰾《うきぶくろ》から肛門《こうもん》に空気《くうき》が流《なが》れる時《とき》に高周波音《こうしゅうはおん》が出《で》ることで、それが可能《かのう》なのです。このおならは襲《おそ》われそうになった時《とき》に敵《てき》を惑《まど》わすためにも役立《やくだ》っているようですが、夜《よる》に群《む》れで行動《こうどう》する時《とき》にお互《たが》いのコミュニケーションのためにも使《つか》われると考《かんが》えられています。

これがかつて、戦争《せんそう》の引《ひ》き金《がね》になりかけたことがあります。1980年代《ねんだい》、スウェーデンの港《みなと》の水中《すいちゅう》で潜水艦《せんすいかん》らしき謎《なぞ》の音《おと》を感《かん》知《ち》しました。政府《せいふ》はロシアのスパイだと疑《うたが》い撤退《てったい》を要求《ようきゅう》するも、ロシア側《がわ》は「知《し》らない」の一点張《いってんば》り。それでもなお謎《なぞ》の音《おと》は止《や》まず、ヘリや船《ふね》を総動員《そうどういん》して捜索《そうさく》するも、潜水艦《せんすいかん》を見《み》つけることはできませんでした。

そこで研究者《けんきゅうしゃ》に依頼《いらい》して音《おと》の正体《しょうたい》を探《さぐ》ってもらったところ、なんとニシンのおならだったそう。両国《りょうごく》の緊張状態《きんちょうじょうたい》は、なんとも微笑《ほほえ》ましいかたちで解消《かいしょう》したのでした。

ニシンの群《む》れは数《すう》km^3になることもあるという巨大《きょだい》な大《おお》きさ。それだけ大群《たいぐん》でおならをしたら、大《おお》きな潜水艦《せんすいかん》と間違《まちが》えられてもしかたないね。

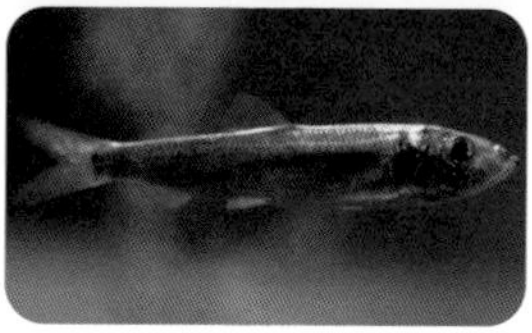

↑ニシンの成魚《せいぎょ》（上《うえ》）と幼魚《ようぎょ》（下《した》）。毎年春《まいとしはる》になると大群《たいぐん》で浅瀬《あさせ》の海藻《かいそう》に産卵《さんらん》することから、「春告魚《はるつげうお》」ともいわれる。

←子持《こも》ち昆布《こんぶ》に付《つ》いているのはニシンの卵《たまご》。卵《たまご》のネバネバが海藻《かいそう》についてできる。

ニシンのおならをソナーがキャッチ

豆知識《まめちしき》

おせち料理《りょうり》に入《はい》っている子持《こも》ち昆布《こんぶ》。料理人《りょうりにん》が作《つく》った手《て》の込《こ》んだ一品《いっぴん》のように見《み》えますが、正体《しょうたい》はニシンが卵《たまご》を産《う》み付《つ》けた昆布《こんぶ》を塩漬《しおづ》けにしたもの。人工的《じんこうてき》に数《かず》の子《こ》で昆布《こんぶ》をサンドしたわけではなく、ニシンが作《つく》り上《あ》げたものなのです。

34 イワシの群《む》れが回《まわ》る方向《ほうこう》は決《き》まっている

水《すい》族館《ぞくかん》の大水槽《だいすいそう》を泳《およ》ぐイワシの群《む》れは、躍動的《やくどうてき》に渦《うず》を巻《ま》く動《うご》きが人気《にんき》です。

あの渦巻《うずま》き、実《じつ》は多《おお》くが右回《みぎまわ》りなんです。人間《にんげん》に右利《みぎき》きの人《ひと》が多《おお》いのと同《おな》じように、イワシの世界《せかい》でも右利《みぎき》きが主流《しゅりゅう》なのです。

物理《ぶつり》に詳《くわ》しい人《ひと》なら、南半球《みなみはんきゅう》では反対向《はんたいむ》きなのではないかと思うかもしれません。

ただ、現在《げんざい》わかっている限《かぎ》りでは、イワシに右利《みぎき》きが多《おお》い理由《りゆう》は、コリオリの力《ちから》ではなく体《からだ》の構造《こうぞう》にあるようです。多《おお》くの場合《ばあい》、イワシは体《からだ》を曲《げ》げるための筋肉《きんにく》が右《みぎ》に偏《かたよ》っているため、自然《しぜん》と右《みぎ》へ曲《ま》がりやすい体《からだ》となり、時計回《とけいまわ》りの群《む》れが生《う》まれるのだそう。

右利《みぎき》きのイワシを網焼《あみや》きにすると右側《みぎがわ》に反《そ》ることからも、筋肉《きんにく》の付《つ》き方《かた》と回転《かいてん》の方向《ほうこう》が関係《かんけい》していることがうかがえます。

外《そと》から見《み》ると生《い》き物《もの》は左右対称《さゆうたいしょう》というイメージがありますが、中身《なかみ》を覗《のぞ》いてみると、人間《にんげん》だって内臓《ないぞう》は左右《さゆう》で非対称《ひたいしょう》ですよね。そう考《かんが》えると、種類《しゅるい》によって、個体《こたい》によって、得意《とくい》な方向《ほうこう》があるのは自然《しぜん》なことだなと感《かん》じます。

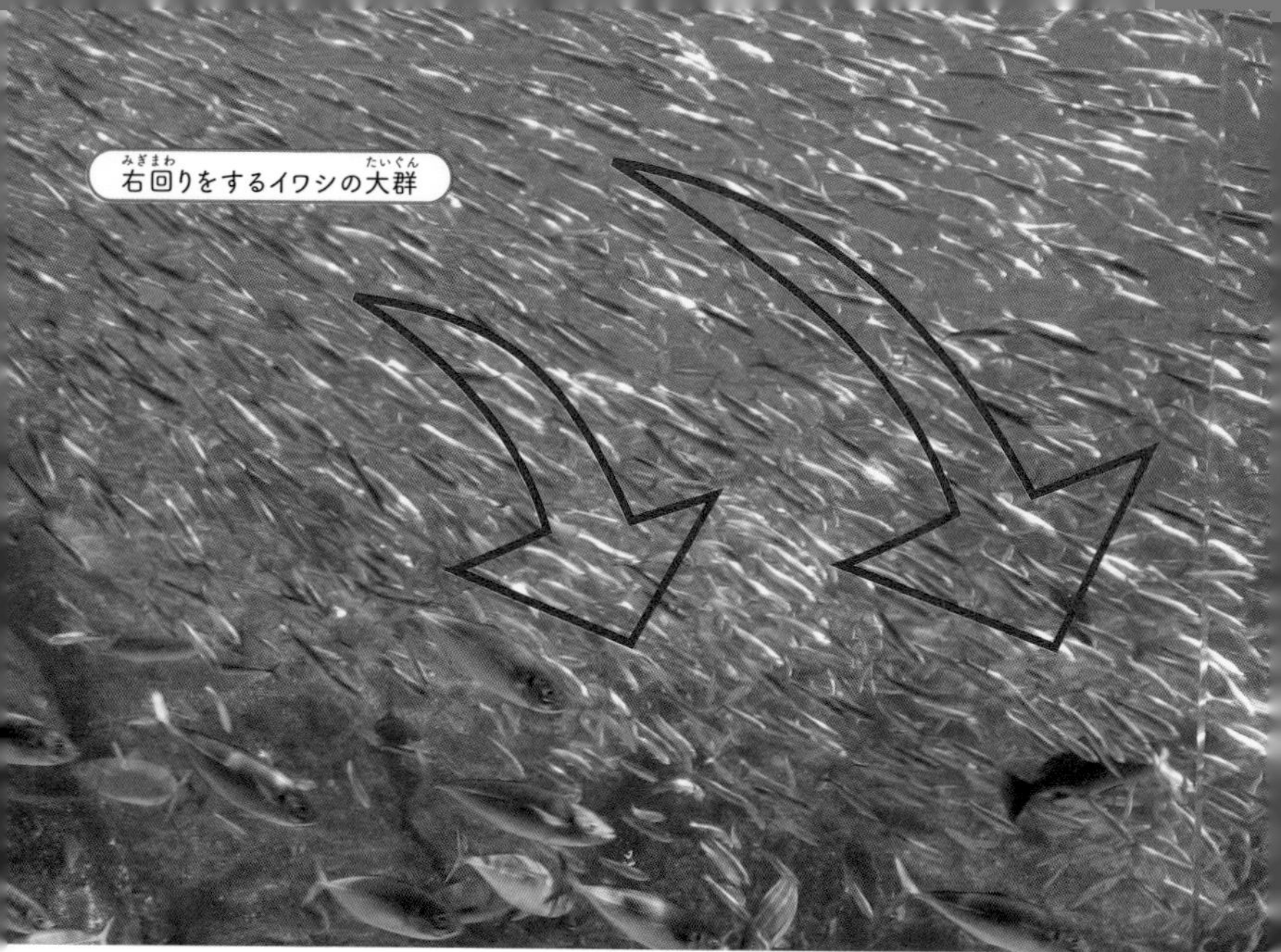

海《うみ》のいけすに養畜《ようちく》されているマイワシの約《やく》7割《わり》が右回《みぎまわ》りという観察結果《かんさつけっか》があり、一度方向《いちどほうこう》が決《き》まるとずっとその方向《ほうこう》に回《まわ》っていく。昼夜問《ちゅうやと》わず泳《およ》ぐが、夜《よる》は昼《ひる》と比較《ひかく》してスピードはゆっくり。

コリオリの力《ちから》

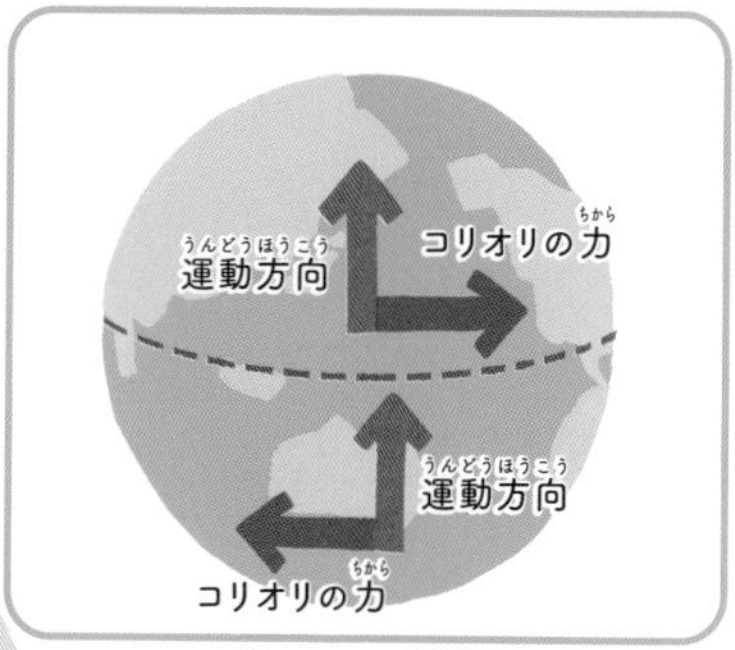

コリオリの力《ちから》の向《む》きは北半球《きたはんきゅう》では物体《ぶったい》の運動方向《うんどうほうこう》の直角右向《ちょっかくみぎむ》きに働《はたら》き、物体《ぶったい》は右向《みぎむ》きに進行《しんこう》。南半球《みなみはんきゅう》では直角左向《ちょっかくひだりむ》き & 左曲《ひだりま》がりに。

コリオリの力《ちから》が働《はたら》いていると、ボールを投《な》げた時《とき》の進行方向《しんこうほうこう》（青色《あおいろ》の矢印《やじるし》）が意図《いと》した方向《ほうこう》（オレンジの矢印《やじるし》）より右《みぎ》にそれたように見《み》える。

豆知識《まめちしき》

統率《とうそつ》のとれたイワシの群《む》れにリーダーはいません。危険《きけん》を最初《さいしょ》に察知《さっち》したイワシが方向《ほうこう》を変《か》え、それを隣《となり》のイワシが真似《まね》して……という連鎖《れんさ》で全体《ぜんたい》の動《うご》きが揃《そろ》います。側線《そくせん》が発達《はったつ》しているからこそ成《な》し得《え》る、まるで超高速伝言《ちょうこうそくでんごん》ゲーム。

身《み》近《ぢか》だけど謎《なぞ》だらけ！ウナギは深《しん》海《かい》生《う》まれの川《かわ》育《そだ》ち

日《に》本《ほん》からグアムまで飛行機《ひこうき》で3時間半《じかんはん》くらいですが、この距離《きょり》を泳《およ》いで行《い》こうなんて思《おも》う人《ひと》はいないはず。それをやってしまうタフ魚《ぎょ》がウナギです。川《かわ》の魚《さかな》という印象《いんしょう》が強《つよ》いウナギですが、実《じつ》は生《う》まれは深《しん》海《かい》。それも日本《にほん》から遠《とお》く離《はな》れたマリアナ諸《しょ》島《とう》付近《ふきん》の海底火山《かいていかざん》です。この産卵場所《さんらんばしょ》は長《なが》らく謎《なぞ》に包《つつ》まれていました。日本《にほん》のウナギがグアムの近海《きんかい》に集《あつ》まって産卵《さんらん》しているなんて考《かんが》えもつかないですよね。

孵化《ふか》したウナギはレプトセファルス幼生《ようせい》と呼《よ》ばれる透明《とうめい》で平《ひら》たい姿《すがた》をしていて、海《かい》流《りゅう》に乗《の》ってフィリピンから台湾周辺《たいわんしゅうへん》をめぐり、シラスウナギに変身《へんしん》して来日《らいにち》し、母《はは》なる川《かわ》を上《のぼ》っていきます。その距離《きょり》なんと約《やく》３０００㎞。途方《とほう》もないグレートジャーニー！　では成長《せいちょう》して川《かわ》を下《くだ》った親《おや》ウナギは、一体《いったい》どんなルートを通《とお》って、どんな方《ほう》法《ほう》で産卵場所《さんらんばしょ》まで行《い》くのでしょう？　飛行《ひこう》機《き》で行《い》くような距離《きょり》を自力《じりき》で泳《およ》ぐのでしょうか。身近《みぢか》な存在《そんざい》のウナギには、まだ解明《かいめい》されていない謎《なぞ》がたくさんあるのです。

※必《かなら》ずしも200m以深《いしん》の深海《しんかい》で産《う》んでいるとは限《かぎ》りません。
また、解説《かいせつ》しているのはニホンウナギですが、ここでは「ウナギ」と呼《よ》びます。

ウナギのレプトセファルス幼生《ようせい》

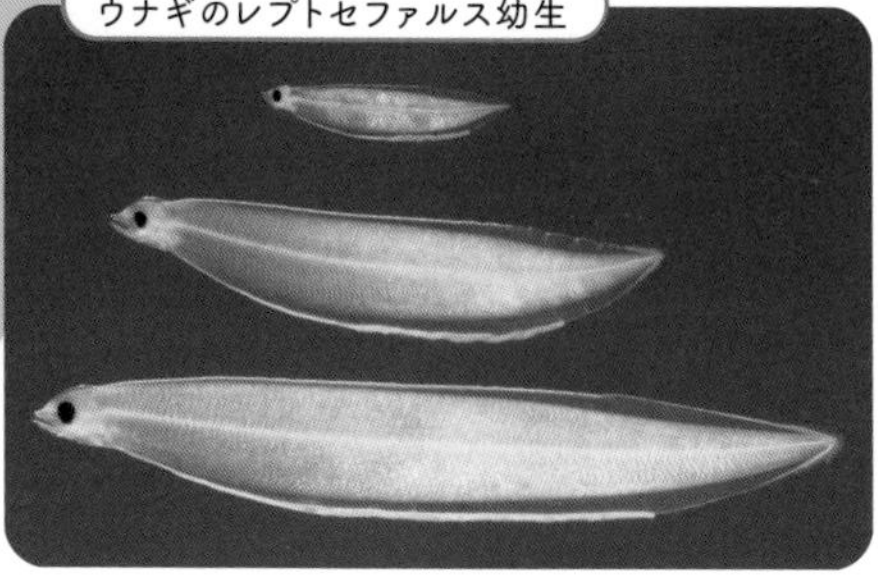

↑レプトセファルスはウナギだけでなく、アナゴやウツボなどでも見《み》られる。柳《やなぎ》の葉《は》のように平《ひら》たく長《なが》い透《とう》明《めい》な姿《すがた》が特徴《とくちょう》。泳《およ》ぐ力《ちから》が弱《よわ》く浮遊《ふゆう》しているため、透明《とうめい》な体《からだ》で背景《はいけい》になじんで身《み》を守《まも》っている。

写真（上・右上下）：東京大学大気海洋研究所

卵《たまご》とプレレプトセファルス

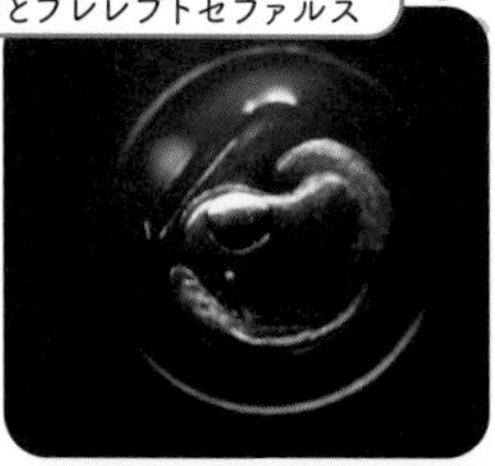

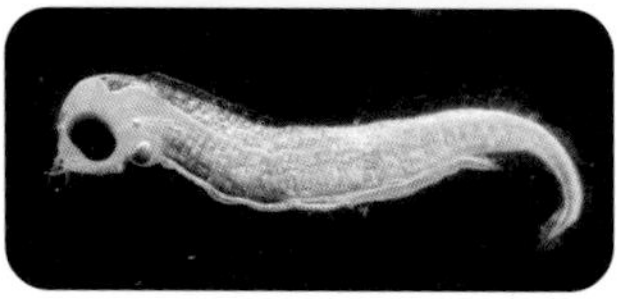

↑卵《たまご》の直径《ちょうけい》は約《やく》1.6mm。深海《しんかい》で産《さん》卵後《らんご》、約《やく》36時間で孵化《ふか》して、プレレプトセファルスになり、レプトセファルス幼生《ようせい》に成長《せいちょう》。

ウナギの回遊《かいゆう》ルート

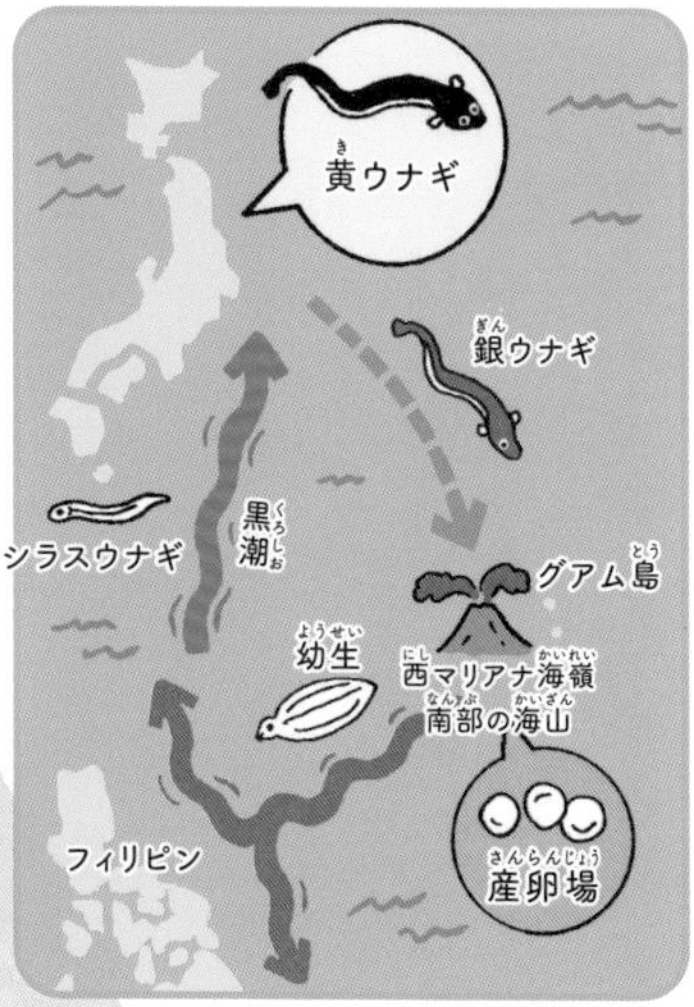

写真：東京大学大気海洋研究所 脇谷量子郎

黄《き》ウナギ

←河川《かせん》で育《そだ》っているときはお腹《なか》が黄色《きいろ》で背中《せなか》がオリーブ色《いろ》。

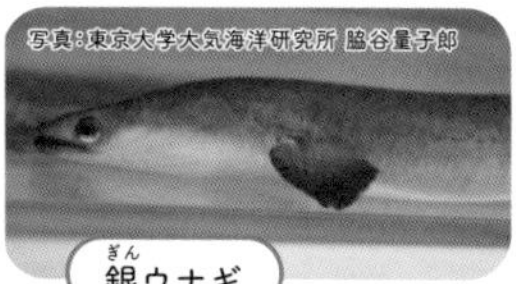

写真：東京大学大気海洋研究所 脇谷量子郎

銀《ぎん》ウナギ

←産卵《さんらん》の準備《じゅんび》が整《ととの》っているので、栄養満《えいようまん》点《てん》でおいしいといわれる。

写真：望岡典隆

←黄《き》ウナギに比《くら》べ銀《ぎん》ウナギは生殖腺《せいしょくせん》が発《はっ》達《たつ》し、眼《め》と胸鰭《むなびれ》が大《おお》きくなっているのがわかる。

豆知識《まめちしき》

レプトセファルスの語源《ごげん》は「小《ち》さい頭《あたま》」を意味《いみ》するラテン語《ご》。幅広《はばひろ》い体《からだ》の割《わり》に小顔《こがお》なのでこう呼《よ》ばれています。ウナギに限《かぎ》らずウツボやアナゴなども、海流《かいりゅう》に乗《の》りやすく敵《てき》に見《み》つかりにくいレプトセファルス幼生期《ようせいき》を経《へ》て成長《せいちょう》します。

36

完全養殖《かんぜんようしょく》のウナギは安《やす》く食《た》べられるのか

土《ど》用《よう》の丑《うし》の日《ひ》にはウナギを食《た》べる。これを流行《はや》らせたのは、エレキテルでおなじみ、江戸時代《えどじだい》の蘭学者《らんがくしゃ》で発明家《はつめいか》の平賀源内《ひらがげんない》だと言《い》われています。それほど日本《にほん》の魚食文化《ぎょしょくぶんか》に根付《ねづ》いているウナギですが、近年《きんねん》は高級魚《こうきゅうぎょ》になってしまいました。

今《いま》、流通《りゅうつう》しているウナギの99%が養殖《ようしょく》。稚魚《ちぎょ》であるシラスウナギを捕獲《ほかく》して大《おお》きく育《そだ》てるのがこれまでの養殖《ようしょく》でしたが、困《こま》ったことにシラスウナギが減《へ》ってしまいました。

そこで次《つぎ》なる希望《きぼう》は完全養殖《かんぜんようしょく》。これは、卵《たまご》から育《そだ》てたウナギを産卵《さんらん》させ、その卵《たまご》から再《ふたた》び人工孵化《じんこうふか》を行《おこな》うこと。海《うみ》から卵《たまご》や稚魚《ちぎょ》を獲《と》らないため、資源保護《しげんほご》にも繋《つな》がる方法《ほうほう》です。完全養殖《かんぜんようしょく》が成功《せいこう》すればウナギを安《やす》く食《た》べられる…と言《い》いたいところですが、これ、ものすごく難《むずか》しい技術《ぎじゅつ》なんです。ウナギの稚魚《ちぎょ》が何《なに》を食《た》べるのかも長《なが》いことわからず、コスト面《めん》でも大量生産《たいりょうせいさん》が難《むずか》しかったのですが、研究《けんきゅう》を重《かさ》ね、技術《ぎじゅつ》としては成功《せいこう》しています。近《ちか》い将来《しょうらい》、完全養殖《かんぜんようしょく》のウナギが手《て》の届《とど》くところにやって来《く》るかもしれません。

ウナギの完全養殖《かんぜんようしょく》の流《なが》れ

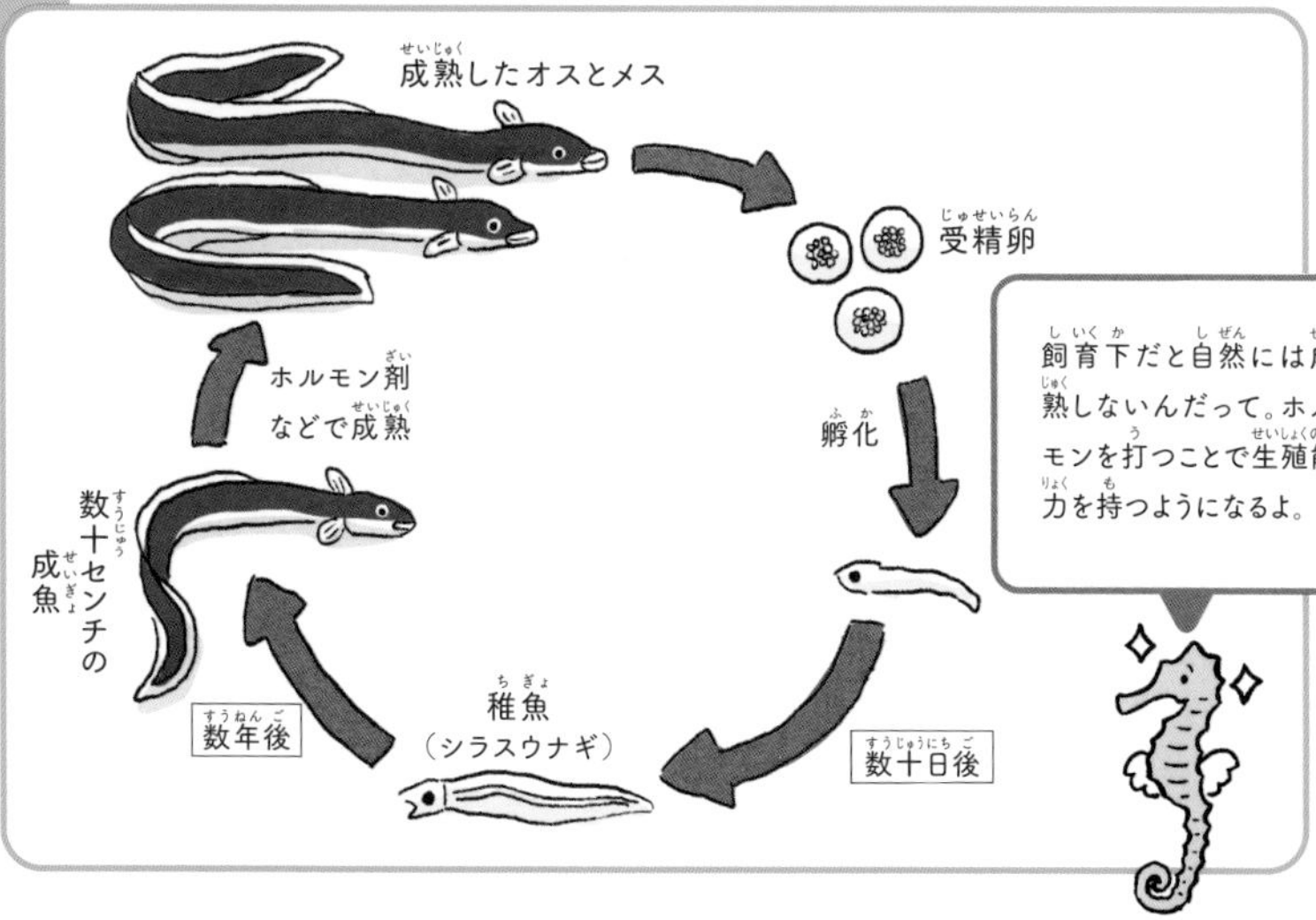

飼育下《しいくか》だと自然《しぜん》には成熟《せいじゅく》しないんだって。ホルモンを打《う》つことで生殖能力《せいしょくのうりょく》を持《も》つようになるよ。

幼生《ようせい》から稚魚《ちぎょ》への成長《せいちょう》が難《むずか》しい

←レプトセファルス幼生《ようせい》の時期《じき》の餌《えさ》は長年《ながねん》不明《ふめい》だった。

←これが実際《じっさい》に仔魚《しぎょ》（レプトセファルス）にあげている餌《えさ》。水と混《ま》ぜてスラリー状にしてあげている。

写真（上下）：国立研究開発法人 水産研究・教育機構

土用《どよう》の丑《うし》の日《ひ》に なぜウナギ？

↑江戸時代《えどじだい》の蘭学者《らんがくしゃ》・平賀《ひらが》源内《げんない》は夏場《なつば》のウナギの売《う》れ行《ゆ》きが悪《わる》いことを相談《そうだん》され、「土用丑《どようううし》の日《ひ》」という看板《かんばん》を提案《ていあん》したことが始《はじ》まりだという説《せつ》がある。

豆知識《まめちしき》

日本《にほん》の魚食《ぎょしょく》を代表《だいひょう》するようなウナギですが、お刺身《さしみ》やお寿司《すし》など生《なま》で食《た》べることはないですよね。実《じつ》はウナギは毒魚《どくぎょ》なんです。血液《けつえき》にイクシオトキシンという毒《どく》が含《ふく》まれており、熱《ねつ》を加《くわ》えないで食《た》べるとお腹《なか》を壊《こわ》す可能性《かのうせい》があります。

37

海《かい》面《めん》で横《よこ》になって昼《ひる》寝《ね》をする魚《さかな》がいる!?

マンボウは、海面《かいめん》で体《からだ》を斜《なな》めにしたり横倒《よこだお》しにしたりしてぷかぷか浮《う》かぶことが知《し》られています。昼寝《ひるね》と呼《よ》ばれるこの行動《こうどう》には、どんな意味《いみ》があるのでしょう？

有力《ゆうりょく》な説《せつ》としては、まず体温調節《たいおんちょうせつ》のため。マンボウは大好物《だいこうぶつ》のクラゲを求《もと》めて毎日何《まいにちなん》度《ど》も深海《しんかい》まで潜《もぐ》ります。深海《しんかい》は水温《すいおん》が低《ひく》く、変温動物《へんおんどうぶつ》のマンボウにとっては体《からだ》が冷《ひ》えて辛《つら》い旅《たび》になることでしょう。そこで、浅瀬《あさせ》に浮上《ふじょう》したときに海面《かいめん》で体《からだ》を温《あたた》めるために昼寝《ひるね》をしているのでは、と考《かんが》えられています。最近《さいきん》の研究《けんきゅう》では、深海《しんかい》へ潜《もぐ》るときに体《たい》温《おん》が下《さ》がるのを抑《おさ》える何《なん》らかの能力《のうりょく》を持《も》っていることも見《み》えてきました。

もう1つの説《せつ》は、体表《たいひょう》の寄生虫《きせいちゅう》を取《と》るため。マンボウが海面《かいめん》で横《よこ》になって浮《う》かんでいると、海鳥《うみどり》が集《あつ》まってきます。自分《じぶん》では取《と》れないところに付《つ》いた寄生虫《きせいちゅう》を、その鳥《とり》たちがつついてくれるのです。日光《にっこう》でUV殺菌《さっきん》もできて、鳥《とり》だけに一石二鳥《いっせきにちょう》ですね。まだまだ謎《なぞ》の多《おお》いマンボウ。僕《ぼく》もこんなふうに有意義《ゆういぎ》な昼寝《ひるね》をしたいものです。

水面《すいめん》で昼寝《ひるね》をするマンボウ

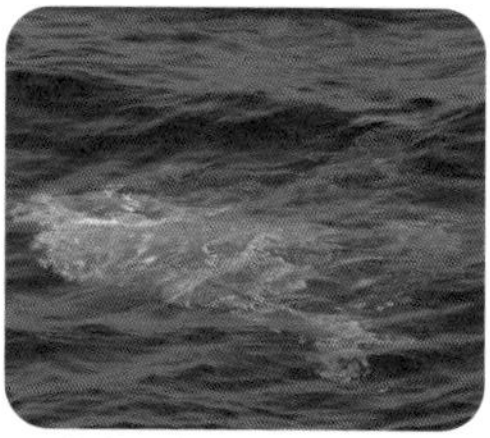

海面《かいめん》に浮《う》かんでいるマンボウ。なんとも微笑《ほほえ》ましい姿《すがた》だが、船《ふね》がぶつかることもあるのでちょっとヒヤヒヤ。この個体《こたい》は観察用《かんさつよう》の器具《きぐ》をつけている。

クラゲやイカなどの柔《やわ》らかいものを食《た》べるマンボウ。のんびりして見《み》えるけど、餌《えさ》を食《た》べるときは素早《すばや》く動《うご》くよ!

マンボウにつく寄生虫《きせいちゅう》

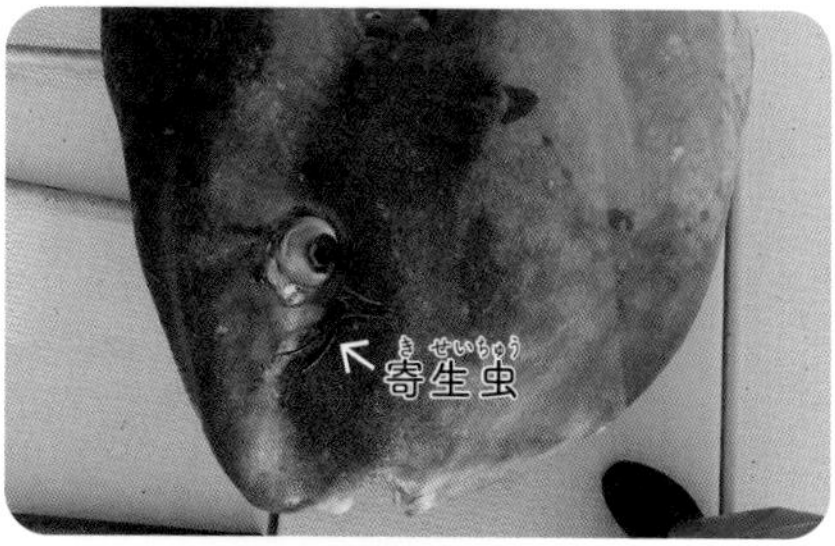

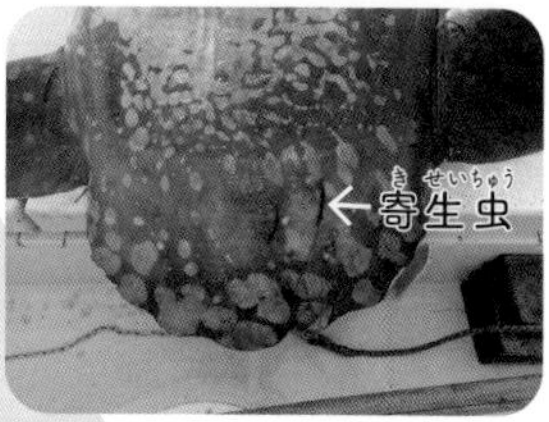

体《からだ》が大《おお》きく動《うご》きが穏《おだ》やかなためか、マンボウは寄生虫《きせいちゅう》が付《つ》きやすい魚《さかな》。海面《かいめん》に出《で》ている時《とき》は海鳥《うみどり》が食《た》べてくれる。

写真すべて:中村乙水

知《し》ってる?

稚魚《ちぎょ》はトゲトゲ

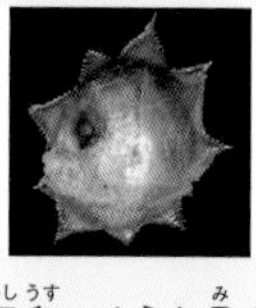

石臼《いしうす》のような見《み》た目《め》のマンボウですが、赤《あか》ちゃんの頃《ころ》は金平糖《こんぺいとう》のようにトゲトゲな体《からだ》で身《み》を守《まも》っています。

豆知識《まめちしき》

浅瀬《あさせ》と深海《しんかい》を頻繁《ひんぱん》に行《い》き来《き》するマンボウは、圧力《あつりょく》の影響《えいきょう》を受《う》けるため鰾《うきぶくろ》を持《も》つことができません。その代《か》わりに分厚《ぶあつ》い皮下脂肪《ひかしぼう》のようなコラーゲンの層《そう》を持《も》っていて、これが浮《う》くことを助《たす》け、外敵《がいてき》から身《み》を守《まも》る役割《やくわり》も果《は》たしています。

海《かい》底《てい》のミステリーサークルは誰《だれ》が作《つく》っているのか

奄《あま》美《み》大島《おおしま》の沖《おき》、水深《すいしん》10～30mの海底《かいてい》には、ミステリーサークルがあります。直径《ちょっけい》約《やく》2m、中央《ちゅうおう》がなだらかで周囲《しゅうい》が盛《も》り上《あ》がり、放射状《ほうしゃじょう》の模様《もよう》が刻《きざ》まれた、トラクターのタイヤのような形《かたち》をした砂《すな》の構《こう》造物《ぞうぶつ》。これは巨大生物《きょだいせいぶつ》の痕跡《こんせき》なのか、それとも宇宙人《うちゅうじん》が遺《のこ》した印《しるし》なのか…。

ダイバーの間《あいだ》で長年謎《ながねんなぞ》だったミステリーサークルの作者《さくしゃ》が、2011年《ねん》に遂《つい》に発見《はっけん》されました。全長《ぜんちょう》10㎝ちょっとのフグが、お腹《なか》と鰭《ひれ》を使《つか》って一生懸命《いっしょうけんめい》砂《すな》を掘《ほ》って、1週間《しゅうかん》ほどかけて巨大《きょだい》な幾何学模様《きかがくもよう》を作《つく》っていたのです。この小《ちい》さな働《はたら》き者《もの》は2014年《ねん》に新種記載《しんしゅきさい》され、背中《せなか》の白《しろ》い斑点模様《はんてんもよう》からアマミホシゾラフグと名付《なづ》けられました。

アマミホシゾラフグのオスが作《つく》るミステリーサークルの正体《しょうたい》は産卵床《さんらんしょう》。どの方向《ほうこう》から水《みず》が流《なが》れて来《き》ても中心《ちゅうしん》の卵《たまご》に新鮮《しんせん》な海水《かいすい》が届《とど》くように、放射状《ほうしゃじょう》に溝《みぞ》が掘《ほ》られているのです。作品《さくひん》へのこだわりは強《つよ》く、貝殻《かいがら》を口《くち》でくわえて土手《どて》部分《ぶぶん》を飾《かざ》り付《つ》けすることも。まさに海底《かいてい》のデザイナーですね。

奄美大島《あまみおおしま》に出現《しゅつげん》したミステリーサークル

←海底《かいてい》に突如《とつじょ》こんなものが現《あらわ》れたら、宇宙人《うちゅうじん》の仕業《しわざ》だと思《おも》ってしまうかも。まさか小《ちい》さなフグがたった一匹《いっぴき》で作《つく》っているなんて…。

中心部《ちゅうしんぶ》を掘《ほ》る

↑最初《さいしょ》にサークルの中心部《ちゅうしんぶ》を作《つく》ることで、掘《ほ》った砂《すな》が外側《そとがわ》に溜《た》まり、山脈《さんみゃく》のような土手《どて》が形成《けいせい》されていく。

地面《じめん》を掘《ほ》る様子《ようす》

↑胸鰭《むなびれ》と尾鰭《おびれ》を素早《すばや》く動《うご》かし、海底《かいてい》を這《は》うように掘《ほ》り進《すす》む。外側《そとがわ》から内側《うちがわ》へ行《い》ったり来《き》たりして、根気《こんき》よくサークルを作《つく》っている。

モテるオトコはセンスの良《よ》さとまめさが大事《だいじ》。フグも人間《にんげん》も同《おな》じだね！

飾《かざ》り付《つ》け

←装飾用《そうしょくよう》の貝殻《かいがら》や小石《こいし》を器用《きよう》にくわえて運《はこ》ぶ。

豆知識《まめちしき》

産卵床《さんらんしょう》を作《つく》り終《お》えたオスは、メスがやって来《く》るのを待《ま》ちます。順番待《じゅんばんま》ちができるほど人気《にんき》のサークルもあれば、全然《ぜんぜん》メスが来《き》てくれないサークルもあるそう。子孫《しそん》を残《のこ》せるかどうかは、サークルの出来栄《できば》え次第《しだい》なのです。

鉄《てつ》の鱗《うろこ》を身《み》にまとう 深海《しんかい》の奇貝《きがい》・スケーリーフット

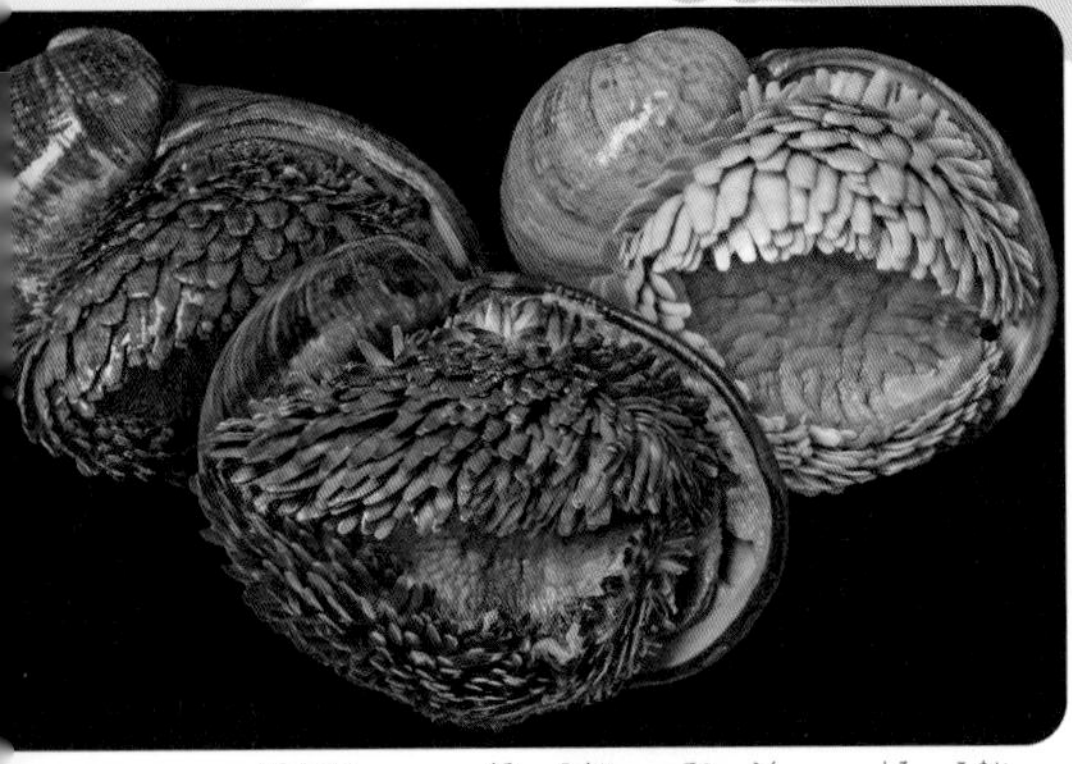

硫化鉄《りゅうかてつ》をまとう黒《くろ》い個体《こたい》と、鉄《てつ》を含《ふく》まない白《しろ》い個体《こたい》がいます。飼育《しいく》していると錆《さび》が付《つ》いて茶色《ちゃいろ》っぽくなる。

知《し》ってる?

絶滅危惧種《ぜつめつきぐしゅ》とは?

乱獲《らんかく》や環境汚染《かんきょうおせん》、開発《かいはつ》による生息地《せいそくち》減少等《げんしょうなど》が原因《げんいん》で絶滅《ぜつめつ》のおそれがある野生生物《やせいせいぶつ》のこと。IUCN(国際自然保護連合《こくさいしぜんほごれんごう》)が発表《はっぴょう》する「レッドリスト」では、2023年版《ねんばん》で4万《まん》4000種以上《しゅいじょう》に絶滅《ぜつめつ》の危惧《きぐ》があるとされています。

鉄《てつ》の鱗《うろこ》で体《からだ》を覆《おお》う、そんな戦《せん》士《し》のような巻貝《まきがい》がいます。スケーリーフットという愛称《あいしょう》で知《し》られるウロコフネタマガイは、インド洋《よう》の深海《しんかい》にある熱水噴出孔周《ねっすいふんしゅつこうしゅう》辺《へん》で発見《はっけん》されました。体表《たいひょう》にまとう無数《むすう》の鱗《うろこ》には硫化鉄《りゅうかてつ》が含《ふく》まれていて、磁石《じしゃく》にもくっつきます。そんな生命体《せいめいたい》はウロコフネタマガイかターミネーターくらいでしょう。

この鱗《うろこ》はとても頑丈《がんじょう》で、鉄《てつ》の役《やく》

熱水噴出孔《ねっすいふんしゅつこう》周辺《しゅうへん》の化学合成生態系《かがくごうせいせいたいけい》

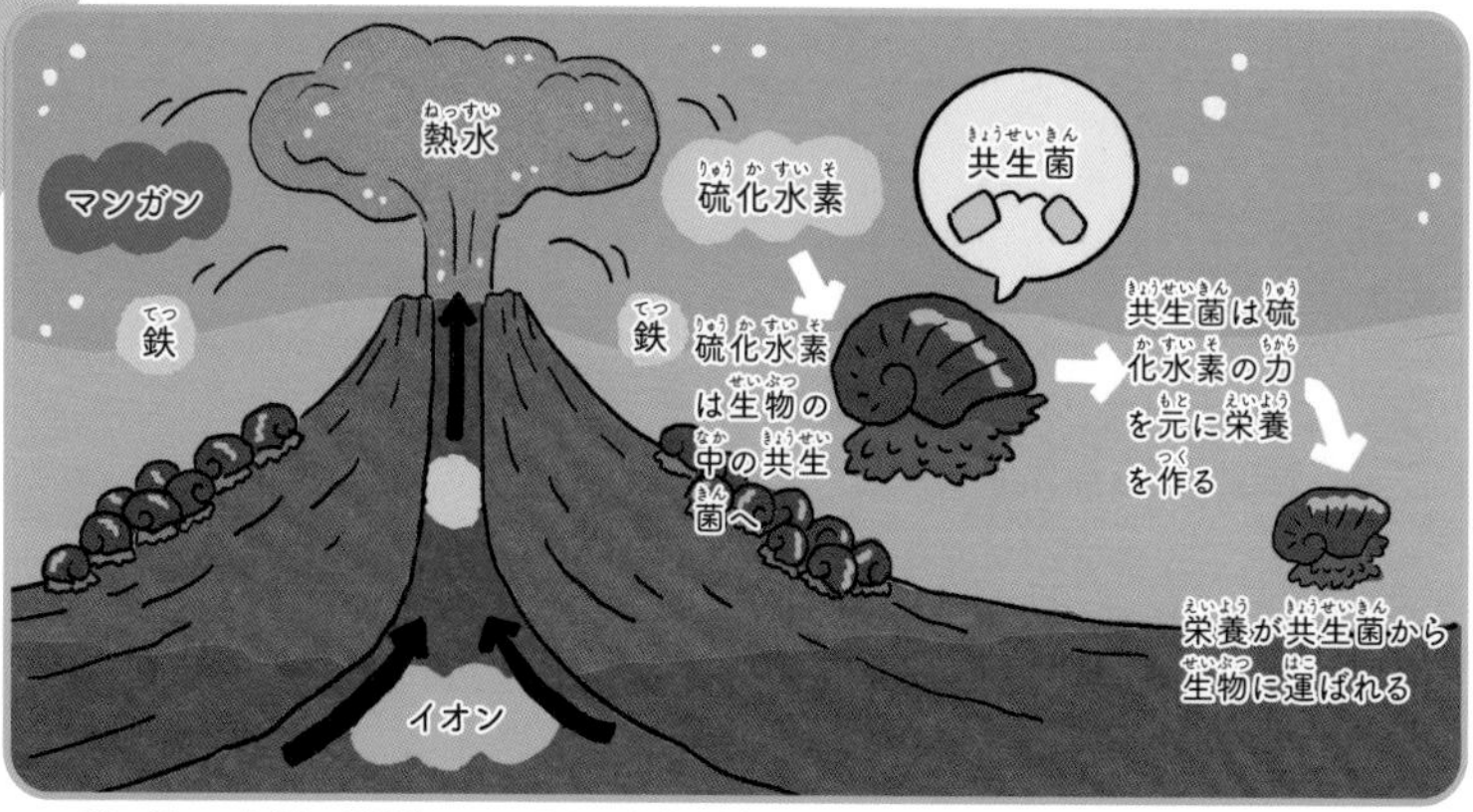

↑浅《あさ》い海《うみ》では日光《にっこう》で光合成《こうごうせい》をした生物《せいぶつ》の食物連鎖《しょくもつれんさ》があるが、日光《にっこう》が届《とど》かない熱水噴出孔近《ねっすいふんしゅつこうちか》くでは地球内部《ちきゅうないぶ》から発《はっ》せられる硫化水素《りゅうかすいそ》など人間《にんげん》にとって有害《ゆうがい》な成分《せいぶん》をエネルギーに変《か》える細菌《さいきん》を鰓《えら》などに住《す》み着《つ》かせて互《たが》いに「共生《きょうせい》」している。

目《め》は捕食者《ほしょくしゃ》からの防御《ぼうぎょ》と考《かんが》えられてきましたが、硫化鉄《りゅうかてつ》を含《ふく》まない白《しろ》いタイプも見《み》つかっています。最近《さいきん》の研究《けんきゅう》では、有害《ゆうがい》な硫黄《いおう》を体《からだ》の外《そと》に出《だ》すときに、海水中《かいすいちゅう》の鉄成分《てつせいぶん》と反応《はんのう》して、副産物《ふくさんぶつ》として鉄《てつ》の鎧《よろい》ができた可能性《かのうせい》が示《しめ》されました。いかつい見《み》た目《め》をしておきながら、「たまたま鉄《てつ》を身《み》につけちゃいました」だなんて、ニククて愛《あい》すべきキャラクターです。

ウロコフネタマガイは絶滅危惧《ぜつめつきぐ》種《しゅ》に認定《にんてい》されています。原因《げんいん》は深《しん》海底《かいてい》の鉱物資源《こうぶつしげん》の開発《かいはつ》。頑丈《がんじょう》な鎧《よろい》をまとう彼《かれ》らも、住《す》み処《か》を奪《うば》われてしまっては生《い》きられません。過《か》酷《こく》な環境《かんきょう》でたくましく進化《しんか》した尊《とうと》い生命《せいめい》を守《まも》っていきたいですね。

豆知識《まめちしき》

地球《ちきゅう》の生命誕生《せいめいたんじょう》の場所《ばしょ》と考《かんが》えられている熱水噴出孔《ねっすいふんしゅつこう》。数百《すうひゃく》℃にもなる熱水《ねっすい》と有《ゆう》毒《どく》な化学物質《かがくぶっしつ》が吹《ふ》き出《だ》す過酷《かこく》な環境《かんきょう》ですが、そこには化学反応《かがくはんのう》で栄養《えいよう》を生《う》み出《だ》す細菌《さいきん》と、それによって生《い》きる生物《せいぶつ》による化学合成生態系《かがくごうせいせいたいけい》が広《ひろ》がっています。

40

どうしても子孫《しそん》を残《のこ》したい！サメのペニスはなんと2本《ほん》

サメを漢字《かんじ》で書《か》くと「鮫《さめ》」。サメが他《ほか》の多《おお》くの魚《さかな》のように体外受精《たいがいじゅせい》はせず、交尾《こうび》をする魚《さかな》であることが由来《ゆらい》です。※サメやエイのオスは腹鰭《はらびれ》の後《うし》ろの付《つ》け根《ね》あたりに長《なが》い突起《とっき》を持《も》っていて、これをメスの総排出腔《そうはいしゅつこう》と呼《よ》ばれる穴《あな》に突《つ》っ込《こ》んで精子《せいし》を送《おく》り込《こ》みます。人間《にんげん》でいうところの男性《だんせい》器《き》のような役割《やくわり》のものですが、サメやエイの場合《ばあい》はクラスパーと呼《よ》びます。

これが、なぜか2本《ほん》あるのです。1度《ど》の交尾《こうび》で使《つか》うのは1本《ほん》だけなのに。片方《かたほう》を失《うしな》っても子孫《しそん》を残《のこ》せるように予備《よび》を持《も》っているとも考《かんが》えられますが、左右《さゆう》1枚《まい》ずつある腹鰭《はらびれ》の軟骨《なんこつ》から作《つく》られるものなので、起源《きげん》を考《かんが》えれば2本《ほん》あるのが自然《しぜん》な気《き》がします。

理由《りゆう》は何《なに》にせよ、これを挿入《そうにゅう》しないことには子《こ》は生《う》まれません。そのために、交尾《こうび》の時《とき》にはオスがメスの鰭《ひれ》などに噛《か》みついて羽交《はが》い締《じ》めにします。あまりにも激《はげ》しくて、交尾後《こうびご》のメスは噛《か》み跡《あと》だらけでボロボロになってしまうことも。サメの世界《せかい》では、オトコはずいぶんと荒《あら》っぽいようですね。

※諸説あり

サメの体《からだ》

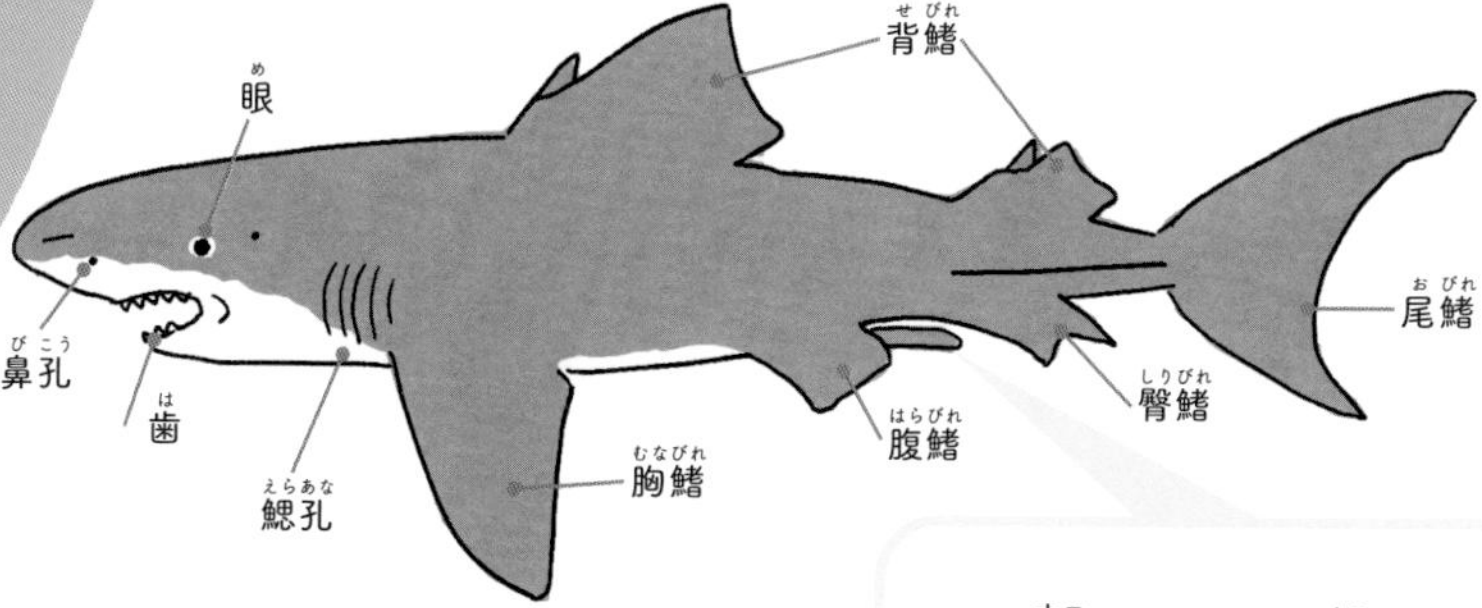

↑全身《ぜんしん》の骨格《こっかく》が柔《やわ》らかな骨《ほね》で構成《こうせい》されている軟《なん》骨魚類《こつぎょるい》。サメ肌《はだ》と呼《よ》ばれる皮膚《ひふ》は、後《うし》ろ向《む》きの細《こま》かいトゲのような構造《こうぞう》になっているため、逆《さか》撫《な》ですると引《ひ》っかかる。トレードマークの鰓孔《えらあな》は多《おお》くのサメで5対《つい》だが、6～7対《つい》持《も》つ古代《こだい》の特徴《とくちょう》を残《のこ》している種類《しゅるい》もいる。

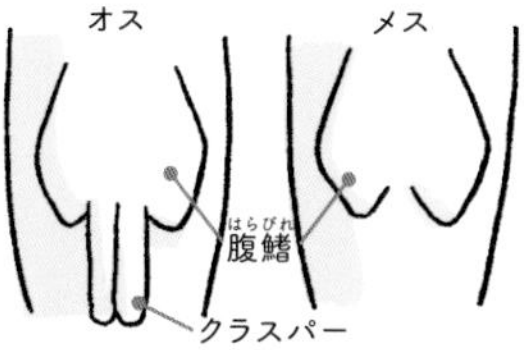

腹部《ふくぶ》のクラスパーの有無《うむ》でオスメスを見分《みわ》ける。クラスパーは2本《ほん》ある。

サメの交尾《こうび》はまるでケンカ!

↑オスはメスの鰭《ひれ》に噛《か》みついて求愛《きゅうあい》&交尾《こうび》をする。子孫《しそん》を残《のこ》すための大切《たいせつ》な行動《こうどう》とはいえ、まるでケンカを売《う》っているように見《み》える。

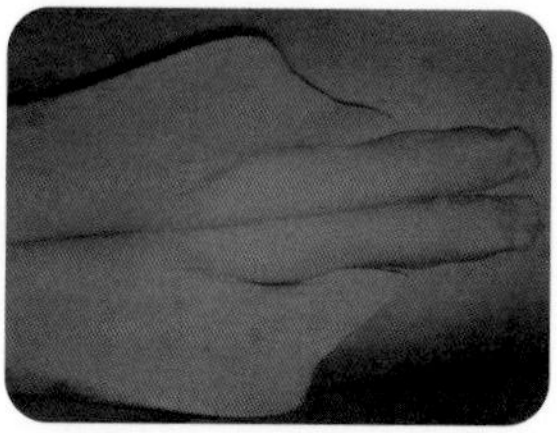

2本《ほん》のクラスパーのうちいずれかをメスのお腹《なか》の穴《あな》に差《さ》し込《こ》み交尾《こうび》をする。

交尾後《こうびご》のサメの出産《しゅっさん》と、その赤《あか》ちゃんがどう育《そだ》つかはP74を再《さい》チェック!

豆知識《まめちしき》

サメの仲間《なかま》ではありませんが、同《おな》じ軟骨魚類《なんこつぎょるい》であるギンザメのオスは、おでこにもカギ状《じょう》の交尾器《こうびき》を持《も》っています。交尾《こうび》の時《とき》、これを使《つか》ってメスの鰭《ひれ》を固定《こてい》すると考《かんが》えられているんです。子孫《しそん》を残《のこ》すための執念《しゅうねん》を感《かん》じる進化《しんか》ですね。

COLUMN 2

論文《ろんぶん》を読《よ》んでみよう

今《いま》はインターネットで何《なん》でも調《しら》べられる時代《じだい》。この本《ほん》で紹介《しょうかい》しているような魚《さかな》の生態《せいたい》をもっと詳《くわ》しく知《し》りたいと思《おも》ったとき、検索《けんさく》すれば一瞬《いっしゅん》で情報《じょうほう》が出《で》てくるかもしれません。ただ、そこには間違《まちが》った情報《じょうほう》もたくさんあります。加工《かこう》も憶測《おくそく》も誇張《こちょう》も抜粋《ばっすい》もなく、ありのままの情報《じょうほう》を知《し》りたい時《とき》には、ぜひ研究論文《けんきゅうろんぶん》を読《よ》んでみましょう。「Google Scholar《グーグルスカラー》」に調《しら》べたい言葉《ことば》や生物《せいぶつ》の種名《しゅめい》を入《い》れて検索《けんさく》すると、それに関連《かんれん》する色々《いろいろ》な論文《ろんぶん》を見《み》つけることができます。

とはいえ、専門用語《せんもんようご》だらけの細《こま》かい文字《もじ》がびっしりと並《なら》ぶ論文《ろんぶん》は、とっつきにくいもの。でも、ある秘密《ひみつ》を知《し》っていれば一気《いっき》に読《よ》みやすくなります。1つ目《め》の秘密《ひみつ》は、構造《こうぞう》が決《き》まっていること。問題《もんだい》・方法《ほうほう》・結果《けっか》・考察《こうさつ》。基本的《きほんてき》に論文《ろんぶん》は全《すべ》てこの流《なが》れになっているので、初《はじ》めましての論《ろん》文《ぶん》でもどこに何《なに》が書《か》かれているか予想《よそう》できるのです。2つ目《め》の秘密《ひみつ》は、読《よ》み飛《と》ばせる部分《ぶぶん》が多《おお》いこと。研究方法《けんきゅうほうほう》や使《つか》った道具《どうぐ》についてものすごく細《こま》かく書《か》かれているので、ザクザク削《けず》れて、読《よ》むべき部分《ぶぶん》は意外《いがい》と少《すく》ないもの。そして最後《さいご》の秘密《ひみつ》は、冒頭《ぼうとう》に要約《ようやく》を書《か》いてくれていること。ここだけ読《よ》めば、自分《じぶん》が知《し》りたい情報《じょうほう》が書《か》かれていそうかどうかがわかる仕組《しく》みになっているのです。

大学生《だいがくせい》になって初《はじ》めて論文《ろんぶん》を目《め》にするという人《ひと》がほとんどですが、難《むずか》しい言葉《ことば》の意味《いみ》を教《おし》えてもらうなど周《まわ》りの大人《おとな》に手伝《てつだ》ってもらえば、小学生《しょうがくせい》だって論文《ろんぶん》を楽《たの》しく読《よ》んで学《まな》ぶことができますよ!

CHAPTER 3

すごすぎる
生存戦略《せいぞんせんりゃく》のはなし

海《うみ》の中《なか》はいつだって危険《きけん》と隣《とな》り合《あ》わせ。
生《い》き残《のこ》るため、そして子孫《しそん》を残《のこ》すため、
生《い》き物《もの》たちは必死《ひっし》に身《み》を守《まも》り、餌《えさ》を捕《つか》まえます。
そこには海《うみ》に生《い》きるものならではの秘密《ひみつ》が詰《つ》まっているのです。

ものまね技術《ぎじゅつ》で身《み》を守《まも》れ！「海《かい》中《ちゅう》仮《か》装《そう》大《たい》会《かい》」

海《うみ》の中《なか》は危険《きけん》だらけ。魚《さかな》たちは身《み》を守《まも》るために様々《さまざま》な工《く》夫《ふう》をしています。中《なか》でもバラエティーに富《と》んでいるのが擬態《ぎたい》。環《かん》境《きょう》に溶《と》け込《こ》んで気配《けはい》を消《け》す技《わざ》は、まるで仮装大会《かそうたいかい》のよう。人気《にんき》ジャンルをいくつか見《み》てみましょう。

幼魚《ようぎょ》が得意《とくい》なのが枯《か》れ葉《は》の仮装《かそう》。ナンヨウツバメウオの幼魚《ようぎょ》は、姿《すがた》かたちが枯《か》れ葉《は》そっくりなだけでなく、海面《かいめん》に体《からだ》を横倒《よこだお》しにして

枯《か》れ葉《は》に擬態《ぎたい》

ナンヨウツバメウオ

←黒《くろ》いシミのような模様《もよう》まで完璧《かんぺき》に再現《さいげん》。

↓成魚《せいぎょ》になると銀色《ぎんいろ》のスペード型《がた》に。

マツダイ

→体《からだ》を横倒《よこだお》しにして海面《かいめん》に浮《う》かぶ。

←成魚《せいぎょ》は1mほどになり、松《まつ》ぼっくりを思《おも》わせる硬《かた》い鱗《うろこ》で覆《おお》われる。

海藻《かいそう》に擬態《ぎたい》

ダンゴウオ

↑成魚《せいぎょ》になっても2cm ほど。生息場所《せいそくばしょ》の海藻《かいそう》や岩《いわ》の色《いろ》に合《あ》わせて体色《たいしょく》を変化《へんか》させる。オスは卵《たまご》が孵化《ふか》するまで守《まも》る習性《しゅうせい》がある。

カミソリウオ

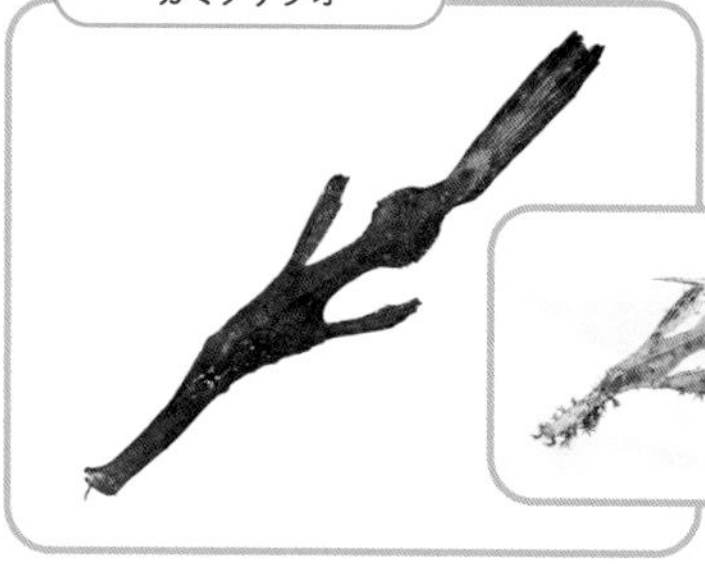

↑色《いろ》や表面《ひょうめん》のケバケバには個体差《こたいさ》がある。頭《あたま》をやや下《した》にして海底付近《かいていふきん》を漂《ただよ》う姿《すがた》は海藻《かいそう》そのもの！

知《し》ってる？

仮装大会《かそうたいかい》 匂《にお》いの部《ぶ》

見《み》た目《め》だけでなく、なんと匂《にお》いを真似《まね》する魚《さかな》も！　テングカワハギなどサンゴを食《た》べる魚《さかな》は体臭《たいしゅう》もサンゴ臭《しゅう》になり、匂《にお》いで敵《てき》を欺《あざむ》くという研究結果《けんきゅうけっか》も発表《はっぴょう》されました。

浮《う》かぶ立《た》ち振《ふ》る舞《ま》いまで完璧《かんぺき》！もはや枯《か》れ葉《は》っぽい魚《さかな》ではなく、魚《さかな》っぽい枯《か》れ葉《は》というレベル。海上《かいじょう》から狙《ねら》うカモメたちも騙《だま》されるでしょう。枯《か》れ葉《は》系幼魚《けいようぎょ》は成長《せいちょう》すると姿《すがた》がガラリと変《か》わります。

一方《いっぽう》、成魚《せいぎょ》になっても人気《にんき》なのが海藻《かいそう》。カミソリウオの体表《たいひょう》はケバケバしていて、なんと海藻《かいそう》の表面《ひょうめん》に生《は》えるコケまで完全再現《かんぜんさいげん》しているんです。冬《ふゆ》の海《うみ》のアイドル、ダンゴウオは和菓子《わがし》のようなプクプク体型《たいけい》で全然海藻《ぜんぜんかいそう》のように見《み》えません。そこで彼《かれ》らは、体《からだ》を揺《ゆ》らすことで海藻《かいそう》の揺《ゆ》らめきを表現《ひょうげん》しています。仕草《しぐさ》でカバーするところが健気《けなげ》でかわいらしいですね。

豆知識《まめちしき》

枯《か》れ葉《は》系幼魚《けいようぎょ》たちは、山々《やまやま》が紅葉《こうよう》をむかえて落《お》ち葉《ば》が海面《かいめん》に舞《ま》い降《お》りる季節《きせつ》に合《あ》わせて登場《とうじょう》するのがまたワンダフルなところ。陸上《りくじょう》の季節《きせつ》と海中《かいちゅう》の季節《きせつ》は繋《つな》がっていて、魚《さかな》たちはそのタイミングをわかって生《う》まれてくるのですね。

枝《えだ》や茎《くき》に擬態《ぎたい》

➡アマモや海藻《かいそう》の茎《くき》、海面《かいめん》の枝《えだ》などに擬《ぎ》態《たい》するヨウジウオの仲間《なかま》。タツノオトシゴに近《ちか》い仲間《なかま》なので、オスがお腹《なか》で子育《こそだ》てをする（写真左下《しゃしんひだりした》）。

ヨウジウオの仲間《なかま》

知《し》ってる？

メスの選《え》り好《ごの》み

ヨウジウオの仲間《なかま》は、より大《おお》きなメスとの子孫《しそん》を残《のこ》すべく、オスがお腹《なか》の卵《たまご》を放棄《ほうき》してしまうこともあるのだとか。

⬅⬇成魚《せいぎょ》(左《ひだり》)はエメラルドグリーンが美《うつく》しいが、幼魚《ようぎょ》(下《した》)のときは小枝《こえだ》のような姿《すがた》で泳《およ》いでいる。

シイラ

擬態対象《ぎたいたいしょう》として、海藻《かいそう》の茎《くき》や枝《えだ》を選《えら》んだ挑戦者《ちょうせんしゃ》もいます。爪楊枝《つまようじ》のような姿《すがた》からヨウジウオと名付《なづ》けられた仲間《なかま》は、あまりにも細《ほそ》い体《からだ》なので、どこに内臓《ないぞう》が入《はい》っているのか不思議《ふしぎ》なほど。泳《およ》ぎは遅《おそ》く、口《くち》が小《ちい》さいのでプランクトンを吸《す》い込《こ》んで食《た》べます。少々不便《しょうしょうふべん》そうに思えますが、それでも気配《けはい》を消《け》すことを優先《ゆうせん》して体型《たいけい》をキープする、ストイックな魚《さかな》たちです。トビウオの天敵《てんてき》として紹介《しょうかい》したシイラ（P78）も、幼魚《ようぎょ》の頃《ころ》は小枝《こえだ》そっくりな姿《すがた》で海面《かいめん》に浮《う》かんでいます。

仮装大会《かそうたいかい》の中《なか》でも特《とく》に優勝《ゆうしょう》を争《あらそ》うレベルなのが岩《いわ》。オニダルマ

岩《いわ》に擬態《ぎたい》

サツマカサゴ

尾鰭《おびれ》を左右《さゆう》に折《お》り畳《たた》んで岩《いわ》っぽさを強化《きょうか》。基本的《きほんてき》に海底《かいてい》でじっと動《うご》かず、獲物《えもの》の小魚《こざかな》を待《ま》ち伏《ぶ》せする。

オニダルマオコゼ

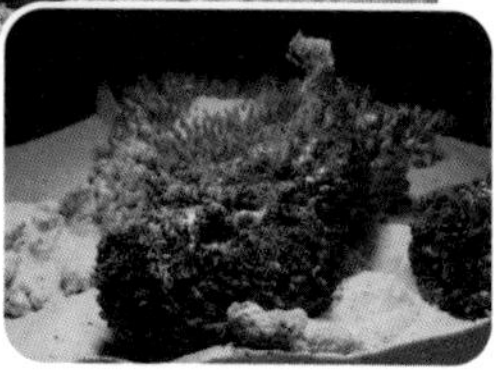

背鰭《せびれ》のトゲには猛毒《もうどく》があり、刺《さ》されると命《いのち》を落《お》とす可能性《かのうせい》も。気《き》づかずに裸足《はだし》で踏《ふ》んだら大変《たいへん》！

知《し》ってる?

ワニゴチの目《め》

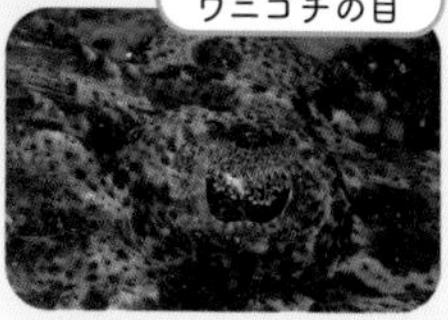

目力《めぢから》を消《け》す努力《どりょく》

背景《はいけい》に溶《と》け込《こ》むべく、虹彩皮膜《こうさいひまく》で目《め》の存在感《そんざいかん》を消《け》しています。

オコゼをはじめとする岩擬態《いわぎたい》の達人《たつじん》は、美肌《びはだ》なんて求《もと》めません。体表《たいひょう》はゴツゴツ・ザラザラ、鰭《ひれ》も透明《とうめい》ではなく岩肌柄《いわはだがら》にして、海底《かいてい》でじーっと身《み》を潜《ひそ》めています。あまりにも動《うご》かないため、顔面《がんめん》を巻貝《まきがい》に乗《の》っかられたり、体《からだ》の表面《ひょうめん》にコケが生《は》えたりしますが、動《どう》じません。時々脱皮《ときどきだっぴ》をして綺麗《きれい》にするので問題《もんだい》なし。さらにほんの少《すこ》しの生《い》き物《もの》っぽさも許《ゆる》さない彼《かれ》らは、目《め》の形《かたち》までこだわります。丸《まる》い目《め》をしていると気《き》づかれてしまうので、虹彩皮膜《こうさいひまく》と呼《よ》ばれる瞼《まぶた》のようなもので目《め》を覆《おお》い、いびつな形《かたち》に。この徹底《てってい》ぶりには、感動《かんどう》を通《とお》り越《こ》して尊敬《そんけい》の念《ねん》を抱《いだ》きます。

豆知識《まめちしき》

岩《いわ》そっくりなカサゴの仲間《なかま》やカエルアンコウ、流《なが》れ藻《も》に隠《かく》れるハナオコゼなどは、身《み》を守《まも》るためだけでなく、獲物《えもの》に気付《きづ》かれずに待《ま》ち伏《ぶ》せするために擬態《ぎたい》します。こうした捕食《ほしょく》のための擬態《ぎたい》については次《つぎ》のページで見《み》ていきましょう。

他人《たにん》のふりして生《い》き残《のこ》れ！ベイツ型《がた》擬《ぎ》態《たい》とペッカム型《がた》擬《ぎ》態《たい》

ベイツ型《がた》擬《ぎ》態《たい》で捕食者《ほしょくしゃ》を欺《あざむ》く

知《し》ってる？

ノコギリハギ（上《うえ》）シマキンチャクフグ（下《した》）とは、背《せ》鰭《びれ》と臀《しり》鰭《びれ》の大《おお》きさと第《だい》1背《せ》鰭《びれ》の有《う》無《む》が見《み》分《わ》けるポイント！

ノコギリハギ

↑有毒《ゆうどく》のフグになりきることで食《た》べられないようにする。毒《どく》を持《も》つという進化《しんか》もあれば、見《み》た目《め》を真似《まね》する進化《しんか》もあり、生《い》き方《かた》の多様《たよう》性《せい》が感《かん》じられる。

シマキンチャクフグ

→体《からだ》はもちろん、皮膚《ひふ》からも毒《どく》を出《だ》す。白黒黄色《しろくろきいろ》の警戒色《けいかいしょく》で自分《じぶん》の危険《きけん》さもアピール！

擬《ぎ》態《たい》の対象《たいしょう》は何《なに》も物《もの》だけではありません。他《ほか》の生《い》き物《もの》の真似《まね》をする魚《さかな》たちもいます。その目的《もくてき》には、身《み》を守《まも》るためと食《た》べ物《もの》を得《え》るための2パターンがありますが、どちらも相手《あいて》の裏《うら》をかくような高度《こうど》な技《わざ》です。賢《かしこ》い策略家《さくりゃくか》の生《い》き様《ざま》をのぞいてみましょう。

カワハギの仲間《なかま》のノコギリハギは、シマキンチャクフグと瓜二《うりふた》つな模様《もよう》をしています。フグの仲間《なかま》

ヒラムシの仲間《なかま》

薄《うす》っぺらい体《からだ》をヒラヒラ波打《なみう》たせて泳《およ》ぐ生《い》き物《もの》。種類《しゅるい》によってはフグと同《おな》じ毒《どく》を持《も》っている。

イトヒキアジの幼魚《ようぎょ》

背鰭《せびれ》と臀鰭《しりびれ》が長《なが》く伸《の》びているのは、幼魚《ようぎょ》の頃《ころ》だけの特徴《とくちょう》。成魚《せいぎょ》になると短《みじか》くなる。

アカククリの幼魚《ようぎょ》

幼魚《ようぎょ》の頃《ころ》はヒラムシと同《おな》じ体色《たいしょく》でヒラヒラと泳《およ》ぎ、成魚《せいぎょ》は銀色《ぎんいろ》のスペード型《がた》。

写真：マリンピア日本海

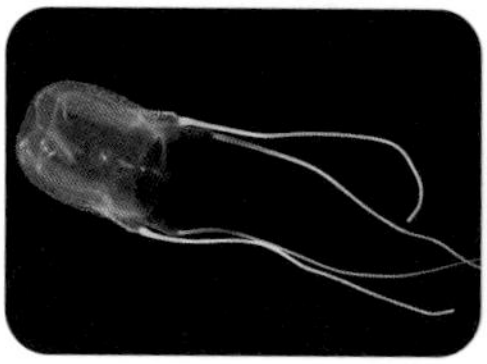

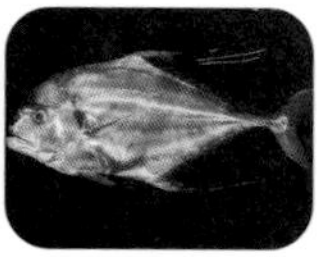

体《からだ》の色《いろ》といい糸《いと》の形状《けいじょう》といい、毒《どく》の強《つよ》いアンドンクラゲにそっくり。成魚《せいぎょ》（右《みぎ》）にはクラゲの面影《おもかげ》はない。

には毒《どく》があるため、海《うみ》の中《なか》で「食《た》べてはいけない存在《そんざい》」として広《ひろ》く知《し》られています。それを知っているノコギリハギは、自分《じぶん》は毒《どく》を持《も》っていなくても、フグそっくりな見《み》た目《め》になれば敵《てき》に襲《おそ》われないだろうと考《かんが》えました。それにしても似《に》すぎ！　僕《ぼく》も時々《ときどき》だまされるほどです。

このように有毒《ゆうどく》だったり食《た》べてもまずかったりする生《い》き物《もの》の真似《まね》をすることで身《み》を守《まも》る技《わざ》をベイツ型擬態《がたぎたい》といいます。クラゲの触手《しょくしゅ》のような長《なが》い糸《いと》をたなびかせて泳《およ》ぐイトヒキアジの幼魚《ようぎょ》や、姿《すがた》も泳《およ》ぎ方《かた》もヒラムシそっくりなアカククリの幼魚《ようぎょ》もこのタイプです。

豆知識《まめちしき》

テンガイハタやダルマガレイの仲間《なかま》など深海魚《しんかいぎょ》の赤《あか》ちゃんには、オレンジ色《いろ》の点々《てんてん》が付《つ》いた糸状《いとじょう》の鰭《ひれ》を持《も》つものが多《おお》くいます。これはクダクラゲの触手《しょくしゅ》を真似《まね》たものだと考《かんが》えられ、クラゲを頼《たよ》って生《い》きる深海魚《しんかいぎょ》が多《おお》いことがわかります。

ペッカム型《がた》擬態《ぎたい》で攻撃《こうげき》&捕食《ほしょく》

ホンソメワケベラにそっくりだが、口《くち》の位置《いち》が顔《かお》の下《した》の方《ほう》にあることで見《み》分《わ》けられる。

他《ほか》の魚《さかな》の体《からだ》に付《つ》いた寄生虫《きせいちゅう》を食《た》べる行動《こうどう》から、クリーナーフィッシュと呼《よ》ばれる。

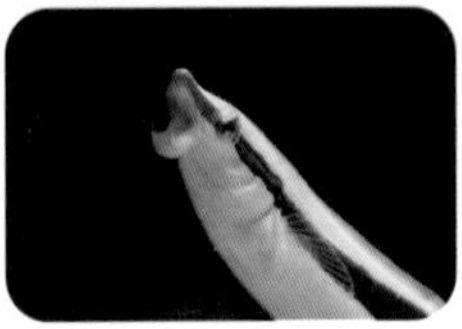

ニセクロスジギンポは口《つち》を開《あ》けると鋭《するど》いキバのような歯《は》がある。

知《し》ってる?

ウッカリな命名《めいめい》

元《もと》はホソソメワケベラだったが、ソとンの読《よ》み間違《まちが》いでホンになってしまった。

擬態《ぎたい》の新《あら》たな可能性《かのうせい》を見《み》せてくれるのがペッカム型《がた》擬態《ぎたい》。攻撃《こうげき》擬《ぎ》態《たい》とも呼《よ》ばれ、捕食《ほしょく》のための擬態《ぎたい》です。中《なか》でも僕《ぼく》が天才《てんさい》だと思《おも》う2種類《しゅるい》をご紹介《しょうかい》しましょう。

体《からだ》についた寄生虫《きせいちゅう》を食《た》べてくれるホンソメワケベラは海《うみ》の中《なか》で大《だい》人気《にんき》。大《おお》きな魚《さかな》も彼《かれ》らを見《み》かけると、襲《おそ》うことなく鰓《えら》や口《くち》を開《ひら》いてお掃除《そうじ》してもらいます。そこに目《め》を付《つ》けたのがニセクロスジギンポ。ホンソメワケベラそっくりな姿《すがた》で「お掃除《そうじ》しますよ!」と近付《ちかづ》き、あろうことか相手《あいて》の皮膚《ひふ》をかじり取《と》ってしまうのです。また、バラフエダイの幼魚《ようぎょ》は、ササスズメダイなどによく似《に》た姿《すがた》をして彼《かれ》

スズメダイの仲間《なかま》

↑体色《たいしょく》も体型《たいけい》もよく似《に》ているが、口元《くちもと》を見《み》ると、バラフエダイの幼魚《ようぎょ》の方《ほう》が大《おお》きいことがわかる。

バラフエダイの幼魚《ようぎょ》

→成魚《せいぎょ》になると1mほどになり、体色《たいしょく》も赤《あか》く染《そ》まっていく（右）。

流《なが》れ藻《も》に化《ば》けるハナオコゼ

←海面《かいめん》を漂《ただよ》う海藻《かいそう》に溶《と》け込《こ》み、小魚《こざかな》を待《ま》ち伏《ぶ》せする。

カラフルに化《ば》けるカエルアンコウの仲間《なかま》

←おでこの釣《つ》り竿《ざお》（エスカ）を振《ふ》って獲物《えもの》を釣《つ》る。エスカについてはP124を参照《さんしょう》。

らの群《む》れに紛《まぎ》れ込《こ》んでいます。スズメダイ類《るい》は口《くち》が小《ちい》さいので小魚《こざかな》も食べられないだろうと安心《あんしん》して近《ちか》付《づ》いてくる魚《さかな》を、バラフエダイが大《おお》きな口《くち》でパクリ。

これらの行動《こうどう》を可能《かのう》にするためには、色々《いろいろ》なことを理解《りかい》できていなければなりません。擬態《ぎたい》する相《あい》手《て》が他《ほか》の生《い》き物《もの》にとってどんな存《そん》在《ざい》・役割《やくわり》なのか。自分《じぶん》が周《まわ》りからどう見《み》えているのか。どう振舞《ふるま》えば真似《まね》したい生《い》き物《もの》に近《ちか》づけるのか。写真《しゃしん》も鏡《かがみ》もインターネットもない海中世界《かいちゅうせかい》で、彼《かれ》らは一体《いったい》どうやって知《し》るのでしょう？　このような擬態《ぎたい》の技《わざ》を見《み》るたび、進化《しんか》の不思議《ふしぎ》さに圧倒《あっとう》されます。

豆知識《まめちしき》

ホンソメワケベラは、鏡《かがみ》に映《うつ》る姿《すがた》が自分《じぶん》だと認識《にんしき》できる鏡像自己認知《きょうぞうじこにんち》という能力《のうりょく》を魚類《ぎょるい》で初《はじ》めて示《しめ》した種《しゅ》です。実験《じっけん》で喉《のど》に茶色《ちゃいろ》の印《しるし》を付《つ》けると、鏡《かがみ》でそれを確認《かくにん》して水槽《すいそう》の底《そこ》に喉《のど》を擦《す》り付《つ》けて取《と》り除《のぞ》こうとしたのです。

CHAPTER 3

生存戦略《せいぞんせんりゃく》のはなし

43

光《ひかり》を操《あやつ》り環境《かんきょう》に溶《と》け込《こ》め！カウンターシェーディング

マサバのカウンターシェーディング

↑背中側《せなかがわ》が黒《くろ》っぽくてお腹側《なかがわ》が銀色《ぎんいろ》に輝《かがや》くお手本《てほん》のようなデザイン。サバの仲間《なかま》は背中《せなか》に独特《どくとく》の縞模様《しまもよう》を備《そな》えて、海面《かいめん》のさざ波《なみ》まで再現《さいげん》している。

カウンターシェーディングを活用《かつよう》した軍用機《ぐんようき》

←カウンターシェーディングは戦闘機《せんとうき》などにも活用《かつよう》。敵《てき》に見《み》つからないように上《じょう》部《ぶ》を暗《くら》い色《いろ》に、下部《かぶ》を明《あか》るい色《いろ》にしている。

アジやイワシ、サバなど海面《かいめん》付近《ふきん》を泳《およ》ぐ魚《さかな》には、背中《せなか》が黒《くろ》っぽくてお腹《なか》が銀色《ぎんいろ》、という配色《はいしょく》のものが多《おお》いですよね。これには身《み》を守《まも》るための意味《いみ》があるんです。

まずはカモメの視点《してん》。空《そら》から見《み》下《お》ろす海《うみ》は黒《くろ》っぽく見《み》えます。背《せ》中《なか》を濃《こ》い色《いろ》にしておけば、海《うみ》の色《いろ》に紛《まぎ》れて鳥《とり》に見《み》つかりにくくなるのです。今度《こんど》は水中《すいちゅう》から狙《ねら》う魚《さかな》の視点《してん》。見上《みあ》げる海面《かいめん》は太陽《たいよう》の光《ひかり》を

どうやって光《ひか》るの？

化学反応《かがくはんのう》による自力発光《じりきはっこう》

←体《からだ》の中《なか》でルシフェラーゼという酵素《こうそ》によって、ルシフェリンが酸化《さんか》して光《ひか》る。

バクテリアによる共生発光《きょうせいはっこう》

←マツカサウオは下顎《したあご》に発光器《はっこうき》があり、そこに発光《はっこう》バクテリアを住《す》まわせる。

ハダカイワシの仲間《なかま》の発光《はっこう》

↑真《ま》っ暗《くら》な深海《しんかい》で光《ひか》ると目立《めだ》ちそうだが、影《かげ》を消《け》すために絶妙《ぜつみょう》な明《あか》るさに調整《ちょうせい》している。

光《ひかり》で影《かげ》を飛《と》ばすなんて、正義《せいぎ》のヒーローみたいでカッコイイね！

→お腹側《なかがわ》に並《なら》ぶ発光器《はっこうき》は、真下方向《ましたほうこう》にだけ光《ひかり》を届《とど》ける構造《こうぞう》になっている。

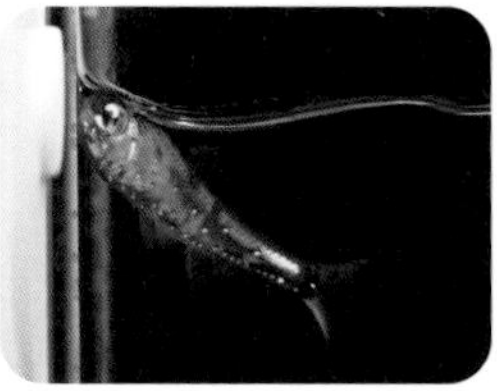

浴《あ》びてキラキラ輝《かがや》いています。お腹《なか》を銀《ぎん》ピカにしているのは、海面《かいめん》のきらめきに紛《まぎ》れるため。上下《じょうげ》どちらから狙《ねら》われても気配《けはい》を消《け》すことができる、考《かんが》え抜《ぬ》かれたデザインなのです。こうした戦略《せんりゃく》はカウンターシェーディングと呼《よ》ばれます。

これを発展《はってん》させた技《わざ》がカウンターイルミネーション。ハダカイワシ（P52）は身《み》を守《まも》るためのスゴい能力《のうりょく》を持《も》っています。深《ふか》い海《うみ》でもうっすらと日光《にっこう》が届《とど》くので、真《ま》っ暗《くら》というわけではありません。下《した》から狙《ねら》う捕食者《ほしょくしゃ》に影《かげ》で気付《きづ》かれないよう、たくさんの発光器《はっこうき》を備《そな》えてお腹《なか》をぼんやり光《ひか》らせることで、光《ひかり》の中《なか》に溶《と》け込《こ》むことができるのです。

豆知識《まめちしき》

深海生物《しんかいせいぶつ》の8割以上《わりいじょう》が発光《はっこう》すると言《い》われています。ルシフェリン - ルシフェラーゼ反応《はんのう》という化学反応《かがくはんのう》で光《ひか》る自力発光《じりきはっこう》と、発光《はっこう》バクテリアという微生物《びせいぶつ》を体内《たいない》に住《す》まわせることで光《ひか》る共生発光《きょうせいはっこう》、主《おも》にこの2つになります。

CHAPTER 3

生存戦略《せいぞんせんりゃく》のはなし

44

タチウオが立《た》ち泳《およ》ぎをするワケ

タチウオの名前《なまえ》の由来《ゆらい》は、太刀《たち》に似《に》ていることと、立《た》ち泳《およ》ぎをすることからきていますが、これには深海《しんかい》で生《い》き残《のこ》る秘訣《ひけつ》があるのです。

光《ひかり》が少《すく》ない深海《しんかい》では、周《まわ》りを見回《みまわ》してもなかなか獲物《えもの》を見《み》つけられません。そこで捕食者《ほしょくしゃ》たちは上《うえ》を見上《みあ》げます。すると、わずかに届《とど》く日光《にっこう》の中《なか》に通《とお》りがかった生《い》き物《もの》のシルエットが浮《う》き出《で》て、影《かげ》で獲物《えもの》を見《み》つけることができるのです。ならば上向《うわむ》きに立《た》って泳《およ》げば見《み》つけやすく、さらに下《した》から襲《おそ》いかかれば素早《すばや》い魚《さかな》も簡単《かんたん》に逃《に》げられないので捕食《ほしょく》もしやすい！　賢《かしこ》い戦略《せんりゃく》です。

もっと深《ふか》い所《ところ》にはタチウオを見上《みあ》げて狙《ねら》う捕食者《ほしょくしゃ》が潜《ひそ》んでいます。細長《ほそなが》い体《からだ》を横《よこ》にして泳《およ》いでいたら、下《した》から見《み》たときの自分《じぶん》の影《かげ》は線《せん》として敵《てき》の目《め》に映《うつ》り、簡単《かんたん》に見《み》つかります。でも体《からだ》を直立《ちょくりつ》させていれば影《かげ》は点《てん》になって、見《み》つかる可能性《かのうせい》を減《へ》らせます。獲物《えもの》を狙《ねら》いながら身《み》を守《まも》る意識《いしき》も忘《わす》れない。タチウオの立《た》ち泳《およ》ぎは、シンプルなようで実《じつ》に考《かんが》え抜《ぬ》かれたスタイルなのです。

タチウオの立《た》ち泳《およ》ぎの秘密《ひみつ》

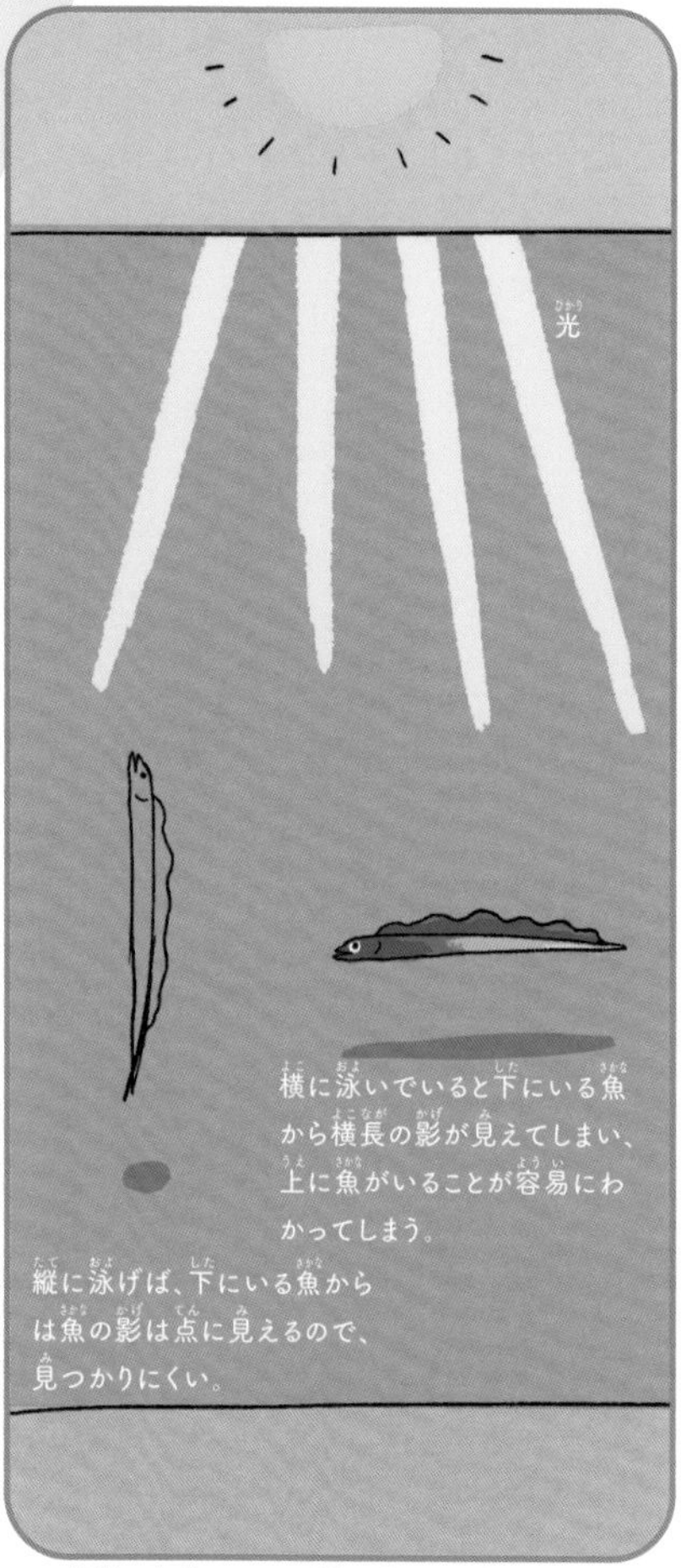

↑腹鰭《はらびれ》や尾鰭《おびれ》はなく、長《なが》く連《つら》なる背鰭《せびれ》を波打《なみう》たせて移動《いどう》するという、立《た》ち泳《およ》ぎに特化《とっか》した体型《たいけい》。泳《およ》ぎはあまり速《はや》くない分《ぶん》、鋭《するど》い歯《は》が並《なら》ぶ大《おお》きな口《くち》で真下《ました》から襲《おそ》い掛《か》かることで獲物《えもの》を逃《のが》さないようにしている。

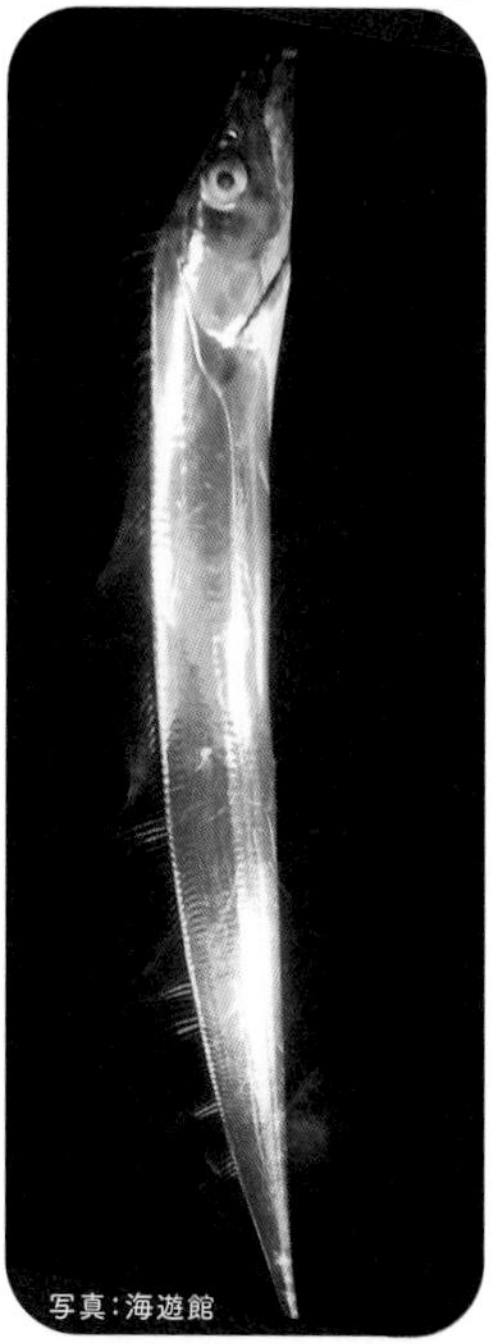
写真:海遊館

写真:海遊館

↑銀色《ぎんいろ》に光《ひか》り、立《た》って泳《およ》ぐ姿《すがた》はまさに太刀《たち》（長《なが》くて大《おお》きな刀《かたな》）のよう！　触《ふ》れただけで切《き》れるほど鋭《するど》い歯《は》を持《も》っているので、ある意味《いみ》名前《なまえ》の通《とお》り。

豆《まめ》知《ち》識《しき》

銀《ぎん》ピカに輝《かがや》くタチウオの体表《たいひょう》は、かつてマニキュアのラメに使《つか》われていたほど。深海《しんかい》で目立《めだ》ちそうですが、ギラギラ度合《どあ》いを極限《きょくげん》まで磨《みが》いているため、光《ひかり》のない世界《せかい》では周《まわ》りの闇《やみ》を映《うつ》す鏡《かがみ》となり、背景《はいけい》に溶《と》け込《こ》むことができるのです。

CHAPTER 3

生存戦略《せいぞんせんりゃく》のはなし

45

内臓《ないぞう》に手振《てぶ》れ補正機能《ほせいきのう》あり!? 進化《しんか》の極《きわ》み・ホウズキイカ

下《した》から狙《ねら》う捕食者《ほしょくしゃ》に対《たい》していかに自分《じぶん》の影《かげ》を消《け》すかが、深海《しんかい》で生《い》き残《のこ》る秘《ひ》訣《けつ》。ハダカイワシは光《ひかり》で影《かげ》を飛《と》ばし、タチウオは直立《ちょくりつ》することで影《かげ》を最小限《さいしょうげん》にしました。実《じつ》は、これらの能力《のうりょく》を全《すべ》て備《そな》えたラスボスのような生《い》き物《もの》がいます。

その名《な》はホウズキイカ。ほおずきのようなぷっくり体型《たいけい》が特徴《とくちょう》の深海《しんかい》イカです。この仲間《なかま》は幼体《ようたい》の頃《ころ》、敵《てき》に見《み》つからないよう、英名《えいめい》でGlass《グラス》 squid《スクイッド》と呼《よ》ばれるほど透《す》き通《とお》っています。しかし構造上《こうぞうじょう》、透明《とうめい》にできなかった部分《ぶぶん》が2カ所《しょ》あります。まずは目《め》。これが影《かげ》になることを避《さ》けるため、彼《かれ》らは目《め》の下《した》に発光器《はっこうき》を備《そな》えました。

もう1つ影《かげ》になってしまうのが、銀色《ぎんいろ》に輝《かがや》く細長《ほそなが》い胃袋《いぶくろ》。ここで登場《とうじょう》するのがタチウオの技《わざ》です。体《からだ》がどんな角度《かくど》に傾《かたむ》いても胃袋《いぶくろ》を茶柱《ちゃばしら》のように直立《ちょくりつ》させることができます。内臓《ないぞう》に手振《てぶ》れ補正機能《ほせいきのう》を備《そな》えてしまったというとんでもない進化《しんか》。ここまできたらもう、計算《けいさん》され尽《つ》くしたメカのようです。生《い》き物《もの》の知恵《ちえ》って凄《すさ》まじいですよね!

ホウズキイカの幼体《ようたい》

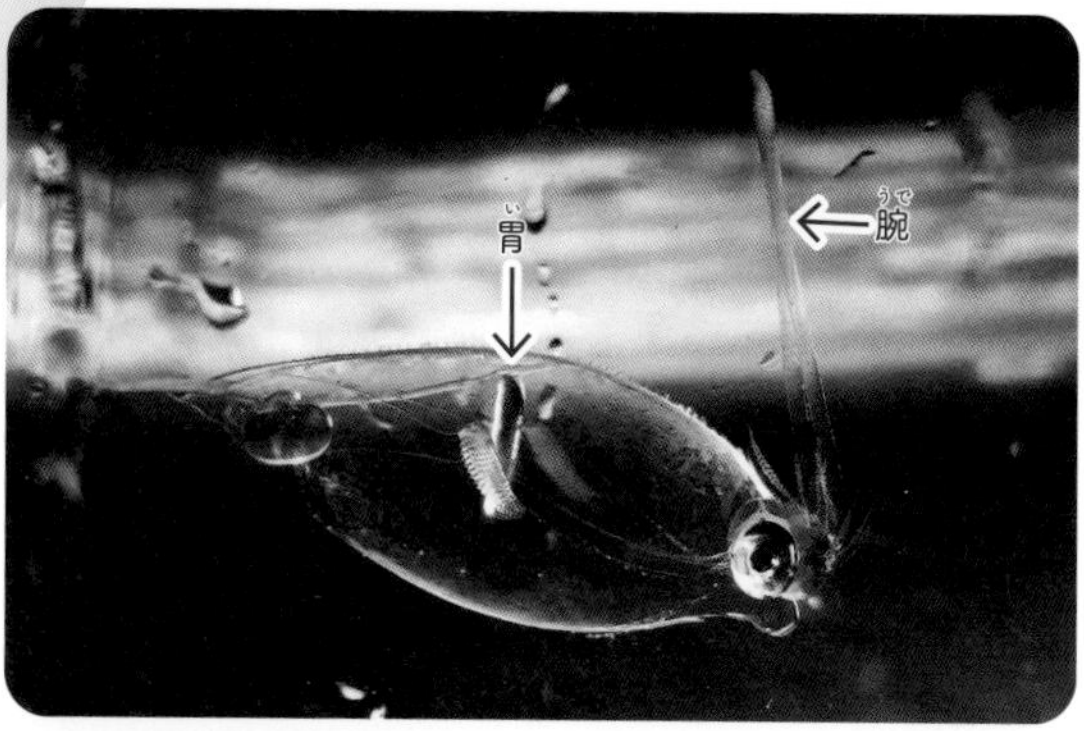

←透明《とうめい》な体《からだ》の真《ま》ん中《なか》にあるのが胃《い》袋《ぶくろ》。ちゃんと直《ちょく》立《りつ》させて影《かげ》を点《てん》にしている。さらに、カウンターイルミネーションで影《かげ》を消《け》した目《め》の上《うえ》に腕《うで》をピンと立《た》てることで、腕《うで》の影《かげ》まで同時《どうじ》に消《け》そうという狙《ねら》いだと考《かんが》えられる。

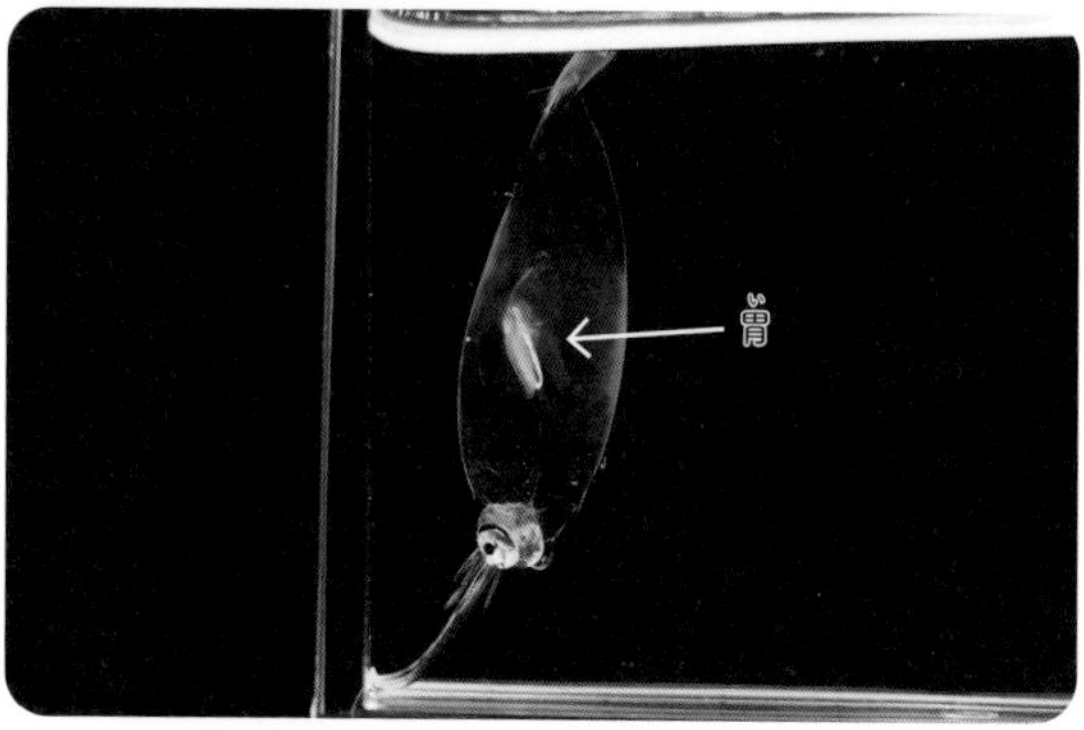

←体《からだ》が縦方向《たてほうこう》になったら、内臓《ないぞう》も合《あ》わせて縦《たて》になっている。上《うえ》の写真《しゃしん》と比較《ひかく》すると内臓《ないぞう》の置《お》かれている方向《ほうこう》が調整《ちょうせい》されているのがわかるだろう。

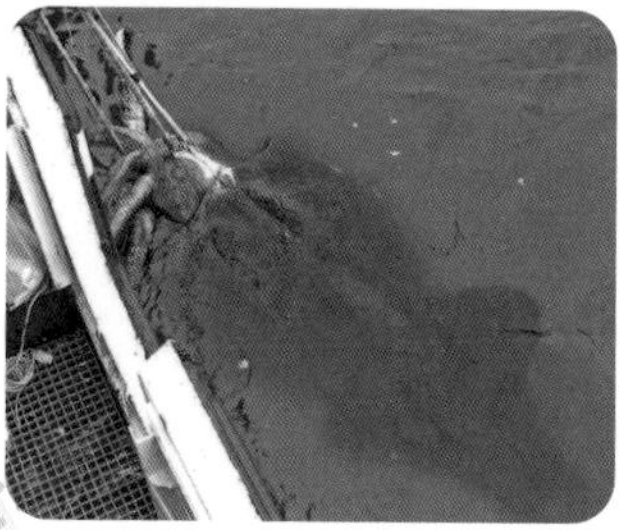

←ニュージーランドで引《ひ》き揚《あ》げられたダイオウホウズキイカ

ダイオウホウズキイカは滅多《めった》に見《み》つからない珍《ちん》種《しゅ》。最大《さいだい》10mを超《こ》えると考《かんが》えられているよ!

豆知識《まめちしき》

胃袋《いぶくろ》を透明《とうめい》にできなかった理由《りゆう》は、彼《かれ》らが食《た》べるプランクトンの中《なか》に発光《はっこう》するものがいるから。もし透明《とうめい》だったら、食《た》べた餌《えさ》がお腹《なか》の中《なか》で光《ひか》って、敵《てき》に見《み》つかってしまいます。そのため、光《ひかり》が漏《も》れない厚《あつ》い膜《まく》で覆《おお》っているのです。

幼魚界《ようぎょかい》の常識《じょうしき》！偽《にせ》の目玉《めだま》で本物《ほんもの》を守《まも》れ

目《め》を守《まも》る魚《さかな》たち

サラサハタ

↑水玉模様《みずたまもよう》で目《め》を隠《かく》す。

ミナミハコフグ（成魚《せいぎょ》）

スミツキトノサマダイ

↑白《しろ》く縁取《ふちど》られたリアルな眼状紋《がんじょうもん》。

↑ミナミハコフグの成魚《せいぎょ》（上《うえ》）と幼魚《ようぎょ》（右《みぎ》）。体《からだ》中《じゅう》の斑点《はんてん》と黒目《くろめ》が同《おな》じサイズなので、うまく目《め》を隠《かく》している。

ミナミハコフグ（幼魚《ようぎょ》）

チョウチョウウオの仲間《なかま》は背中《せなか》に黒点模様《こくてんもよう》を持《も》っています。これは眼状紋《がんじょうもん》と呼《よ》ばれる偽《にせ》の目玉《めだま》。魚《さかな》が目《め》を攻撃《こうげき》されることは致命傷《ちめいしょう》に繋《つな》がるので、本物《ほんもの》の目《め》から敵《てき》の注意《ちゅうい》を逸《そ》らすために、別《べつ》の場所《ばしょ》に目玉《めだま》に似《に》た模様《もよう》を備《そな》えています。

これを発展《はってん》させたのがミナミハコフグの幼魚《ようぎょ》。サイコロのように水玉模様《みずたまもよう》に覆《おお》われていますが、ちょうど黒目《くろめ》と同《おな》じ大《おお》きさで、全身《ぜんしん》が眼状紋《がんじょうもん》だらけ。体《からだ》の四角《しかく》さも相《あい》まって、どれが本物《ほんもの》の目《め》かわからなくなっています。草間彌生《くさまやよい》さんを思《おも》わせる素敵《すてき》なファッションは、単《たん》なるオシャレではないのですね。

豆知識《まめちしき》

チョウチョウウオは眼状紋《がんじょうもん》で敵《てき》の意識《いしき》を逸《そ》らすだけでなく、目《め》の上《うえ》に黒《くろ》い帯模様《おびもよう》を被《かぶ》せることでマイマスクのように本物《ほんもの》の目《め》を隠《かく》しています。他《ほか》にも多《おお》くの魚《さかな》が色々《いろいろ》な方法《ほうほう》で目《め》を守《まも》っているので、注意《ちゅうい》して見《み》てみるとおもしろいですよ。

CHAPTER 3

生存戦略《せいぞんせんりゃく》のはなし

47

くっきり目立《めだ》つシマシマ模様《もよう》は何《なん》のため？

シマシマが目立《めだ》たない理由《りゆう》

↑シマウマのようにコントラストが強《つよ》いと、輪郭《りんかく》がぼやけて隠《かく》れやすい。

イシダイ

←↑イシダイの縞模《しまも》様《よう》は小《ちい》さくてか弱《よわ》い幼魚《ようぎょ》の頃《ころ》だけ。成魚《せいぎょ》（左《ひだり》）になると大変《だいへん》身《しん》する。

まるで横断歩道《おうだんほどう》のような白《しろ》と黒《くろ》のハッキリとした縞々模様《しましまもよう》が特徴《とくちょう》のイシダイの幼《よう》魚《ぎょ》。危険《きけん》立《た》ち入《い》り禁止標識《きんしひょうしき》を思《おも》わせる黄色《きいろ》と黒《くろ》の縞模様《しまもよう》を纏《まと》うカゴカキダイ。魚《さかな》の世界《せかい》では、どうやら縞模様《しまもよう》が流行《はや》っているようです。

一見目立《いっけんめだ》ちそうなものですが、実《じつ》は縞模様《しまもよう》には輪郭《りんかく》をぼかすという効果《こうか》があります。これは分断色《ぶんだんしょく》と呼《よ》ばれ、ベタ塗《ぬ》りの魚《さかな》と比《くら》べて、1匹《ぴき》の生《い》き物《もの》として敵《てき》にシルエットを認識《にんしき》されづらくなり、背景《はいけい》に溶《と》け込《こ》めるのです。シマウマやトラが草原《そうげん》に溶《と》け込《こ》むのと同《おな》じ効果《こうか》を、棲《す》む世《せ》界《かい》は違《ちが》えど魚《さかな》たちも知《し》っているのですね。

豆知識《まめちしき》

黒《くろ》い縞模様《しまもよう》を持《も》つ魚《さかな》は大抵《たいてい》、その内《うち》の1本《ぽん》を目《め》の上《うえ》に被《かぶ》せています。これはチョウチョウウオのアイマスク戦略《せんりゃく》の応用《おうよう》。縞《しま》がたくさんあることで、より一層《いっそう》、本物《ほんもの》の目《め》が隠《かく》れている位置《いち》を敵《てき》に悟《さと》られないように工夫《くふう》しているのです。

CHAPTER 3

生存戦略《せいぞんせんりゃく》のはなし

48

敵《てき》の敵《てき》は味《み》方《かた》！ 海《うみ》の三《さん》角《かく》関《かん》係《けい》

持《も》ちつ持《も》たれつで守《まも》られた三角関係《さんかくかんけい》

タコはエビやカニなどの甲殻類《こうかくるい》が大好《だいこう》物《ぶつ》。岩陰《いわかげ》に逃《に》げ込《こ》んでも高《たか》い知能《ちのう》と自由《じゆう》自在《じざい》に動《うご》く腕《うで》で襲《おそ》ってくる。

海《うみ》のギャングとも呼《よ》ばれるウツボは、鋭《するど》い歯《は》が並《なら》ぶ大《おお》きな口《くち》が武器《ぶき》。

イセエビは頑丈《がんじょう》な殻《から》はあるものの、これといって強《つよ》い武《ぶ》器《き》は持《も》っていない。強面《こわもて》のギャング、ウツボをボディーガードとして雇《やと》う。

海《うみ》の生《い》き物《もの》の生活《せいかつ》は、時《とき》に人《にん》間《げん》模様《もよう》を思《おも》わせます。例《たと》えば異性《いせい》を巡《めぐ》って戦《たたか》ったり、種《しゅ》を越《こ》えて力《ちから》を合《あ》わせたり。中《なか》でも興味《きょうみ》深《ぶか》いのが、イセエビとタコとウツボの三角関係《さんかくかんけい》です。

ウツボはタコを食《た》べる。タコはイセエビを食《た》べる。そしてイセエビはウツボを食《た》べる……わけではなく、身《み》を守《まも》るためにウツボに寄《よ》り添《そ》います。ウツボがそばにいれ

環境変化《かんきょうへんか》で崩《くず》れた三角関係《さんかくかんけい》

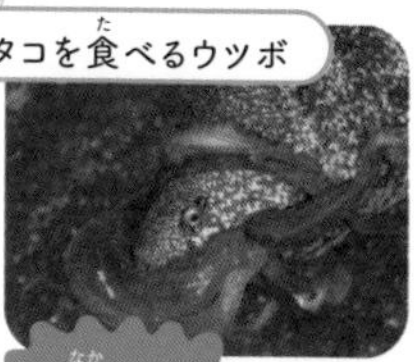

タコを食《た》べるウツボ

イセエビを食《た》べるタコ

獲物《えもの》に飢《う》えるウツボ

→地球温暖化《ちきゅうおんだんか》や黒潮《くろしお》の大蛇行《だいだこう》などの影響《えいきょう》で海水《かいすい》温《おん》が上昇《じょうしょう》し、ウツボが急増《きゅうぞう》。餌《えさ》となる生物《せいぶつ》の取《と》り合《あ》いになり、とうとう信頼関《しんらいかん》係《けい》を築《きず》いていたイセエビも捕食《ほしょく》対象《たいしょう》になってしまった。

知《し》ってる?

恐怖《きょうふ》のデスロール

食欲旺盛《しょくよくおうせい》なウツボは、到《とう》底《てい》飲《の》み込《こ》めないような大《おお》きな獲物《えもの》にも襲《おそ》い掛《か》かります。そんな時《とき》は獲物《えもの》に噛《か》みついたまま自分《じぶん》の体《からだ》を高速回転《こうそくかいてん》させて、バラバラにして食《た》べるのです。ワニも同《おな》じようなデスロールを見《み》せますが、食《しょく》への執《しゅう》念《ねん》を感《かん》じますよね。

ある1種類《しゅるい》が増《ふ》えたり減《へ》ったりすると、それを食《た》べる者《もの》、それに食《た》べられる者《もの》に影響《えいきょう》が及《およ》ぶ。その繰《く》り返《かえ》しで生態系全体《せいたいけいぜんたい》のバランスが崩《くず》れてしまうんだね

ば、天敵《てんてき》のタコが近《ちか》づいて来《き》てもやっつけてくれるわけです。敵《てき》の敵《てき》は味方《みかた》。なんて賢《かしこ》いのでしょう! 同時《どうじ》にウツボからしてみれば、ハンティングに出《で》かけなくても、大好物《だいこうぶつ》のタコがイセエビを狙《ねら》って向《む》こうからやって来《き》てくれるので、これはwin-winの関係《かんけい》です。

しかし最近《さいきん》、この密約《みつやく》が破《やぶ》られているようです。イセエビの産地《さんち》である志摩《しま》の海《うみ》では、温暖化《おんだんか》の影《えい》響《きょう》なのかウツボが急増《きゅうぞう》。タコを食《た》べ尽《つ》くしました。獲物《えもの》がいなくなりお腹《なか》をすかせたウツボは、今度《こんど》はイセエビをターゲットに。大昔《おおむかし》から保《たも》たれていた絶妙《ぜつみょう》な三角関係《さんかくかんけい》は、泥沼化《どろぬまか》しているようです。

豆知識《まめちしき》

異《こと》なる生《い》き物同士《ものどうし》の関係《かんけい》には色々《いろいろ》なかたちがあります。お互《たが》いに利益《りえき》がある関《かん》係《けい》を相利共生《そうりきょうせい》、片方《かたほう》にだけ利益《りえき》がある関係《かんけい》を片利共生《へんりきょうせい》、片方《かたほう》に害《がい》がある関係《かんけい》を片害共生《へんがいきょうせい》、そして片方《かたほう》に利益《りえき》がありもう片方《かたほう》に害《がい》がある関係《かんけい》を寄生《きせい》と呼《よ》びます。

CHAPTER 3

生存戦略《せいぞんせんりゃく》のはなし

49

暗闇《くらやみ》の中《なか》では目立《めだ》たない!? 深海生物《しんかいせいぶつ》はなぜ赤《あか》いのか

キンメダイ、アカムツ、キチジ、メンダコ、タカアシガニ…。深海《しんかい》には赤《あか》い生《い》き物《もの》が多《おお》いですね。鮮《あざ》やかな赤《あか》い体《からだ》は魚屋《さかなや》さんに並《なら》ぶと目《め》を惹《ひ》きますが、なぜそんな目立《めだ》つ体色《たいしょく》をしているのでしょう?

1章《しょう》でも触《ふ》れたように、色《いろ》は光《ひかり》の波長《はちょう》の違《ちが》いによるもの（P34）。人《ひと》が見《み》ることのできる色《いろ》の内《うち》、波長《はちょう》が長《なが》くなるほど赤《あか》に、短《みじか》くなるほど青《あお》や紫《むらさき》に近付《ちかづ》きます。太陽《たいよう》の光《ひかり》にはあらゆる色《いろ》の成分《せいぶん》が含《ふく》まれていて、それが海《うみ》に射《さ》し込《こ》むと、波長《はちょう》の長《なが》い赤《あか》の成《せい》分《ぶん》から順《じゅん》に水《みず》に吸収《きゅうしゅう》されていきます。水深《すいしん》が深《ふか》くなるほど、つまり光《ひかり》が通《とお》る水《みず》の層《そう》が厚《あつ》くなるほど、赤《あか》は吸収《きゅうしゅう》され、青《あお》い光《ひかり》しか届《とど》かなくなります。

深海《しんかい》に赤《あか》い光《ひかり》が届《とど》かないということは、体《からだ》を赤《あか》くしておけば反射《はんしゃ》する光《ひかり》がなくなり、闇《やみ》に溶《と》け込《こ》むことができるのです。一《いっ》見《けん》目立《めだ》たなそうな黒《くろ》は、わずかに日光《にっこう》が届《とど》く水深《すいしん》ではシルエットとして浮《う》かび上《あ》がってしまいます。陸上《りくじょう》では目立《めだ》つ赤《あか》ですが、深海《しんかい》では最《もっと》も目立《めだ》たない色《いろ》となるのです。

赤《あか》い深海生物《しんかいせいぶつ》たち

ミドリフサアンコウ

←体全体《からだぜんたい》が小《ちい》さな棘《とげ》に覆《おお》われている。赤《あか》い体色《たいしょく》に緑《みどり》の水玉模様《みずたまもよう》がおしゃれ。

アカムツ

↑「のどぐろ」の愛称《あいしょう》で親《した》しまれている、とてもおいしい深海魚《しんかいぎょ》。

キホウボウ

↑浅瀬《あさせ》のホウボウと違《ちが》い、羽《はね》のような胸鰭《むなびれ》は小《ちい》さめ。吻先《ふんさき》がフォークのように伸《の》びた不思議《ふしぎ》な顔《かお》つきをしている。

メンダコ

↑耳《みみ》のような鰭《ひれ》をパタパタさせて泳《およ》ぐ姿《すがた》がかわいいと大人気《だいにんき》。

深海《しんかい》に届《とど》く光《ひかり》の色《いろ》は?

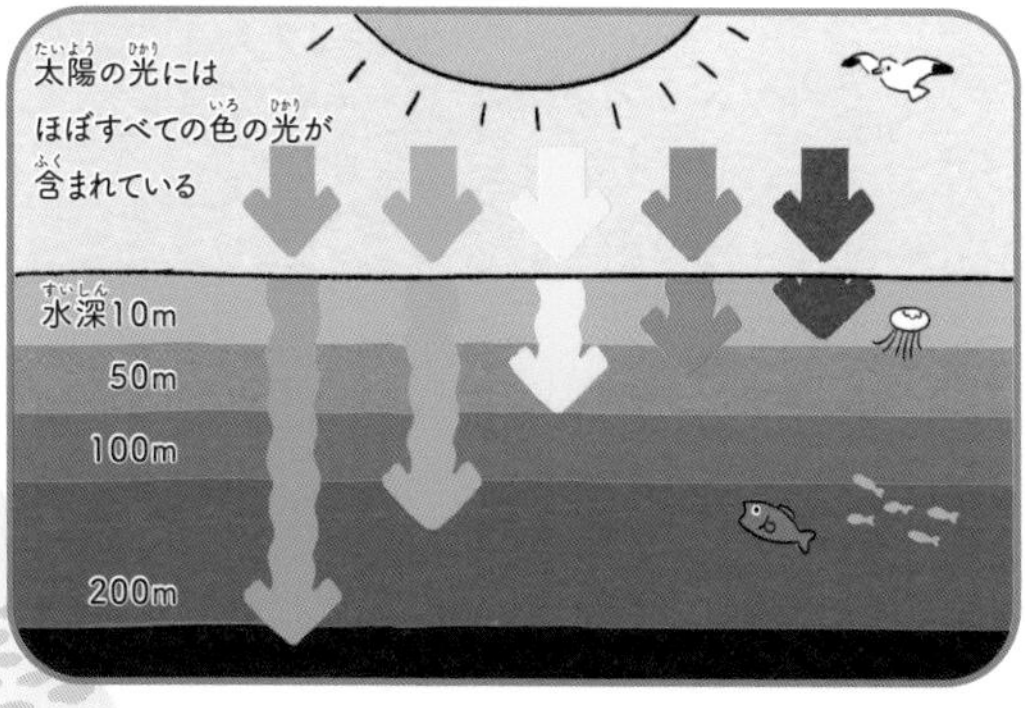

←可視光《かしこう》の中《なか》で、赤《あか》い光《ひかり》が真《ま》っ先《さき》に水《みず》に吸収《きゅうしゅう》されるという性質《せいしつ》がある。一方《いっぽう》、青《あお》い光《ひかり》は吸収《きゅうしゅう》されにくく、深海《しんかい》まで届《とど》く。

豆知識《まめちしき》

赤《あか》が最《もっと》も目立《めだ》たないという法則《ほうそく》が通用《つうよう》するのは、深海《しんかい》と言《い》えどもまだうっすらと太陽《たいよう》の光《ひかり》が届《とど》く世界《せかい》での話《はなし》。水深《すいしん》1000m を超《こ》える深《ふか》い深《ふか》い海《うみ》になると、周囲《しゅうい》の暗闇《くらやみ》を映《うつ》したかのような漆黒《しっこく》の体《からだ》を持《も》つ魚《さかな》が増《ふ》えてきます。

CHAPTER 3

生存戦略《せいぞんせんりゃく》のはなし

50

クマノミはなぜイソギンチャクに刺《さ》されないのか

イソギンチャクは、クラゲと同《おな》じ刺胞《しほう》動物《どうぶつ》。触手《しょくしゅ》には刺胞《しほう》という無数《むすう》の毒《どく》針《ばり》が入《はい》ったカプセルのようなものがあります。クラゲに寄《よ》り添《そ》う幼魚《ようぎょ》がいるのと同《おな》じように、クマノミもイソギンチャクに隠《かく》れ、刺胞毒《しほうどく》で守《まも》ってもらっています。イソギンチャクを食《た》べようとする強者《つわもの》もいますが、そんな時《とき》はクマノミが追《お》い払《はら》ってくれるので、彼《かれ》らは相利共生《そうりきょうせい》の関係《かんけい》にあります。

イソギンチャクの中《なか》に思《おも》いっきり突《つ》っ込《こ》んで体《からだ》をこすりつけているクマノミですが、なぜ刺胞毒《しほうどく》にやられないのでしょう？

その謎《なぞ》を２０１４年《ねん》に解《と》き明《あ》かしたのは、愛媛県《えひめけん》の高校生《こうこうせい》の研究《けんきゅう》チームでした。イソギンチャクは周囲《しゅうい》の海水《かいすい》よりもマグネシウム濃度《のうど》が低《ひく》い液体《えきたい》に触《ふ》れると毒針《どくばり》を発射《はっしゃ》します。クマノミはマグネシウムイオンを多《おお》く含《ふく》む粘液《ねんえき》を身《み》に纏《まと》うことで、毒針《どくばり》スイッチを刺激《しげき》することなく共生《きょうせい》できるということを発見《はっけん》したのです。彼《かれ》らはこの性質《せいしつ》をクラゲ除《よ》けクリームに応用《おうよう》しようと、さらなる研究《けんきゅう》を重《かさ》ねています。

イソギンチャクの体《からだ》の仕《し》組《く》み

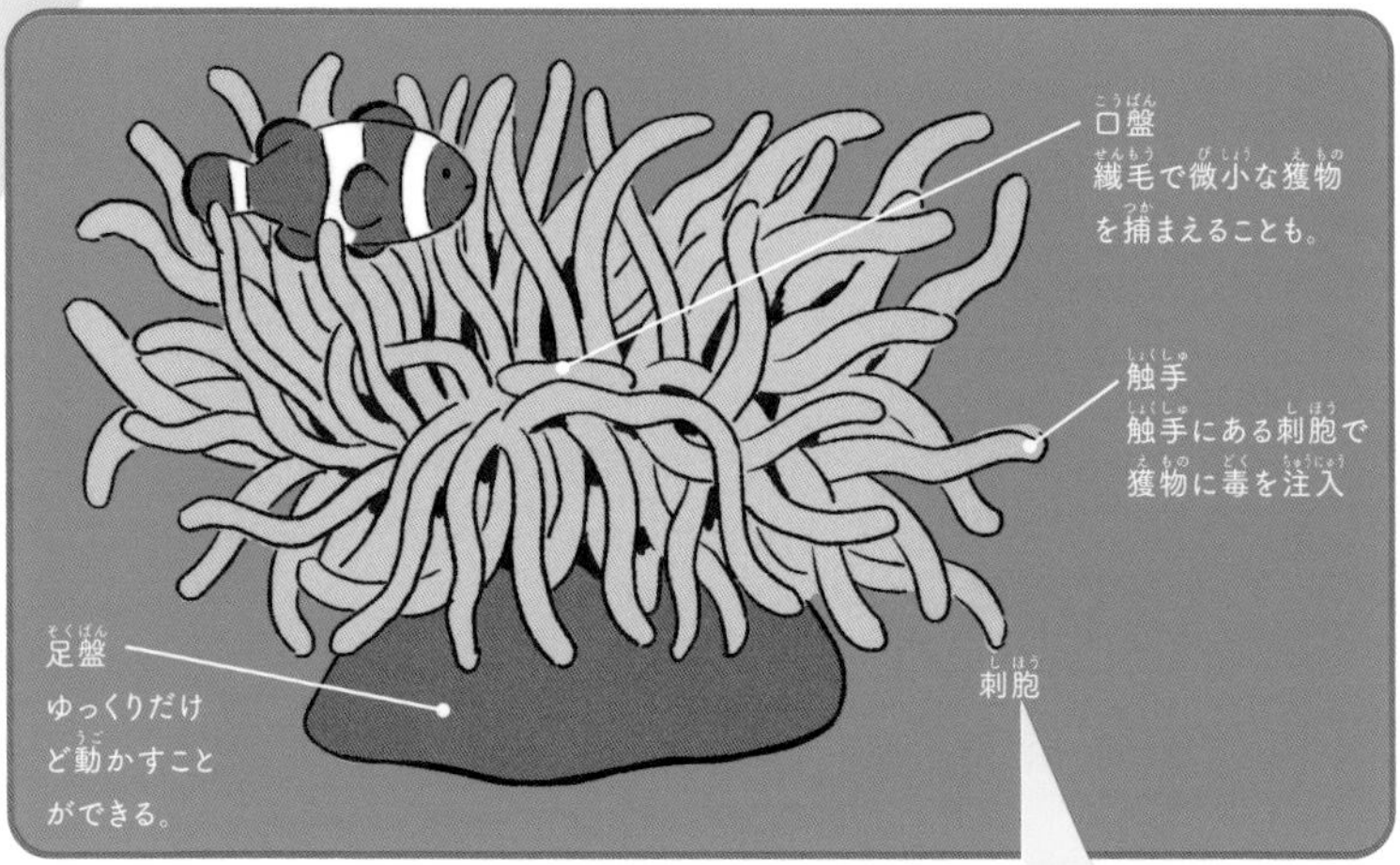

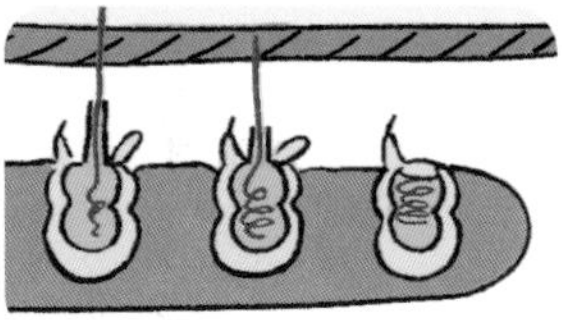

刺激《しげき》を受《う》けると触手《しょくしゅ》の中《なか》の刺胞《しほう》というカプセルのようなものが反応《はんのう》。カプセルの中《なか》に収納《しゅうのう》されている毒液《どくえき》と管《くだ》状《じょう》の刺糸《しし》が飛《と》び出《だ》します。

イソギンチャクに隠《かく》れるクマノミの仲間《なかま》たち

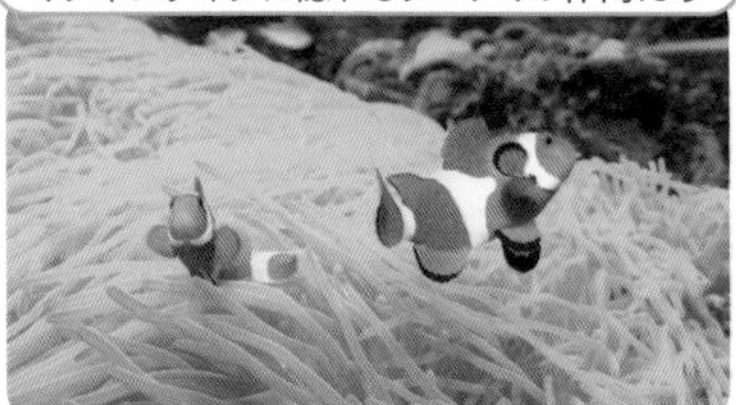

▲クマノミにとってのイソギンチャクも、イソギンチャクにとってのクマノミも、どちらもボディーガードのような存在《そんざい》。

◀こんなにくっついても刺《さ》されないなんて…！

アニメ映画《えいが》で世界的《せかいてき》に有《ゆう》名《めい》になったあのキャラクターは、実《じつ》はカクレクマノミではなく海外《かいがい》に棲《す》むクラウンアネモネフィッシュという種類《しゅるい》なんだよ!

豆知識《まめちしき》

クマノミの仲間《なかま》は世界《せかい》に30種類近《しゅるいちか》くいますが、クマノミはシライトイソギンチャク、カクレクマノミはセンジュイソギンチャクやハタゴイソギンチャクというように、種類《しゅるい》によって好《この》みのイソギンチャクが決《き》まっているようです。

CHAPTER 3
生存戦略《せいぞんせんりゃく》のはなし
51

ジンベエザメの巨体《きょたい》を支《ささ》えるのは小《ちい》さなプランクトン

鰓耙《さいは》で濾過《ろか》をしてプランクトンを食《た》べる

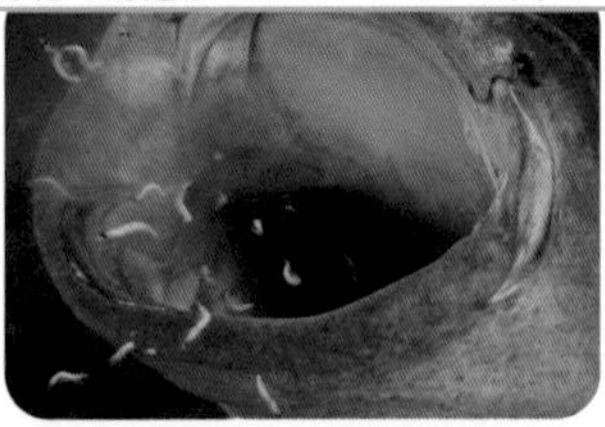

←巨大《きょだい》な口《くち》で一気《いっき》に海水《かいすい》を吸《す》い込《こ》み、鰓《さい》耙《は》で濾《こ》す。大《おお》きな体《からだ》からは想像《そうぞう》がつかない、穏《おだ》やかな食事法《しょくじほう》。

ジンベエザメの口《くち》の中《なか》

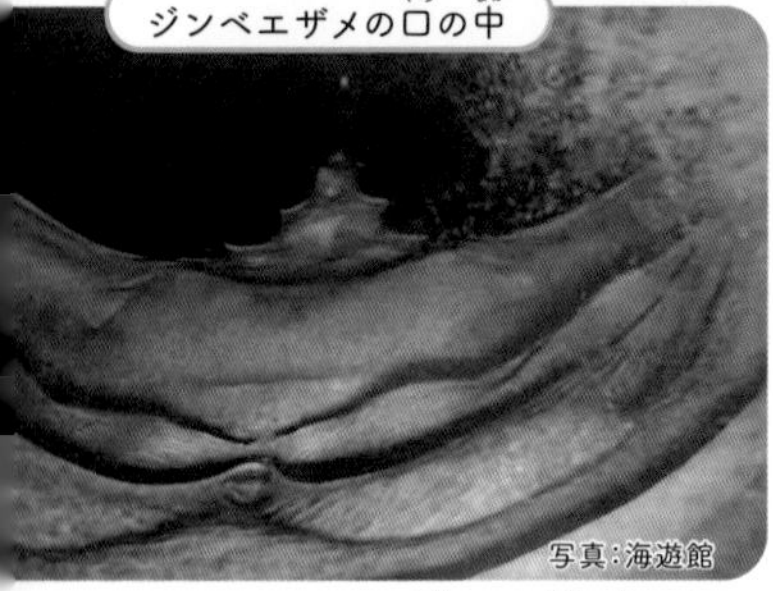

写真：海遊館

↑プランクトン食《しょく》のため鋭《するど》い歯《は》は不《ふ》要《よう》。とても小《ちい》さな歯《は》が口《くち》の上下《じょうげ》に約《やく》8000本並《ぼんなら》んでいる。

同《おな》じくプランクトン食《しょく》のイワシは、櫛状《くしじょう》の鰓耙《さいは》をもっているよ

現《げん》存《そん》する世界最大《せかいさいだい》の魚類《ぎょるい》はジンベエザメ。最大《さいだい》で全長《ぜんちょう》18mほどになります。口《くち》には鋭《するど》い歯《は》が並《なら》んでいるかと思《おも》いきや、歯《は》はとても小《ちい》さく、代《か》わりにスポンジ状《じょう》の鰓耙《さいは》と呼《よ》ばれる器官《きかん》があります。彼《かれ》らが食《た》べるのはオキアミ類《るい》やカイアシ類《るい》といった小《ちい》さなプランクトン。海水《かいすい》ごと吸《す》い込《こ》み、鰓《さい》耙《は》で濾過《ろか》して食《た》べています。

しかし、それで満腹《まんぷく》になるの

海《うみ》の中《なか》を回遊《かいゆう》しながらプランクトンを大量《たいりょう》に吸《す》い込《こ》む

↑大《おお》きな体《からだ》だからこそ、無駄《むだ》に動《うご》かずに効率的《こうりつてき》に食事《しょくじ》をするために、プランクトンを食《た》べるようになった。ちなみに世界一大《せかいいちおお》きな生《い》き物《もの》のシロナガスクジラも、プランクトンを食《た》べる。

効率《こうりつ》と言《い》えば、餌《えさ》のおこぼれを狙《ねら》うコバンザメやスギが付《つ》いて泳《およ》いでいるのがわかるね。皆《みな》それぞれ生《い》き残《のこ》るための術《すべ》を身《み》につけているんだ

でしょうか？　実《じつ》は、体《からだ》が大《おお》きいからこそプランクトン食《しょく》になったのです。魚《さかな》を食《た》べるためには泳《およ》いで獲物《えもの》を追《お》いかけなければなりません。エネルギーを使《つか》ってハンティングしても、1日《にち》に捕食《ほしょく》できる魚《さかな》の数《かず》はたかが知《し》れていて、あまり効率《こうりつ》が良《よ》くないのですね。一方《いっぽう》プランクトンは巨大《きょだい》な口《くち》で吸《す》い込《こ》めば一度《いちど》に大量《たいりょう》に食《た》べられます。1匹《ぴき》1匹《ぴき》は小《ちい》さくても、その総量《そうりょう》は膨大《ぼうだい》になり、数匹《すうひき》の魚《さかな》を食《た》べるよりも遥《はる》かに満腹《まんぷく》になるのです。追《お》いかける労力《ろうりょく》もいりません。立派《りっぱ》な体《からだ》を支《ささ》える知恵《ちえ》に感心《かんしん》すると同時《どうじ》に、海《うみ》の中《なか》にプランクトンがいかに多《おお》いかも感《かん》じますね。

豆知識《まめちしき》

海面付近《かいめんふきん》を泳《およ》ぐイメージのジンベエザメですが、実《じつ》は水深《すいしん》2000mほどの深海《しんかい》まで潜《もぐ》ることが知《し》られています。近年《きんねん》の研究《けんきゅう》で、深海《しんかい》にわずかに届《とど》く青《あお》い光《ひかり》を感《かん》じ取《と》ることができる特殊《とくしゅ》な目《め》を持《も》っていることが明《あき》らかになりました。

CHAPTER 3
生存戦略《せいぞんせんりゃく》のはなし
52

食《た》べ物《もの》が多様《たよう》な海《うみ》には好《す》き嫌《きら》いの多《おお》い偏食家《へんしょくか》だらけ

写真（上下）：登別マリンパークニクス

↑巻貝《まきがい》の仲間《なかま》のクリオネ。ミジンウキマイマイを見《み》つけると、頭部《とうぶ》が開《ひら》いてバッカルコーンという触手《しょくしゅ》が飛《と》び出《だ》し、捕《と》らえて養分《ようぶん》を吸《す》う。可愛《かわい》いクリオネの悪魔的《あくまてき》な食事《しょくじ》風景《ふうけい》。

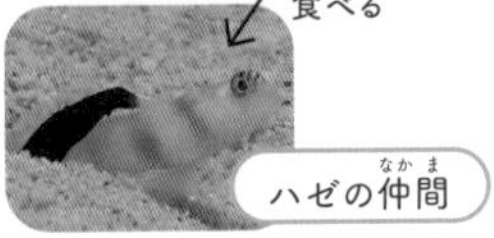

←一部《いちぶ》のハゼの体《からだ》に付《つ》いて鰭《ひれ》を食《た》べるという変《か》わり者《もの》。これは寄生《きせい》なのか、何《なん》らかの共生関係《きょうせいかんけい》があるのか…？

←優美《ゆうび》な姿《すがた》とは裏腹《うらはら》に、まるでスプラッター映画《えいが》のような恐《おそ》ろしい手順《てじゅん》でヒトデを食《た》べる。

みなさん好《す》き嫌《きら》いはありますか？　食《た》べられない物《もの》はあっても、「1つの食材《しょくざい》しか食《た》べない」という人《ひと》はいませんよね。海《うみ》にはそんな極度《きょくど》の偏食家《へんしょくか》がたくさんいます。ミジンウキマイマイという巻貝《まきがい》しか食《た》べないクリオネ。ヒトデを専門《せんもん》に食《た》べるフリソデエビ。ウミウシ界《かい》は特《とく》に偏《かたよ》っていて、クモヒトデ食《しょく》のハナデンシャ、ホヤ食《しょく》のトサカリュウグウウミウシ、

超偏食家《ちょうへんしょくか》のウミウシたち

ある性質《せいしつ》を持《も》つ生《い》き物《もの》だけを食《た》べるという、食《しょく》へのこだわりが強《つよ》いウミウシたちをご紹介《しょうかい》。

トサカリュウグウウミウシ

写真《しゃしん》：鳥羽水族館《とばすいぞくかん》

←深緑《しんりょく》の体《からだ》に鮮《あざ》やかな緑《みどり》の水玉模様《みずたまもよう》が華《はな》やかなトサカリュウグウウミウシは小《ちい》さなホヤを好《この》んで食《た》べる。

食《た》べる

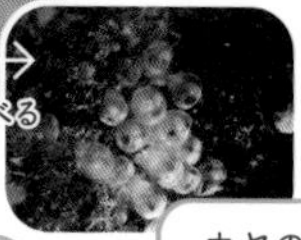

ホヤの仲間《なかま》

←海面《かいめん》に浮《う》かんで漂《ただよ》い、カツオノエボシやギンカクラゲなど毒《どく》の強《つよ》いクラゲを捕食《ほしょく》する。その刺胞毒《しほうどく》を体《からだ》に蓄《たくわ》えて自分《じぶん》の武器《ぶき》として使《つか》う盗刺胞《とうしほう》という生態《せいたい》がある。

食《た》べる

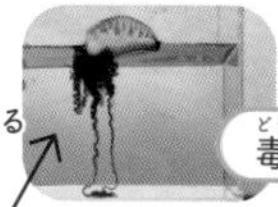

毒《どく》クラゲ

アオミノウミウシ

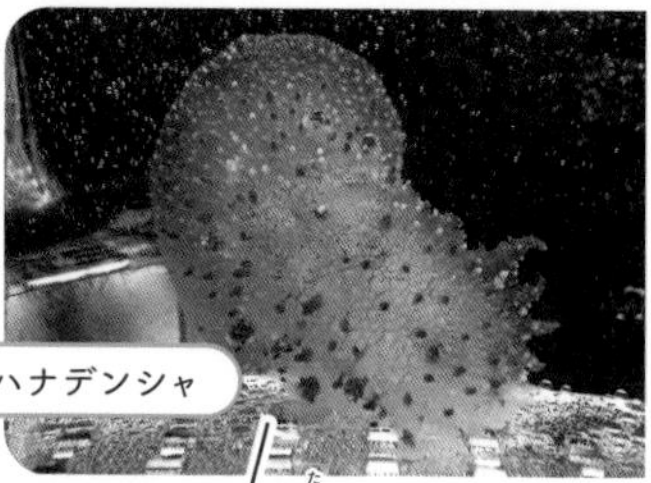

ハナデンシャ

食《た》べる

クモヒトデ

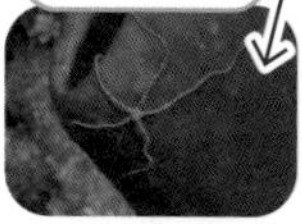

↑赤《あか》や黄色《きいろ》の宝石《ほうせき》のような突起《とっき》が全身《ぜんしん》に散《ち》りばめられた、ゼリーのような見《み》た目《め》のハナデンシャ。普段《ふだん》はゆっくり動《うご》くが、顔《かお》のヒラヒラが大好物《だいこうぶつ》のクモヒトデに触《ふ》れると、目《め》にもとまらぬ速《はや》さで口《くち》が飛《と》び出《だ》してきて捕食《ほしょく》する。

ここで紹介《しょうかい》した偏食《へんしょく》っぷりは、あくまでも自然界《しぜんかい》での主食《しゅしょく》です。特殊《とくしゅ》な環境下《かんきょうか》や実験《じっけん》などでは、それ以外《いがい》の物《もの》も食《た》べる可能性《かのうせい》があります。

毒《どく》クラゲ食《しょく》のアオミノウミウシ、さらにハゼの仲間《なかま》にくっついて鰭《ひれ》を食《た》べるスミゾメキヌハダウミウシまで。鱗《うろこ》を食《た》べるスケールイーターと呼《よ》ばれる魚《さかな》たちも！

何《なん》でも食《た》べられる方《かた》がたくましく生《い》きられそうなのに、不思議《ふしぎ》ですよね。これも、1章《しょう》で触《ふ》れた食《く》い分《わ》け（P16）が関係《かんけい》しています。餌《えさ》の取《と》り合《あ》いで争《あらそ》わないように、そして海全体《うみぜんたい》のバランスが崩《くず》れることがないように、他《ほか》の生《い》き物《もの》と被《かぶ》らない自分《じぶん》だけの餌《えさ》を見《み》つけ出《だ》したわけです。偏食《へんしょく》は決《けっ》してわがままではなく、知性《ちせい》と思《おも》いやりの表《あらわ》れのように感《かん》じますね。あ、でも人間《にんげん》として生《う》まれた皆《みな》さんは、あまり好《す》き嫌《きら》いをしないように！

豆知識《まめちしき》

スケールイーターの1種《しゅ》に、フエカワムキという深海魚《しんかいぎょ》がいます。細長《ほそなが》く突《つ》き出《で》た口《くち》で他《ほか》の魚《さかな》の鱗《うろこ》をバリバリ食《た》べていくわけですが、体《からだ》の側面《そくめん》に密集《みっしゅう》している鱗《うろこ》に襲《おそ》い掛《か》かるために、口《くち》が左右《さゆう》どちらかにねじれているという徹底《てってい》ぶり。

CHAPTER 3

生存戦略《せいぞんせんりゃく》のはなし

53

魚《さかな》が魚《さかな》を釣《つ》る!? 漁業《ぎょぎょう》をする生《い》き物《もの》

一本釣《いっぽんづ》りをするカエルアンコウ

写真（左右）：鳥羽水族館

↑泳《およ》ぎが苦手《にがて》で、足《あし》のように進化《しんか》した鰭《ひれ》を使《つか》って海底《かいてい》を歩《ある》くユニークな魚《さかな》。普段《ふだん》は岩《いわ》などに擬態《ぎたい》してじっとしているが、獲物《えもの》を水《みず》ごと吸《す》い込《こ》む捕食《ほしょく》スピードは魚類最速《ぎょるいさいそく》と言《い》われている。

写真：名古屋港水族館

←おでこに皮膚《ひふ》が進化《しんか》した釣《つ》り竿《ざお》を持《も》ち、先端《せんたん》にあるエスカという疑似餌《ぎじえ》を上手《じょうず》に振《ふ》って釣《つ》りをする。

魚《ぎょ》

食文化《しょくぶんか》が根付《ねづ》いた日本《にほん》には様々《さまざま》な漁法《ぎょほう》がありますが、海《うみ》の中《なか》でも同《おな》じようなことを考《かんが》えて獲物《えもの》を得《え》る生《い》き物《もの》がいます。

例《たと》えば一本釣《いっぽんづ》り。カエルアンコウはおでこに釣《つ》り竿《ざお》のような器官《きかん》を備《そな》えていて、先端《せんたん》にはエスカと呼《よ》ばれる疑似餌《ぎじえ》が付《つ》いています。これをまるで釣《つ》り餌《えさ》のゴカイのように器用《きよう》に動《うご》かして、騙《だま》されて近付《ちかづ》いてきた魚《さかな》を丸飲《まるの》みにします。

定置網《ていちあみ》で獲物《えもの》を待《ま》つ ナガヅエエソ

仕掛《しか》けをたくさんぶら下《さ》げる ヨウラククラゲの仲間《なかま》

↑マグロ漁《りょう》で知《し》られるはえ縄《なわ》は、1本《ぽん》の幹縄《みきなわ》からたくさんの釣《つ》り針《ばり》が生《は》えた連続《れんぞく》旗《き》のような漁具《ぎょぐ》を使《つか》う方法《ほうほう》。クダクラゲの触手《しょくしゅ》はまさにこの方法《ほうほう》で獲物《えもの》を捕《と》らえる。1つの個体《こたい》のように見《み》えるが、クダクラゲの仲間《なかま》は多《おお》くの個虫《こちゅう》が集《あつ》まった群体《ぐんたい》という生《い》き方《かた》をしている。写真《しゃしん》では触手《しょくしゅ》は体内《たいない》にしまわれている。

↓深海《しんかい》に棲《す》むナガヅエエソは、長《なが》く伸《の》びた3本《ぼん》の鰭《ひれ》で海底《かいてい》に立《た》つ姿《すがた》から三脚魚《さんきゃくうお》と呼《よ》ばれる。流《なが》れの上流《じょうりゅう》を向《む》いて胸鰭《むなびれ》のアンテナを広《ひろ》げ、獲物《えもの》を待《ま》ち伏《ぶ》せする。餌《えさ》が少《すく》ない深海《しんかい》だからこそ、省《しょう》エネで餌《えさ》を取《と》る生《い》き方《かた》を見出《みいだ》したのだ。

釣《つ》り針《ばり》が一定《いってい》の間隔《かんかく》でたくさん付いた漁具《ぎょぐ》を使《つか》うはえ縄漁《なわりょう》。海中《かいちゅう》でこれをやっているのがヨウラククラゲをはじめとするクダクラゲの仲間《なかま》。毒《どく》のある触手《しょくしゅ》にオレンジ色《いろ》の点《てん》があり、これをピコピコ動《うご》かすことで生《い》きたプランクトンのように見《み》せて獲物《えもの》を誘《さそ》います。

魚《さかな》の通《とお》り道《みち》に漁具《ぎょぐ》を仕掛《しか》ける定置網漁《ていちあみりょう》。似《に》たことを考《かんが》えたナガヅエエソは、深海底《しんかいてい》で水《みず》が流《なが》れて来《く》る方《ほう》を向《む》いて立《た》ち、糸状《いとじょう》に伸《の》びる胸鰭《むなびれ》をアンテナのように広《ひろ》げて獲物《えもの》が流《なが》れて来《く》るのを待《ま》ちます。

棲《す》む環境《かんきょう》も進化《しんか》の方向《ほうこう》も違《ちが》う人間《にんげん》と海《うみ》の生物《せいぶつ》。ときに同《おな》じ発想《はっそう》に行《い》き着《つ》くのが興味深《きょうみぶか》いですね。

豆知識《まめちしき》

ほかにも、まるで投網《とあみ》のようにエビなどを捕獲《ほかく》するメリベウミウシの仲間《なかま》や、クラゲの仲間《なかま》を脚《あし》で持《も》ってその毒《どく》で獲物《えもの》を捕《と》らえるエビの仲間《なかま》のフィロゾーマ幼生《ようせい》、バブルネットと呼《よ》ばれる泡《あわ》で巻《ま》き網漁《あみりょう》を行《おこな》うザトウクジラなどもいます。

CHAPTER 3

生存戦略《せいぞんせんりゃく》のはなし

54

地道《じみち》に農業《のうぎょう》をする魚《さかな》、クロソラスズメダイ

ハタケイトグサを育《そだ》てるクロソラスズメダイ

←岩《いわ》の表面《ひょうめん》でイトグサを育《そだ》てるクロソラスズメダイ。

↓クロソラスズメダイの管理下《かんりか》以外《いがい》では育《そだ》たないハタケイトグサ。動物界《どうぶつかい》を見回《みまわ》しても栽培《さいばい》をするということはとても難易度《なんいど》が高《たか》いもの。例《たと》えば知能《ちのう》が高《たか》く道具《どうぐ》を使《つか》うことがわかっているチンパンジーですら栽培《さいばい》はしていない。

ちなみにハキリアリという中南米《ちゅうなんべい》にいるアリはちぎった葉《は》っぱを地《ち》下《か》の巣《す》に入れてキノコを栽培《さいばい》するんだよ

あるところに、クロソラスズメダイというそれはそれは働《はたら》き者《もの》の魚《さかな》が暮《く》らしていました。彼《かれ》は家《いえ》の庭《にわ》でハタケイトグサという海藻《かいそう》を大切《たいせつ》に育《そだ》てておりました。繊細《せんさい》なイトグサは、藻食魚《そうしょくぎょ》に見《み》つかるとあっという間《ま》に食《た》べ尽《つ》くされ、また庭《にわ》に他《ほか》の海藻《かいそう》が生《は》えるとそれらに覆《おお》われて枯《か》れてしまいます。クロソラスズメダイは、他《ほか》の魚《さかな》が近付《ちかづ》けば追《お》い払《はら》い、毎日《まいにち》

カイソウには「海藻《かいそう》」と「海草《かいそう》」がある

	例《れい》	見《み》た目《め》	特徴《とくちょう》
海藻《かいそう》（うみも）	コンブ ワカメ ヒジキ モズク など		胞子《ほうし》や卵《らん》で増《ふ》える生《せい》物《ぶつ》。根《ね》に見《み》える付着器《ふちゃくき》は地中《ちちゅう》の栄養《えいよう》を吸収《きゅうしゅう》するものではなく、岩《いわ》に付《つ》くためのもの。英語《えいご》で「Seaweed《シーウィード》」。
海草《かいそう》（うみくさ）	アマモ コアマモ スガモ ウミヒルモ など		種子《しゅし》で繁殖《はんしょく》し、地上《ちじょう》の植物《しょくぶつ》のように根《ね》、茎《くき》、葉《は》の区別《くべつ》がある。根《ね》や葉《は》から栄養《えいよう》を吸《きゅう》収《しゅう》する。英語《えいご》で「Seagrass《シーグラス》」。

休《やす》まず雑藻《ざっそう》を抜《ぬ》いて、イトグサだけが元気《げんき》に成長《せいちょう》できるように庭仕事《にわしごと》に精《せい》を出《だ》していました。守《まも》られて立派《りっぱ》に成長《せいちょう》したイトグサ。その姿《すがた》を見《み》たクロソラスズメダイは、優《やさ》しく微笑《ほほえ》み、イトグサをむしゃむしゃ食《た》べるのでした。めでたし、めでたし。

クロソラスズメダイがイトグサの世話《せわ》を焼《や》くのは、食《た》べるため。多《おお》くの藻食魚《そうしょくぎょ》が色々《いろいろ》な海藻《かいそう》を食《た》べるのに対《たい》して、彼《かれ》らは基本的《きほんてき》にハタケイトグサしか食《た》べません。一《いっ》生懸命《しょうけんめい》育《そだ》てる姿《すがた》は人間《にんげん》が農業《のうぎょう》をしているよう。食《た》べられる運命《うんめい》でも、イトグサは彼《かれ》らの世話《せわ》がない場所《ばしょ》では生《い》きられないため、この2種《しゅ》の関係《かんけい》は栽培共生《さいばいきょうせい》と呼《よ》ばれます。

豆知識《まめちしき》

「カイソウ」には海草《かいそう》と海藻《かいそう》の2つがあります。アマモをはじめとする海草《かいそう》は、花《はな》が咲《さ》いて種《たね》を作《つく》る種子植物《しゅししょくぶつ》で、食用《しょくよう》になることはあまりありません。一方《いっぽう》、コンブやワカメなど私《わたし》たちがよく食《た》べているのは、藻類《そうるい》である海藻《かいそう》です。

CHAPTER 3

生存戦略《せいぞんせんりゃく》のはなし

55

ゴエモンコシオリエビが食《た》べるのは胸《むな》毛《げ》で育《そだ》てたバクテリア

九《きゅう》州《しゅう》と台湾《たいわん》の間《あいだ》にある沖縄《おきなわ》トラフに、ゴエモンコシオリエビという生《い》き物《もの》がいます。白《しろ》くて尾《お》が折《お》り畳《たた》まれていて、名前《なまえ》はエビ、見《み》た目《め》はカニのようですが、ヤドカリに近《ちか》い仲間《なかま》です。深海《しんかい》の熱水噴出《ねっすいふんしゅつ》孔《こう》に生息《せいそく》し、本来《ほんらい》生《い》き物《もの》にとって有毒《ゆうどく》である硫化水素《りゅうかすいそ》やメタンを化学合成《かがくごうせい》によって栄《えい》養《よう》に変《か》えるバクテリアと共生《きょうせい》しています。

こうした化学合成生物《かがくごうせいせいぶつ》は色々《いろいろ》いますが、ゴエモンコシオリエビの生《い》き方《かた》はとてもユーモラス。

彼《かれ》らの体表《たいひょう》には細《こま》かい毛《け》が無数《むすう》に生《は》えています。特《とく》に〝胸毛《むなげ》〟は立派《りっぱ》なもの。顎脚《がっきゃく》という手《て》のような部分《ぶぶん》を使《つか》って胸毛《むなげ》をこそいで、自《みずか》らの口《くち》に運《はこ》ぶ行動《こうどう》が確認《かくにん》されています。研究《けんきゅう》によると、この胸毛《むなげ》には化学合《かがくごう》成《せい》バクテリアがくっついていて、これを食《た》べることで、バクテリアが生《う》み出《だ》す栄養《えいよう》を得《え》ていることが示《しめ》されました。

漁業《ぎょぎょう》や農業《のうぎょう》をする魚《さかな》がいましたが、ゴエモンコシオリエビがやっているのは、畜産《ちくさん》業《ぎょう》とでも言《い》いましょうか。

ゴエモンコシオリエビの胸毛《むなげ》

↑胸毛《むなげ》を顎脚《がっきゃく》でこそいで口《くち》に運《はこ》ぶ様子《ようす》が JAMSTEC の観察《かんさつ》で確認《かくにん》された。また栄養源《えいようげん》は硫黄酸化細菌《いおうさんかさいきん》とメタン酸化細菌《さんかさいきん》ということも発見《はっけん》された。

↑飼育科《しいくか》での観察《かんさつ》から、胸毛《むなげ》のバクテリアが少《すく》なくなると健康状態《けんこうじょうたい》を保《たも》てず、長生《ながい》きできないことがわかった。胸毛《むなげ》が人生《じんせい》を左右《さゆう》するといっても過言《かごん》ではない！

体《からだ》の細《こま》かい毛《け》に、無数《むすう》の細菌《さいきん》がついて、それを食《た》べているよ。餌《えさ》の少《すく》ない深海《しんかい》で効率《こうりつ》よく栄養《えいよう》を摂取《せっしゅ》する、驚《おどろ》きの生《い》き方《かた》だね！

豆知識《まめちしき》

ゴエモンコシオリエビの名前《なまえ》の由来《ゆらい》は五右衛門風呂《ごえもんぶろ》と同《おな》じ。300℃以上《いじょう》の熱水《ねっすい》が噴《ふ》き出《だ》す場所《ばしょ》で暮《く》らしていることから、釜茹《かまゆ》での刑《けい》に処《しょ》されたとされる盗賊《とうぞく》、石川五右衛門《いしかわごえもん》にちなんで名《な》づけられました。

CHAPTER 3

生存戦略《せいぞんせんりゃく》のはなし

56

ホホジロザメのためにライブをしたロックバンド

海《うみ》のハンターと聞《き》けば、多《おお》くの人《ひと》がサメを思《おも》い浮《う》かべるでしょう。彼《かれ》らは獲物《えもの》を捕《と》らえるためにとても進化《しんか》した感覚《かんかく》器官《きかん》を持《も》っています。特徴的《とくちょうてき》なのが頭部《とうぶ》にあるロレンチーニ器官《きかん》。他《ほか》の生《い》き物《もの》が発《はっ》する微弱《びじゃく》な電場《でんば》を感《かん》じ取《と》ることができ、視覚《しかく》や嗅覚《きゅうかく》に頼《たよ》らずに獲物《えもの》を探《さが》すレーダーのような役割《やくわり》を果《は》たします。これが敏感《びんかん》すぎるがゆえ、サメに襲《おそ》われた時《とき》は鼻先《はなさき》をパンチすれば動《うご》かなくなると言《い》われるほど。

そんな刺激《しげき》に敏感《びんかん》なサメについて、面白《おもしろ》いエピソードがあります。2019年《ねん》11月《がつ》、オーストラリアの海上《かいじょう》にて、世界的《せかいてき》ロックバンド・KISSがホホジロザメのためにライブを行《おこな》ったのです。低周波《ていしゅうは》に引《ひ》き寄《よ》せられるサメは、きっとロックの重《じゅう》低音《ていおん》に反応《はんのう》するだろうということで、船《ふね》の上《うえ》での演奏《えんそう》を海中《かいちゅう》のスピーカーから流《なが》すというスペシャルライブが企画《きかく》されました。結果《けっか》、サメは1匹《ぴき》も現《あらわ》れなかったそうですが、この前代未聞《ぜんだいみもん》の企画《きかく》に乗《の》った彼《かれ》らのロック魂《たましい》に拍手《はくしゅ》を送《おく》りたいです。

サメのロレンチーニ器官《きかん》

←小《ちい》さな点《てん》のような孔《あな》がロレンチーニ器官《きかん》だ。発見《はっけん》したイタリアの医師《いし》・生物学者《せいぶつがくしゃ》ステファノ・ロレンチーニの名前《なまえ》からとってこの名前《なまえ》でよばれるようになった。

写真《しゃしん》すべて：海遊館《かいゆうかん》

ジンベエザメのロレンチーニ器官《きかん》

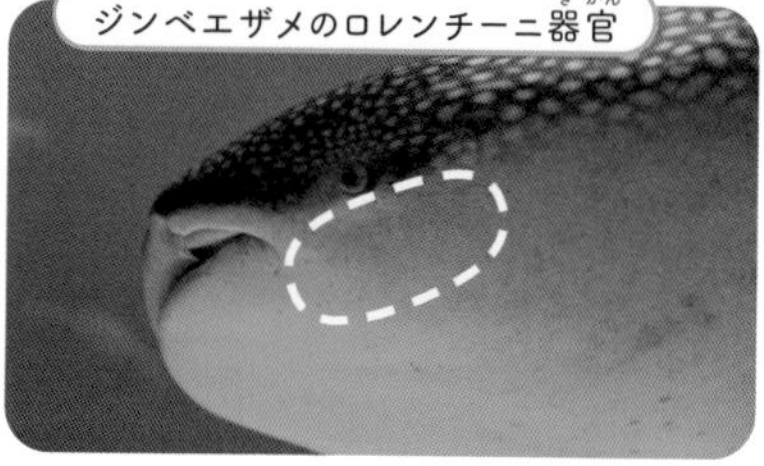

↑ジンベエザメにも同《おな》じロレンチーニ器官《きかん》が口元《くちもと》に見《み》られる。獲物《えもの》を感知《かんち》するほか、地磁気《ちじき》を感《かん》じて方向《ほうこう》も把握《はあく》している。

エイのロレンチーニ器官《きかん》

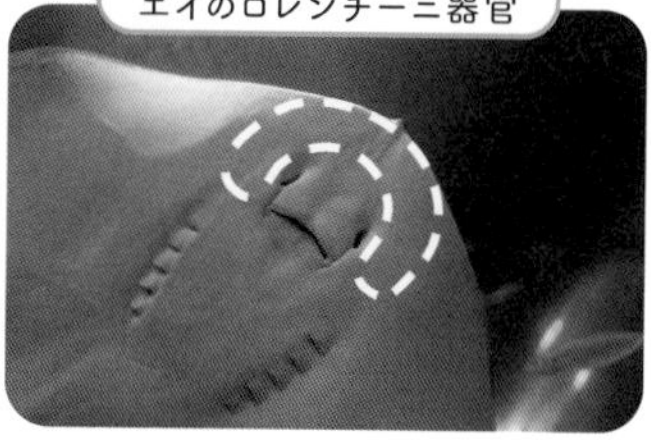

↑エイの鼻孔《びこう》の近《ちか》くにもロレンチーニ器官《きかん》を見《み》つけられる。孔《あな》に満《み》たされたゼリー質《しつ》は神経《しんけい》に繋《つな》がっている。

KISSのライブはどのように行《おこな》われたのか？

豆知識《まめちしき》

サメは物語《ものがたり》に悪役《あくやく》として登場《とうじょう》しがちで凶暴《きょうぼう》なイメージがついて回《まわ》りますが、実際《じっさい》は温厚《おんこう》な種類《しゅるい》が多《おお》く、とてもデリケートな存在《そんざい》。人《ひと》が襲《おそ》われた例《れい》も、オットセイなどと間違《まちが》えたと考《かんが》えられ、「人喰《ひとぐ》いザメ」がいるわけではありません。

CHAPTER 3
生存戦略《せいぞんせんりゃく》のはなし

57

まるでエイリアン！顎《あご》が飛《と》び出《だ》すミツクリザメ

小《しょう》学生《がくせい》の頃《ころ》、大好《だいす》きな魚図鑑《さかなずかん》のサメのページにひときわ恐《おそ》ろしい顔《かお》の写真《しゃしん》が載《の》っていました。ミツクリザメというそのサメは、大《おお》きな角《つの》が前《まえ》に突《つ》き出《だ》し、鋭《するど》い歯《は》が並《なら》んだ口《くち》は歯茎《はぐき》ごと斜《なな》め下《した》にでろんと伸《の》びたような形《かたち》をしていて、ピンクがかった顔《かお》に虚《うつ》ろな目《め》。そのままホラー映画《えいが》のポスターになりそうなインパクトでした。

何《なん》としても生《い》きたミツクリザメに会《あ》いたい！　その夢《ゆめ》は数年後《すうねんご》に、とある水族館《すいぞくかん》で叶《かな》いました。深海水槽《しんかいすいそう》を優雅《ゆうが》に泳《およ》ぐその姿《すがた》は、「悪魔《あくま》のサメ」を意味《いみ》するgoblin《ゴブリン》 shark《シャーク》という英名《えいめい》とはかけ離《はな》れた、つぶらな瞳《ひとみ》の優《やさ》しい顔立《かおだ》ちをしていたのです。歯《は》茎《ぐき》は飛《と》び出《だ》しておらずスマートな横顔《よこがお》。出《で》会《あ》えたことに感動《かんどう》しつつ、あまりの印象《いんしょう》の違《ちが》いに戸惑《とまど》ったのも事実《じじつ》です。

彼《かれ》らが悪魔《あくま》の顔《かお》に変《か》わるのは、顎《あご》を前《まえ》に突《つ》き出《だ》して獲物《えもの》に噛《か》みつく瞬間《しゅんかん》だけ。この行動《こうどう》はパチンコ式摂餌《しきせつじ》と名付《なづ》けられました。顎《あご》の突出速度《とっしゅつそくど》は秒速《びょうそく》３ｍで、魚類最速《ぎょるいさいそく》だと言《い》われています。

エイリアン顔《かお》のサメたち

ミツクリザメ

↑和名《わめい》のミツクリは箕作佳吉博士《みつくりかきちはかせ》の名前《なまえ》から。長《なが》く突《つ》き出《で》た吻《ふん》から、テングザメという別名《べつめい》もある。水深《すいしん》200～600m に生息《せいそく》し、最大《さいだい》で全長《ぜんちょう》5m 以上《いじょう》になると考《かんが》えられているが、その生態《せいたい》はまだ謎《なぞ》に包《つつ》まれている。

顎《あご》が突《つ》き出《で》た状態《じょうたい》

←上下《じょうげ》の顎《あご》を秒速《びょうそく》3.14m という速《はや》さでこのように前方《ぜんぽう》に突出《とっしゅつ》させ餌《えさ》を捕《と》らえる。顎《あご》が飛《と》び出《で》る速《はや》さは魚類最速《ぎょるいさいそく》！

深海《しんかい》に棲《す》む顎《あご》の発達《はったつ》したワニグチツノザメ

↑同《おな》じく顎《あご》を突《つ》き出《だ》し捕食《ほしょく》する。深海《しんかい》に棲《す》むので、体表《たいひょう》に発光器《はっこうき》がある。

↑生《い》きている状態《じょうたい》で捕獲《ほかく》されたミツクリザメ（手前《てまえ》）とラブカ（後《うし》ろ）。

豆知識《まめちしき》

泳《およ》ぎがとてもゆっくりなミツクリザメ。そのままでは餌《えさ》の少《すく》ない深海《しんかい》で生《い》き残《のこ》れなかったのでしょう。顎《あご》を素早《すばや》く突《つ》き出《だ》すパチンコ式摂餌《しきせつじ》は、獲物《えもの》を確実《かくじつ》に捕《と》らえるためのオリジナリティ溢《あふ》れる進化《しんか》だと考《かんが》えられています。

COLUMN 3

真《ま》ん中《なか》から見《み》るか、外側《そとがわ》から見《み》るか

被験者《ひけんしゃ》に水槽《すいそう》を見《み》せて、どんな水槽《すいそう》か説明《せつめい》してもらう、という実験《じっけん》がありました。日本人《にほんじん》は「幅《はば》1mくらいで、木《き》の枠《わく》でできていて、緑《みどり》の海藻《かいそう》が生《は》えていて…」というように外側《そとがわ》から順《じゅん》に説明《せつめい》することが多《おお》いのに対《たい》し、欧米人《おうべいじん》では「赤《あか》い魚《さかな》が泳《およ》いでいる！」と中心《ちゅうしん》にあるものから語《かた》る傾向《けいこう》が見《み》られたそうです。日本《にほん》と欧米《おうべい》とでは、ものの見方《みかた》や捉《とら》え方《かた》が異《こと》なるもの。こうした違《ちが》いは魚《さかな》の名前《なまえ》からも感《かん》じることができます。

例《たと》えば、マトウダイは漢字《かんじ》で書《か》くと「馬頭鯛《まとうだい》」。餌《えさ》を食《た》べる瞬間《しゅんかん》に口《くち》がビョーンと伸《の》びるのですが、その姿《すがた》が馬《うま》の顔《かお》に似《に》ていることが由来《ゆらい》だと言《い》われています。つまり輪郭《りんかく》を見《み》ているわけですね。一方《いっぽう》、英語圏《えいごけん》での呼《よ》び名《な》の1つが「Target《ターゲット》 dory《ドーリー》」。体《からだ》の中心《ちゅうしん》にある黒《くろ》い丸《まる》を的《まと》と表現《ひょうげん》しています。ヨーロッパでは「Saint《サン》-Pierre《ピエール》」。黒斑《こくはん》はペトロという聖人《せいじん》が指《ゆび》を押《お》し当《あ》てた跡《あと》だと言《い》うのです。どちらも真《ま》ん中《なか》から見《み》ていますね。

他《ほか》にも、黒《くろ》い体《からだ》にピンク色《いろ》の尾鰭《おびれ》を持《も》つクロモンガラは、英名《えいめい》では「Pinktail《ピンクテイル》 triggerfish《トリガーフィッシュ》」。背中《せなか》が黒《くろ》くてお腹《なか》が黄色《きいろ》の海《うみ》に棲《す》むヘビの仲間《なかま》が、和名《わめい》ではセグロウミヘビ、英名《えいめい》では「Yellow《イエロー》-bellied《ベリード》 sea《シー》 snake《スネーク》」。わび・さびの文化《ぶんか》なのでしょうか、日本人《にほんじん》は白《しろ》や黒《くろ》の部分《ぶぶん》に注目《ちゅうもく》し、欧米人《おうべいじん》は最《もっと》も目立《めだ》つ部分《ぶぶん》を大切《たいせつ》にしているように感《かん》じます。

何《なん》でも傾向《けいこう》に当《あ》てはめるのはよくないですが、種名《しゅめい》から文化《ぶんか》の違《ちが》いを想像《そうぞう》してみると、新《あら》たな視点《してん》で生《い》き物《もの》を愛《め》でることができますよ！

CHAPTER 4

すごすぎる 人《ひと》との関係《かんけい》のはなし

食《しょく》から文化《ぶんか》、芸術《げいじゅつ》、伝説《でんせつ》まで、
私《わたし》たちの暮《く》らしと関係《かんけい》の深《ふか》い海《うみ》の生物《せいぶつ》を紹介《しょうかい》します。
さらに、自然環境《しぜんかんきょう》が大《おお》きな変化《へんか》を迎《むか》えている今《いま》、
海《うみ》の未来《みらい》を尊重《そんちょう》しながら暮《く》らす方法《ほうほう》についても考《かんが》えてみましょう。

58

出世魚《しゅっせうお》に選《えら》ばれる魚《さかな》と選《えら》ばれない魚《さかな》

出世魚《しゅっせうお》の名前《なまえ》の変化《へんか》

ブリ（全長《ぜんちょう》80cm〜）	徳川家康《とくがわいえやす》
↑	↑
ワラサ（メジロ）（全長《ぜんちょう》60cm〜）	松平家康《まつだいらいえやす》
↑	↑
イナダ（ハマチ）（全長《ぜんちょう》35cm〜）	松平元康《まつだいらもとやす》
↑	↑
ワカシ（ツバス）（全長《ぜんちょう》〜35cm）	松平元信《まつだいらもとのぶ》
↑	↑
モジャコ（幼魚《ようぎょ》）	竹千代《たけちよ》

↑出世《しゅっせ》

日《に》本史《ほんし》を勉強《べんきょう》していると、同《おな》じ人物《じんぶつ》が色々《いろいろ》な名前《なまえ》で登場《とうじょう》します。武士《ぶし》は元服《げんぷく》や出世《しゅっせ》の際《さい》に名前《なまえ》を変《か》えていくためです。この習慣《しゅうかん》に倣《なら》い、成長《せいちょう》に伴《ともな》い名前《なまえ》が変《か》わる魚《さかな》を出世魚《しゅっせうお》といいます。その代表《だいひょう》はブリやスズキ、ボラ、コノシロ、サワラ。

大《おお》きさで呼《よ》び名《な》が変《か》わる魚《さかな》が全《すべ》て出世魚《しゅっせうお》かというと、そうではありません。クロマグロは小《ちい》さい個《こ》

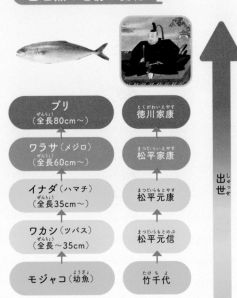

- シンコ（幼魚《ようぎょ》）
- ↓
- コハダ（全長《ぜんちょう》7cm～）
- ↓
- ナカズミ（全長《ぜんちょう》13cm～）
- ↓
- コノシロ（全長《ぜんちょう》15cm～）

- （ハク）（幼魚《ようぎょ》）
- ↓
- オボコ（全長《ぜんちょう》3cm～）
- ↓
- スバシリ（全長《ぜんちょう》10cm～）
- ↓
- イナ（全長《ぜんちょう》15cm～）
- ↓
- ボラ（全長《ぜんちょう》30cm～）
- ↓
- トド（全長《ぜんちょう》50cm～）

- コッパ（幼魚《ようぎょ》）
- ↓
- ハクラ（全長《ぜんちょう》～15cm）
- ↓
- セイゴ（全長《ぜんちょう》15cm～）
- ↓
- フッコ（ハネ）（全長《ぜんちょう》35cm～）
- ↓
- スズキ（全長《ぜんちょう》60cm～）
- ↓
- オオタロウ（全長《ぜんちょう》100cm～）

関東《かんとう》での呼《よ》び名《な》を記《しる》しています。（　）内《ない》は関西《かんさい》での呼《よ》び名《な》。大《おお》きさは大体《だいたい》の目安《めやす》です。

体《たい》をメジと呼《よ》びますが、残念《ざんねん》ながら出世魚《しゅっせうお》ではありません。冷蔵庫《れいぞうこ》がなかった時代《じだい》、マグロは傷《いた》みやすいため価値《かち》が低《ひく》い魚《さかな》でした。出世魚《しゅっせうお》は御上《おかみ》に献上《けんじょう》するような縁起《えんぎ》のいい、ありがたい魚《さかな》のみに許《ゆる》された称号《しょうごう》だったのです。

出世魚《しゅっせうお》は、最大《さいだい》サイズになれば最《もっと》も高級《こうきゅう》で美味《おい》しいとは限《かぎ》らないという特徴《とくちょう》もあります。例《たと》えばコノシロという魚《さかな》はあまり馴染《なじ》みがないかもしれませんが、その若魚《わかうお》であるコハダはお寿司《すし》で人気《にんき》ですよね。このように、料理《りょうり》の仕方《しかた》によって重宝《ちょうほう》される成長段階《せいちょうだんかい》は異《こと》なります。各段階《かくだんかい》に呼《よ》び名《な》があるということは、それだけ当時《とうじ》の魚食文化《ぎょしょくぶんか》にとって大切《たいせつ》な存在《そんざい》だったわけです。

豆知識《まめちしき》

出世魚《しゅっせうお》の呼《よ》び名《な》は地域《ちいき》によっても異《こと》なります。例《たと》えば関東《かんとう》でイナダと呼《よ》ばれる段階《だんかい》のものが、関西《かんさい》ではハマチと呼《よ》ばれます。日本史《にほんし》の勉強《べんきょう》でいくつもの名前《なまえ》を覚《おぼ》えなければならないのと同《おな》じように、出世魚《しゅっせうお》もなかなかややこしいですね。

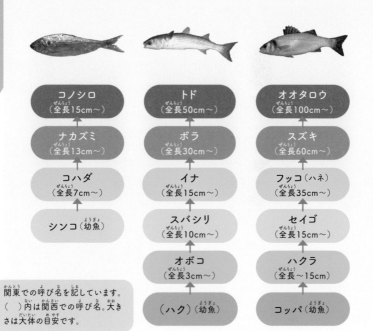

CHAPTER 4

人《ひと》との関係《かんけい》のはなし

59

日本語《にほんご》の中《なか》には想像以上《そうぞういじょう》に魚《さかな》がいっぱい！

「鯖《さば》を読《よ》む」という言葉《ことば》がありますね。数《かず》を誤魔化《ごまか》すという意味《いみ》ですが、その由来《ゆらい》は江戸時代《えどじだい》の魚市場《うおいちば》。傷《いた》みやすいサバを売《う》る時《とき》に急《いそ》いで数《かず》を数《かぞ》えたため、数《かぞ》え間違《まちが》いが多《おお》かったことから生《う》まれた言葉《ことば》だと言《い》われています※。

「たらふく食《た》べる」も漢字《かんじ》で書《か》くと「鱈腹《たらふく》」。食欲旺盛《しょくよくおうせい》なタラの生態《せいたい》からきています。「滅多矢鱈《めったやたら》」にもタラが登場《とうじょう》します。カッコい

※諸説あり

魚《うお》へんのつく魚《さかな》の名前《なまえ》

鮊《しらうお》	鱚《きす》	鱏《えい》	鯏《あさり》
鯳《すけとうだら》	鯨《くじら》	鱛《えそ》	鯵《あじ》
鱸《すずき》	鯉《こい》	鰕《えび》	鮎《あゆ》
鯐《すばしり》	鯒《こち》	鰓《えら》	鯇《あめのうお》
鯣《するめ》	鮗《このしろ》・鰶《このしろ》	鮱《おおぼら》	鮑《あわび》
鮬《せいご》	鮴《ごり》	鰧《おこぜ》	鰒《あわび》
鯛《たい》	鮭《さけ》	鰍《かじか》・鮖《かじか》	鮟鱇《あんこう》
鰖《たかべ》	鯯《さっぱ》	鯑《かずのこ》	魦《いさざ》
鰱《たなご》	鯖《さば》	鰹《かつお》	鯔《いな・ぼら・とど》
鮹《たこ》・蛸《たこ》	鮫《さめ》	鱟《かぶとがに》	鯆《いるか》
魛《たちうお》	鱵《さより》	魳《かます》	鰯《いわし》
鱈《たら》	鰆《さわら》	鱜《きょう》	鮇《いわな》
鱘《ちょうざめ》	鯢《さんしょううお》	鰈《かれい》	鯎《うぐい》・鯏《うぐい》
鱅《ちちかぶり・このしろ》	鱰《しいら》	鮍《かわはぎ》	鱓《うつぼ》
鰌《どじょう》	鯱《しゃち》	鱲《からすみ》	鰻《うなぎ》

海《うみ》や魚《さかな》にまつわる慣用句《かんようく》

慣用句《かんようく》	意味《いみ》
ひっぱりだこ	多《おお》くの人気《にんき》を得《え》て引《ひ》く手数多《てあまた》なようす
うなぎのぼり	みるみるうちに上昇《じょうしょう》していくようす
腐《くさ》っても鯛《たい》	優《すぐ》れた素質《そしつ》のある人は落《お》ちぶれても本来《ほんらい》の価値《かち》はそのまま
手塩《てしお》にかける	世話《せわ》をして大事《だいじ》にすること
魚心《うおごころ》あれば水心《みずごころ》	好意《こうい》を伝《つた》えれば相手《あいて》も好意《こうい》を示《しめ》してくれる
海千山千《うみせんやません》	経験《けいけん》を積《つ》み、ものの裏面《うらめん》まで知《し》りぬいているしたたかなようす
一網打尽《いちもうだじん》	一度《いちど》に全部《ぜんぶ》捕《つかま》えること
鱓《ごまめ》の歯《は》ぎしり	能力《のうりょく》の無《な》い人《ひと》が悔《くや》しがっても何《なに》にもならないという意味《いみ》
猫《ねこ》にカツオ節《ぶし》	油断《ゆだん》できない、危険《きけん》なようす

鰒《ふぐ》	鰊《にしん》・鯡《にしん》
鮒《ふな》	鰊《にしん》
鰤《ぶり》	鮸《にべ》
魴鮄《ほうぼう》	鯊《はぜ》
𩸽《ほっけ》	鰣《はす》
鮪《まぐろ》	鰰《はたはた》
鱒《ます》	魬《はまち》
鮲《まて》	鱧《はも》
鯧《まながつお》	鮠《はや》
鯥《むつ》	鰚《はらか》
鯥《むろあじ》	鰉《ひがい》
鮴《めばる》	鯷《ひしこ》
鰥《やもお》	鮃《ひらめ》
鰙《わかさぎ》	鰭《ひれ》
鰐《わに》	鱶《ふか》

い江戸《えど》っ子男性《だんせい》を褒《ほ》める「いなせ」という言葉《ことば》がありますが、イナは出世魚《しゅっせうお》であるボラの若魚《わかうお》。江戸時《えどじ》代《だい》に流行《りゅうこう》した鯔背銀杏《いなせいちょう》という髪型《かみがた》が由来《ゆらい》です。ボラは老成魚《ろうせいぎょ》になるとトドと呼《よ》ばれますが、ここから生《う》まれた言葉《ことば》が「とどのつまり」。

他《ほか》にも、粘着質《ねんちゃくしつ》の鰾《うきぶくろ》を持つニベから生まれた「にべもない」、ゴリを網《あみ》に追《お》い込《こ》んでいく漁法《ぎょほう》から生《う》まれた「ごり押《お》し」など、日常《にちじょう》で使《つか》う言葉《ことば》の中《なか》にも魚由来《さかなゆらい》の慣用《かんよう》句《く》が多《おお》くあります。それだけ日本《にほん》人《じん》にとって魚《さかな》が身近《みぢか》な存在《そんざい》だったことがうかがえますね。そして、慣用句《かんようく》になっている魚《さかな》は、昔《むかし》から人々《ひとびと》の生活《せいかつ》に特《とく》に身近《みぢか》な魚種《ぎょしゅ》だったということもわかります。

豆知識《まめちしき》

お寿司屋《すしや》さんに行《い》くと、魚《さかな》の名前《なまえ》の漢字《かんじ》がびっしりと書《か》かれた湯呑《ゆの》みを見《み》かけますよね。魚偏《さかなへん》の漢字《かんじ》は200個近《こちか》くあると言《い》われていますが、実《じつ》は常用漢字《じょうようかんじ》として認《みと》められているのはたったの2個《こ》。「鮮《せん》」と「鯨《くじら》」だけなのです。

歌川国芳《うたがわくによし》
『其《そ》まま地口《じぐち》　猫飼好《みょうかいこう》五十三疋《ごじゅうさんびき》』

猫《ねこ》は魚《さかな》が好《す》き！……なのは日《に》本《ほん》だけ

国《こく》民的《みんてき》アニメの主題歌《しゅだいか》では、主人公《しゅじんこう》がお魚《さかな》をくわえたどら猫《ねこ》を追《お》いかけています。ねこまんまといえば鰹節《かつおぶし》をかけたご飯を思《おも》い浮《う》かべます。猫《ねこ》は魚《さかな》が好《す》きというイメージ、実《じつ》は日本《にほん》だけなのです。一部《いちぶ》の種類《しゅるい》を除《のぞ》いて、猫《ねこ》の仲間《なかま》は水《みず》が嫌《きら》い。そんな彼《かれ》らが積《せっ》極的《きょくてき》に魚《さかな》を食《た》べるというのは考《かんが》えにくいですよね。実際《じっさい》に海外《かいがい》では、魚《さかな》をあげてもあまり喜《よろこ》ばない猫《ねこ》が

藤澤《ふじさわ》

ぶち猫《ねこ》が鯖《さば》を食《た》べている様子《ようす》から「ぶちさば」→「ふじさわ」に。

日本橋《にほんばし》

2本《ほん》の鰹節《かつおぶし》（出汁《だし》）を引《ひ》っ張《ば》り出《だ》していることから「にほんだし」→「にほんばし」に。

大磯《おおいそ》

体《からだ》より大《おお》きなタコを「おもいぞ」とひきずる猫《ねこ》から「おおいそ」ともじる。

由井《ゆい》

猫《ねこ》に鯛《たい》とは「おめでたい」→「たい」→「田井《たい》」→「由井《ゆい》」と漢字《かんじ》をダジャレに。

沼津《ぬまづ》

猫《ねこ》がナマズを眺《なが》める絵《え》から「ナマズ」→「ヌマヅ」に変換《へんかん》した親父《おやじ》ギャグ。

多《おお》いようです。

なぜ日本《にほん》では魚好《さかなず》きというイメージが定着《ていちゃく》しているのか。その理由《りゆう》は、昔《むかし》の日本《にほん》の食文化《しょくぶんか》にあると考《かんが》えられます。庶民《しょみん》が猫《ねこ》を飼《か》い始《はじ》めた江戸時代《えどじだい》、人間《にんげん》の食《た》べ残《のこ》しが猫《ねこ》の餌《えさ》になっていました。当時《とうじ》の日本《にほん》では獣《けもの》の肉《にく》を食《た》べることは少《すく》なく、動物性《どうぶつせい》タンパク質《しつ》といえば魚《さかな》。猫《ねこ》が魚《さかな》にありつくのは自然《しぜん》だったのです。島国《しまぐに》で漁業《ぎょぎょう》が発展《はってん》していたことに加《くわ》え、獣肉《けものにく》を食《た》べることを避《さ》ける仏教《ぶっきょう》や神道《しんとう》の教《おし》えも影響《えいきょう》していたことでしょう。

アメリカではピザ、イタリアではパスタ、イギリスではウサギ肉《にく》のように、猫《ねこ》の好《この》みはその地域《ちいき》の食文化《しょくぶんか》と関係《かんけい》しているのですね。

豆知識《まめちしき》

江戸時代《えどじだい》の明《あ》かりといえば行灯《あんどん》。燃料《ねんりょう》として魚油《ぎゅゆ》が使《つか》われており、その匂《にお》いにつられて猫《ねこ》がやって来《き》たようです。２本足《ほんあし》で立《た》って魚油《ぎょゆ》を舐《な》める猫《ねこ》の姿《すがた》が行灯《あんどん》の明《あ》かりで大《おお》きく映《うつ》し出《だ》されて、化《ば》け猫《ねこ》の伝説《でんせつ》が生《う》まれたとも言《い》われています。

CHAPTER 4

人《ひと》との関係《かんけい》のはなし

67

アサリ10匹《びき》でお風呂《ふろ》1杯《ばい》の水《みず》をきれいにできる

アサリを観察《かんさつ》すると、貝殻《かいがら》の隙間《すきま》からストローのようなものが2本出《ほんで》ていますよね。これは入水管《にゅうすいかん》と出水管《しゅっすいかん》。海水《かいすい》を出《だ》し入《い》れするための器官《きかん》で、砂《すな》に潜《もぐ》って2本《ほん》の管《くだ》を出《だ》して呼吸《こきゅう》します。同時《どうじ》に海水《かいすい》に含《ふく》まれるプランクトンや有機物《ゆうきぶつ》を濾《こ》して食《た》べているので、呼吸《こきゅう》しながら食事《しょくじ》もしているのです。アサリはまるで天《てん》然《ねん》の濾過器《ろかき》のように海水《かいすい》をどんどんきれいにしてくれます。1匹《ぴき》のアサリが1時間《じかん》で浄化《じょうか》する水《みず》の量《りょう》は約《やく》1ℓ。一般的《いっぱんてき》な家《いえ》の浴槽《よくそう》は200〜250ℓなので、アサリが10匹《ぴき》いれば、1日《にち》でお風呂《ふろ》1杯《ぱい》の水《みず》をきれいにできるのです。

アサリの体《からだ》の構造《こうぞう》

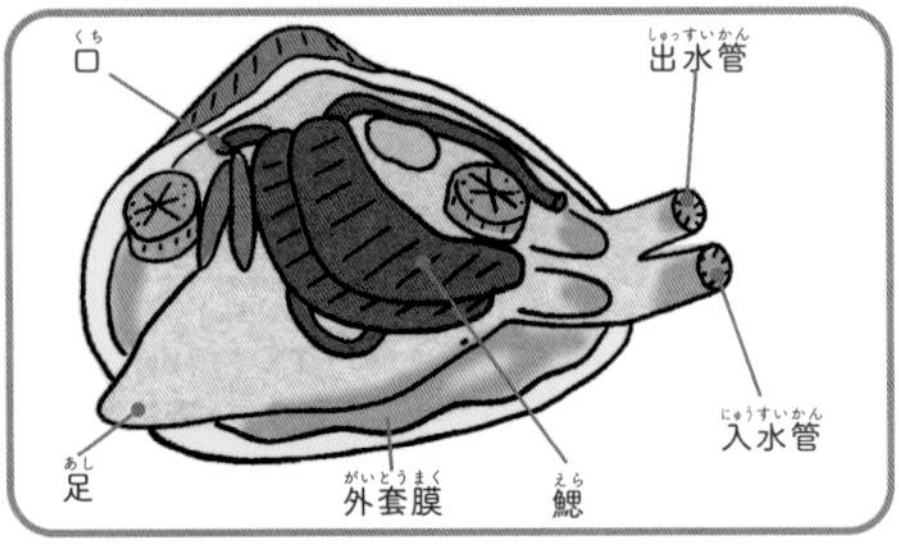

試《ため》してみよう

お米《こめ》のとぎ汁《じる》を混《ま》ぜた海水《かいすい》1ℓにアサリを入れてみよう。1時間程度《じかんていど》で濁《にご》ったとぎ汁《じる》が透明《とうめい》に変化《へんか》するよ!

豆知識《まめちしき》

呼吸《こきゅう》しながら食事《しょくじ》をしているアサリは、餌《えさ》にならないものや取《と》り込《こ》みすぎたものを粘液《ねんえき》で固《かた》めて排出《はいしゅつ》します。偽糞《ぎふん》と呼《よ》ばれるこの塊《かたまり》は、今度《こんど》はゴカイなど砂《すな》の中《なか》に棲《す》む生《い》き物《もの》の餌《えさ》になり、干潟《ひがた》の生態系《せいたいけい》が繋《つな》がっていくのです。

CHAPTER 4

人《ひと》との関係《かんけい》のはなし

62

まな板《いた》の「まな」は魚《さかな》のこと

食《しょく》材《ざい》を切《き》る時《とき》に使《つか》うまな板《いた》。漢字《かんじ》で書《か》くと「俎板《まないた》」という難《むずか》しい字《じ》になりますが、「真魚板」と書くこともできます。その昔《むかし》、おかずになるような食材《しょくざい》はまとめて「な」と呼《よ》ばれていました。今《いま》では菜《な》といえば野菜類《やさいるい》のイメージですが、昔《むかし》は使《つか》い分《わ》けていなかったのですね。そんな数《かず》ある「な」の中《なか》で、特《とく》においしくて大《たい》切《せつ》にされていた魚《さかな》を他《ほか》と区別《くべつ》するために「真《しん》のな＝真魚《まな》」と呼《よ》ぶようになったと言《い》われています。その魚《さかな》を捌《さば》くときに使《つか》うから、真魚板《まないた》。語源《ごげん》は諸説《しょせつ》あれど、昔《むかし》の日本人《にほんじん》の生活《せいかつ》にとって魚《さかな》が特《とく》別《べつ》な存在《そんざい》だったことがわかりますね。

知《し》ってる?

俎板《まないた》を使《つか》った言葉《ことば》

「俎板《まないた》の鯉《こい》」という慣用句《かんようく》はまな板《いた》の上《うえ》で料理《りょうり》されるのを待《ま》つ鯉《こい》→相手《あいて》に運命《うんめい》を委《ゆだ》ねるしかない状況《じょうきょう》を言《い》い表《あらわ》した言葉《ことば》です。

↑魚《さかな》を捌《さば》くのは内臓《ないぞう》の処理《しょり》など周囲《しゅうい》が汚《よご》れる作業《さぎょう》が多《おお》いため、まな板《いた》が欠《か》かせない。

お寿司屋《すしや》さんがまな板《いた》を濡《ぬ》れた布巾《ふきん》で拭《ふ》くのは、濡《ぬ》らすことで水《みず》の膜《まく》ができて、魚《さかな》の匂《にお》いがうつりにくくなるからなんだよ!

豆知識《まめちしき》

魚《さかな》は元々《もともと》「うお」と呼《よ》ばれていて、お酒《さけ》を飲《の》むときのつまみを「酒菜《さかな》」と呼《よ》んでいました。江戸時代《えどじだい》、お酒《さけ》の席《せき》で人気《にんき》の魚《さかな》が徐々《じょじょ》に「さかな」と呼《よ》ばれるようになり、つまみ全体《ぜんたい》には「肴《さかな》」という字《じ》が当《あ》てられるようになったそうです。

図鑑《ずかん》に載《の》っている魚《さかな》はどうしてみんな左《ひだり》向《む》き？

魚《さかな》図鑑《ずかん》を開《ひら》くと、どの魚《さかな》も左《ひだり》を向《む》いて並《なら》んでいます。魚類学《ぎょるいがく》の世界《せかい》では標本《ひょうほん》は左向《ひだりむ》きに記録《きろく》するよう統一《とういつ》されています。魚体《ぎょたい》の左側《ひだりがわ》をきれいに残《のこ》すため、解剖《かいぼう》する時《とき》もメスを入《い》れていいのは右側《みぎがわ》。これは一体《いったい》なぜなのでしょう？

日本《にほん》では昔《むかし》から左上位《ひだりじょうい》という考《かんが》え方《かた》があります。人《ひと》が並《なら》んで座《すわ》るとき、左《ひだり》にいる人《ひと》の方《ほう》がより位《くらい》が

図鑑《ずかん》でも食卓《しょくたく》でも魚《さかな》の顔《かお》は左向《ひだりむ》き

→知《し》らない魚《さかな》を釣《つ》った際《さい》に検索《けんさく》するのに適《てき》した、圧倒的情報量《あっとうてきじょうほうりょう》の釣《つ》り人必携《びとひっけい》の1冊《さつ》。

写真探索《しゃしんたんさく》・釣魚《ちょうぎょ》1400種図鑑《しゅずかん》
小西英人《こにしひでと》（著《ちょ》）
KADOKAWA

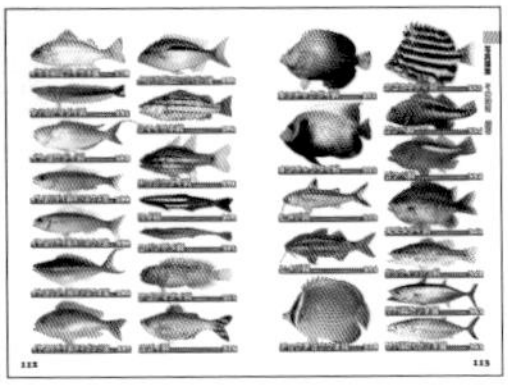

←世界中《せかいじゅう》の魚《さかな》や水《みず》の生《い》き物《もの》を小《ち》さな子《こ》どもにもわかりやすく解説《かいせつ》した入門編図鑑《にゅうもんへんずかん》。

角川《かどかわ》の集《あつ》める図鑑《ずかん》GET！ 魚《さかな》
宮正樹《みやまさき》（総監修《そうかんしゅう》）、佐土哲也《さどてつや》（監修《かんしゅう》）、小枝圭太《こえだけいた》（監修《かんしゅう》）／
KADOKAWA

定食屋《ていしょくや》さんでも焼《や》き魚《ざかな》は左《ひだり》を向《む》いて提供《ていきょう》される。日本人《にほんじん》の食文化《しょくぶんか》にも左向《ひだりむ》きは根付《ねづ》いている。

お祝《いわ》いの席《せき》で振舞《ふるま》われる「尾頭付《おかしらつ》きの鯛《たい》」も顔《かお》は左《ひだり》を向《む》いている。

カレイの仲間《なかま》は右向《みぎむ》き

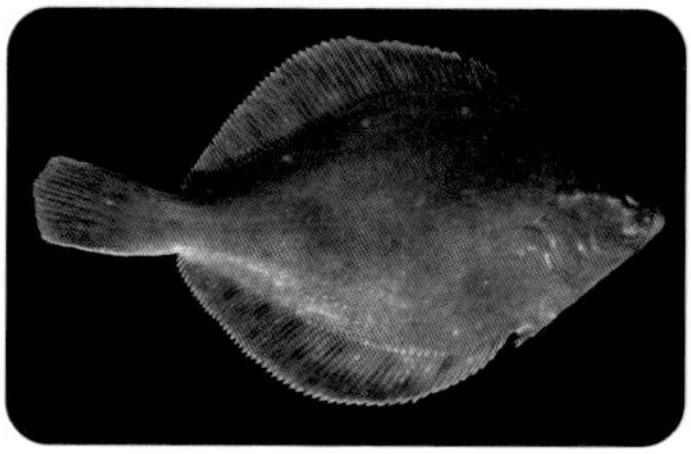

カレイ科《か》の魚《さかな》は基本《きほん》右向《みぎむ》き。ただ、ヌマガレイという種類《しゅるい》は例外《れいがい》で、日本《にほん》ではほぼ100％左側《ひだりがわ》に目《め》がある。

高《たか》いというもの。この伝統《でんとう》から、尾頭付《おかしらつ》きの魚料理《さかなりょうり》は左側《ひだりがわ》を頭《あたま》にしてふるまうようになり、図鑑《ずかん》の魚《さかな》も左向《ひだりむ》きになったのでしょうか。いえ、海外《かいがい》の図鑑《ずかん》を見《み》ても魚《さかな》たちは左《ひだり》を向《む》いているので、別《べつ》の理由《りゆう》がありそうです。

試《ため》しに魚《さかな》の絵《え》を描《か》いてみてください。あなたが右利《みぎき》きならば、おそらく描《か》いた魚《さかな》は左《ひだり》を向《む》いているでしょう。そう、右利《みぎき》きだと左向《ひだりむ》きの方《ほう》が描《か》きやすいのです。写真《しゃしん》が普及《ふきゅう》していなかった時代《じだい》、魚《さかな》の記録《きろく》は絵《え》として残《のこ》されていました。右利《みぎき》きが多《おお》いこの世界《せかい》で、自《し》然《ぜん》と左頭《ひだりあたま》の図版《ずはん》が定着《ていちゃく》していったのではというのが、有力《ゆうりょく》な説《せつ》です。

豆知識《まめちしき》

魚図鑑《さかなずかん》に載《の》っている標本写真《ひょうほんしゃしん》の中《なか》で、例外《れいがい》として右《みぎ》を向《む》いているものがいます。それは、目《め》が右側《みぎがわ》に寄《よ》っているカレイの仲間《なかま》。「左《ひだり》ヒラメの右《みぎ》カレイ」という覚《おぼ》え方《かた》があるとおり、カレイは背中《せなか》を上《うえ》にしたときに顔《かお》が右《みぎ》を向《む》くのです。

64

コバンザメは船《ふね》をも止《と》める!?

頭《あたま》にある小判型《こばんがた》の吸盤《きゅうばん》でジンベエザメなど大型《おおがた》の魚《さかな》に吸《す》い付《つ》き、餌《えさ》のおこぼれをもらうコバンザメ。彼《かれ》らの英名《えいめい》の1つに「Remora《レモラ》」があります。仲間《なかま》のナガコバンという魚《さかな》は、学名がRemora《レモラ》 remora《レモラ》ですが、このRemora《レモラ》とは一体何《いったいなん》なのでしょう?

辞書《じしょ》で調《しら》べると、遅《おく》らせるという意味《いみ》のラテン語《ご》が語源《ごげん》で、邪魔物《じゃまもの》や障害物《しょうがいぶつ》を指《さ》す言葉《ことば》のようです。古代《こだい》ローマの伝説《でんせつ》に、第《だい》三代皇帝《さんだいこうてい》カリグラが乗《の》る船《ふね》にコバンザメが吸《す》い付《つ》き、400人《にん》で漕《こ》いでも船《ふね》が動《うご》かなかったという話《はなし》があります。帰還《きかん》したカリグラが暗殺《あんさつ》されたこともあり、このような言《い》い伝《つた》えから船《ふね》を遅《おく》らせる怪魚《かいぎょ》レモラの伝《でん》説《せつ》が生《う》まれ、海外《かいがい》の古《ふる》い記録《きろく》ではコバンザメは不吉《ふきつ》な魚《さかな》として描《えが》かれています。

実際《じっさい》には船《ふね》を止《と》めるほどの力《ちから》はないものの、吸着力《きゅうちゃくりょく》はとても強《つよ》く、高速《こうそく》で泳《およ》ぐ魚《さかな》に付《つ》いても外《はず》れません。世界《せかい》の一部《いちぶ》の地域《ちいき》には、コバンザメの尾《お》にロープを繋《つな》いで大型《おおがた》の海洋生物《かいようせいぶつ》を獲《と》る漁法《ぎょほう》があったほどです。

くっついたら離《はな》れない強力《きょうりょく》な吸着力《きゅうちゃくりょく》

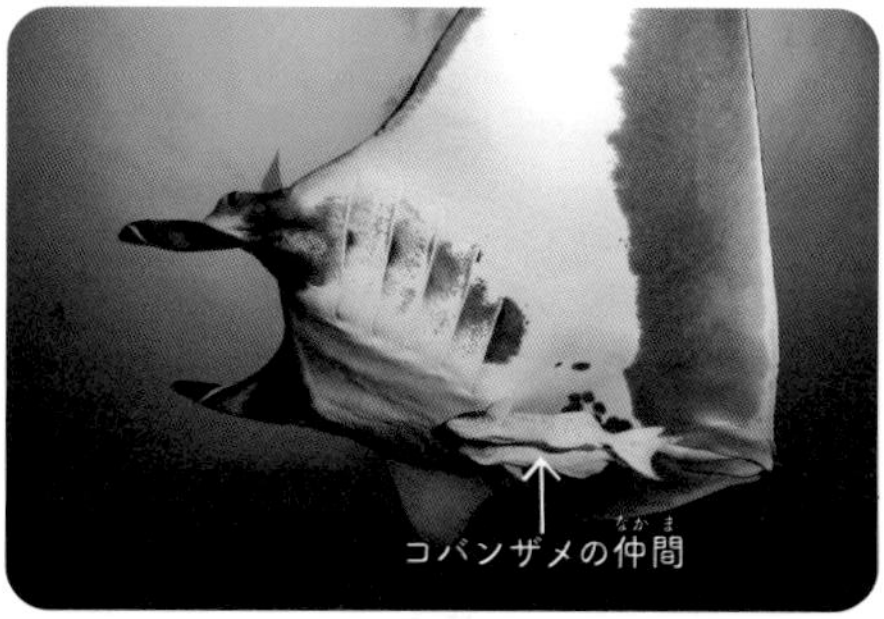

➡マンタのお腹《なか》にコバンザメがくっついている。名前《なまえ》に「サメ」が付《つ》くが、スズキ目《もく》コバンザメ科《か》に属《ぞく》しており、サメとは縁《えん》もゆかりもない魚《さかな》。ホストと比《くら》べると小《ちい》さく見《み》えるが、全長《ぜんちょう》1mに達《たっ》する意外《いがい》と大《おお》きな魚《さかな》。

⬇大《おお》きなホストにピッタリとつき、彼《かれ》らの食《た》べ残《のこ》しや寄生虫《きせいちゅう》、排泄物《はいせつぶつ》などを食《た》べている。

大《おお》きい魚《さかな》といると他《ほか》の魚《さかな》に狙《ねら》われる確率《かくりつ》も減《へ》るね。一方《いっぽう》が得《とく》をしてもう一方《いっぽう》には利害《りがい》がない、片《へん》利共生《りきょうせい》の関係《かんけい》だと考えられているよ

頭部《とうぶ》にある吸盤《きゅうばん》は、名前《なまえ》の通《とお》り小《こ》判《ばん》にそっくり。筋状《すじじょう》に見《み》える隔壁《かくへき》が後《うし》ろ側《がわ》を向《む》いて並《なら》んでいるため、前《まえ》から後《うし》ろに向《む》かう力《ちから》には負《ま》けずに吸着《きゅうちゃく》できます。

豆知識《まめちしき》

泳《およ》いでいてコバンザメに吸《す》い付《つ》かれたら…。吸盤《きゅうばん》はヒダヒダが後《うし》ろを向《む》いて並《なら》んでいる構造《こうぞう》のため、尾《お》を持《も》って引《ひ》っ張《ば》っても外《はず》れません。頭《あたま》を掴《つか》んで、前方《ぜんぽう》にスライドさせてみましょう。それまでの吸着力《きゅうちゃくりょく》が嘘《うそ》のように簡単《かんたん》に外《はず》れますよ。

65

偉《い》大《だい》な画《が》家《か》も愛《あい》したセピアはイカ墨《すみ》色《いろ》

濃《こ》い茶色《ちゃいろ》の1種《しゅ》にセピアという色《いろ》があります。インテリアやファッション、ヘアカラーにも使《つか》われる人気《にんき》の色《いろ》。茶色《ちゃいろ》っぽく変色《へんしょく》した古《ふる》いモノクロ写真《しゃしん》はセピア調《ちょう》と呼《よ》ばれ、見《み》る者《もの》を一気《いっき》に昔《むかし》へとトリップさせます。そんなノスタルジックな雰囲気《ふんいき》から、遠《とお》い故郷《こきょう》や懐《なつ》かしい人《ひと》を想《おも》う切《せつ》ない歌詞《かし》などにもよく登場《とうじょう》しますよね。

このセピア、実《じつ》はコウイカのことなんです。コウイカの学名《がくめい》は「Sepia esculenta《セピア エスクレンタ》」。イカの中《なか》でも特《とく》に墨《すみ》をたくさん吐《は》くことから、「スミイカ」とも呼《よ》ばれます。このイカ墨《すみ》が昔《むかし》はインクや絵具《えのぐ》として使《つか》われていました。レオナルド・ダ・ヴィンチやレンブラントといった偉大《いだい》な画家《がか》も愛用《あいよう》していたというコウイカの墨《すみ》。その人気《にんき》が広《ひろ》まるにつれ、セピアという言葉《ことば》はいつしかイカ墨《すみ》を指《さ》すようになり、さらには色自体《いろじたい》の名前《なまえ》としても定着《ていちゃく》していきました。

イカが敵《てき》に襲《おそ》われた時《とき》に身代《みが》わりの術《じゅつ》として使《つか》う墨《すみ》が、人間《にんげん》の芸術作品《げいじゅつさくひん》の中《なか》でも輝《かがや》きを放《はな》っているなんて、素敵《すてき》ですね。

墨《すみ》を吐《は》き出《だ》すコウイカの仲間《なかま》

←背中《せなか》の内側《うちがわ》に炭酸《たんさん》カルシウムから成《な》る大《おお》きな貝殻《かいがら》（甲《こう》）を持《も》つことから、「甲《こう》イカ」。イカが貝《かい》と同《おな》じ軟体動物《なんたいどうぶつ》に属《ぞく》していることを感《かん》じさせる存在《そんざい》。コウイカの仲間《なかま》はこの甲《こう》の中《なか》のガスを出《だ》し入《い》れすることで浮力《ふりょく》を調整《ちょうせい》している。

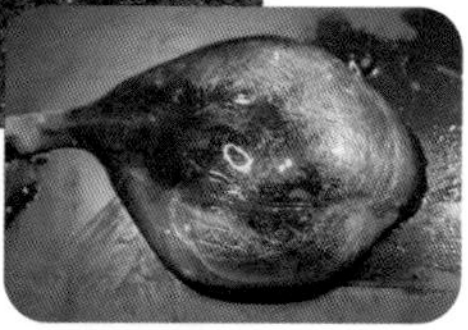

←コウイカの大《おお》きな墨袋《すみぶくろ》

水深《すいしん》100mまでの海底《かいてい》で、砂《すな》にカモフラージュしている様子《ようす》がよく見《み》られる。天《てん》ぷらやお寿司《すし》のネタとして流通《りゅうつう》しているよ。

世界的《せかいてき》な芸術家《げいじゅつか》も愛《あい》したイカ墨《すみ》

←レンブラントの素描《そびょう》『木《き》に囲《かこ》まれた干草《ほしぐさ》の山《やま》と一軒《いっけん》の農家《のうか》』もイカ墨《すみ》で描《えが》かれたもの。好《この》んで使用《しよう》したことから「レンブラント・インク」とも言《い》われる。

←ダ・ヴィンチが描《えが》いた自画像《じがぞう》や、有名《ゆうめい》な『レダの頭部《とうぶ》』なども、イカ墨《すみ》を固《かた》めたチョークで描《えが》かれた。もともとは黒《くろ》かったのが、酸化《さんか》して赤《あか》く変色《へんしょく》して、今《いま》のような色《いろ》に。

豆知識《まめちしき》

イカ墨《すみ》パスタはあるのに、タコ墨《すみ》パスタは見《み》かけませんよね。入手《にゅうしゅ》しにくいため高《たか》くなるという理由《りゆう》に加《くわ》え、自分《じぶん》の分身《ぶんしん》として吐《は》くため粘《ねば》り気《け》があるイカ墨《すみ》に対《たい》し、タコは煙幕《えんまく》として使《つか》うのでサラサラしていて料理《りょうり》に絡《から》みにくいのです。

66

サンマを丸《まる》ごと食《た》べられるのは胃《い》がないから

サンマの塩焼《しおや》き、おいしいですよね！ 刺身《さしみ》で食《た》べると他《ほか》に類《るい》を見《み》ない味《あじ》の濃《こ》さに驚《おどろ》きます。頭《あたま》から内臓《ないぞう》、しっぽまで丸《まる》ごといただけるサンマ。でもこれ、他《ほか》の魚《さかな》でやったら内臓《ないぞう》が苦《にが》かったり臭《くさ》かったりして、魚嫌《さかなぎら》いになってしまうかも!?

　普通《ふつう》は取《と》り除《のぞ》いて料理《りょうり》する内臓《ないぞう》。なぜサンマはそのまま食《た》べられるのかというと、胃《い》がないからなんです。食《た》べた物《もの》がたった30分程《ぶんほど》で排泄《はいせつ》されるため、残《のこ》りカスが内臓《ないぞう》に溜《とど》まることがなく、苦《にが》みや臭《くさ》みが出《で》ないのです。このような魚《さかな》を無胃魚《むいぎょ》と呼《よ》びます。胃《い》がなくても生《い》きられるなんて不思議《ふしぎ》ですが、サンマ以外《いがい》にもサヨリやトビウオ、ベラ、淡水魚《たんすいぎょ》ではコイやメダカの仲間《なかま》などなど、無胃魚《むいぎょ》は意外《いがい》とたくさんいます。

　おいしく食《た》べられるのはいいですが、当《とう》の本人《ほんにん》はなかなか大変《たいへん》。食《た》べ物《もの》を溜《た》めておけないので、すぐにお腹《なか》がすいてしまい、常《つね》に餌《えさ》を食《た》べていないと生《い》きられません。そんな活動的《かつどうてき》なところも、あのうま味《み》と栄養《えいよう》を育《はぐ》む理由《りゆう》なのかもしれませんね。

サンマとその内臓《ないぞう》

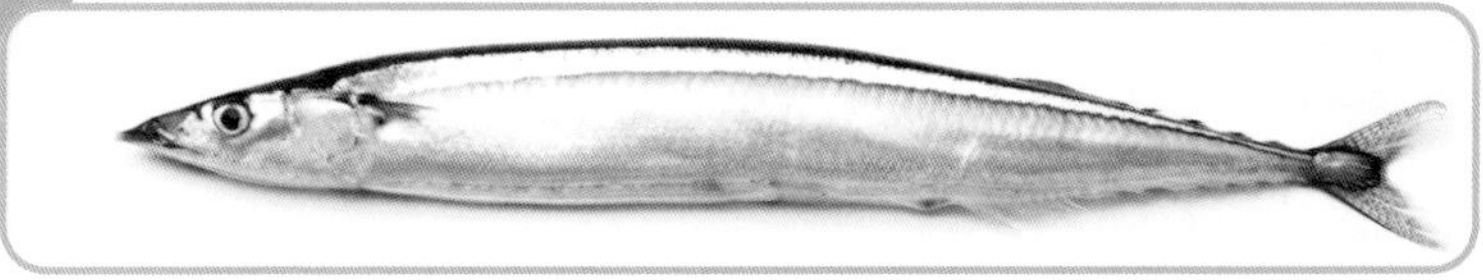

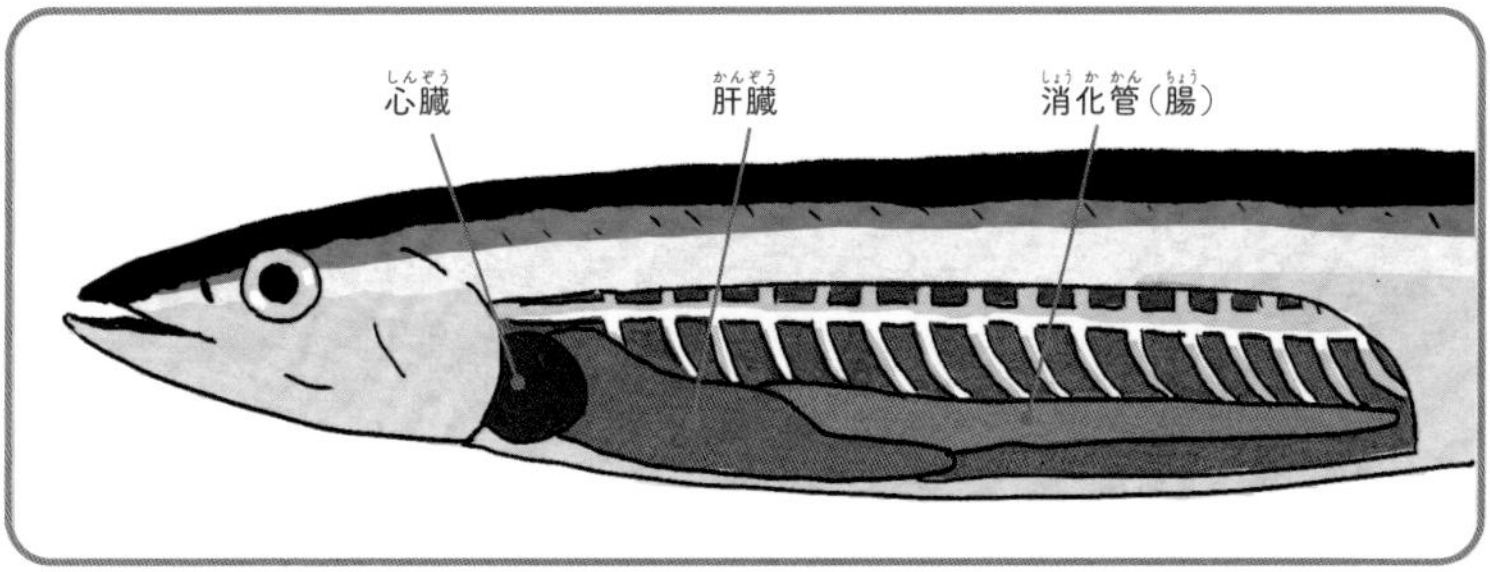

↑漁《りょう》は夜間《やかん》、船《ふね》の灯《あか》りに寄《よ》ってくる習性《しゅうせい》を生《い》かして行《おこな》われる。胃《い》の中《なか》のものをすぐに排泄《はいせつ》してしまうサンマは、獲《と》られた時《とき》には胃《い》に何《なに》もない状態《じょうたい》のものが多《おお》い。肝《きも》に余計《よけい》なものが入《はい》っていないのでおいしいとも言《い》われる。

無《む》胃《い》魚《ぎょ》（胃《い》が無《な》い）	サンマ／ハゼ／トビウオ／コイ／金魚《きんぎょ》など 
有《ゆう》胃《い》魚《ぎょ》	タイ／メバル／マグロ／ブリなど 

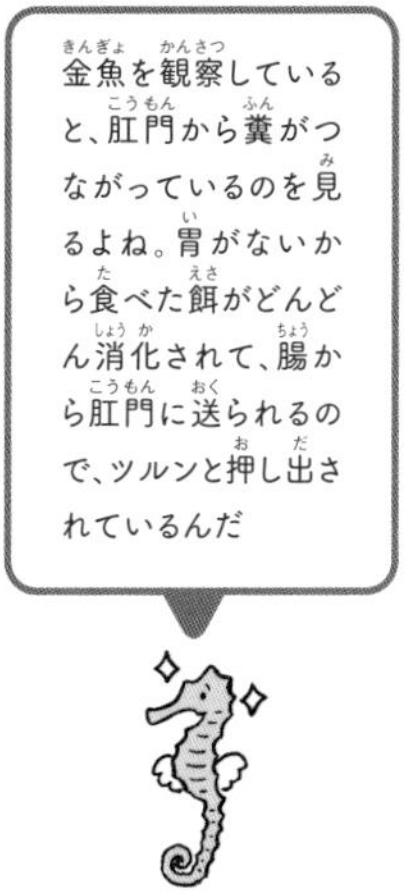

豆知識《まめちしき》

魚屋《さかなや》さんやスーパーマーケットでおいしいサンマを見分《みわ》ける方法《ほうほう》は、下顎《したあご》を見《み》ること。サンマは生《い》きているときは下顎《したあご》の先端《せんたん》が黄色《きいろ》く染《そ》まっており、死後《しご》に色《いろ》あせていきます。そのため、ここが黄色《きいろ》ければ鮮度《せんど》がいいという証《あかし》なのです。

大《だい》航《こう》海《かい》時《じ》代《だい》には干《ほ》したエイがUMA《ユーマ》として売《う》られていた

さまざまなエイ

➡とっても和《なご》む表《ひょう》情《じょう》をしているが、目《め》のように見《み》える部分《ぶぶん》は鼻《はな》の孔《あな》。その下《した》に左右対《さゆうつい》になって並《なら》んでいるのが鰓孔《えらあな》。これがお腹側《なかがわ》にあることがサメとの違《ちが》い。

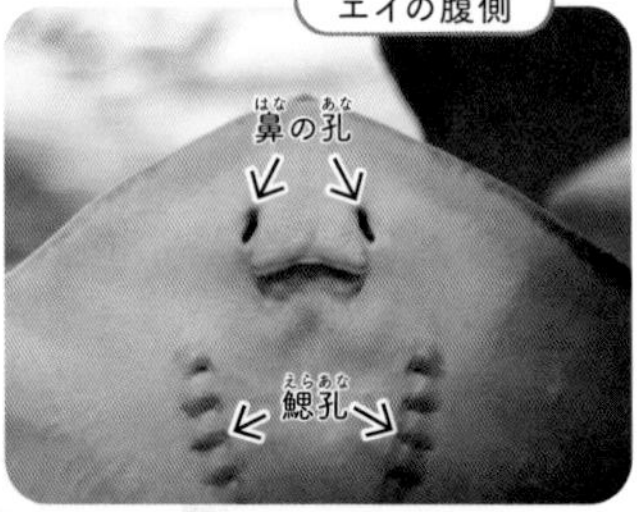

エイの腹側《はらがわ》

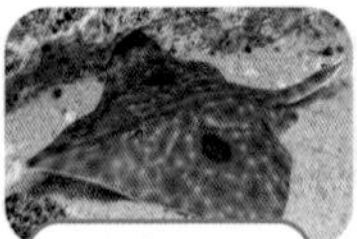

メガネカスベ

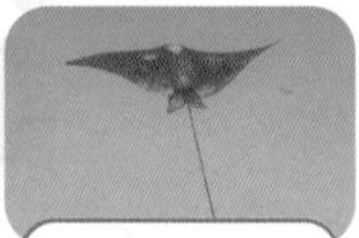

マダラトビエイ

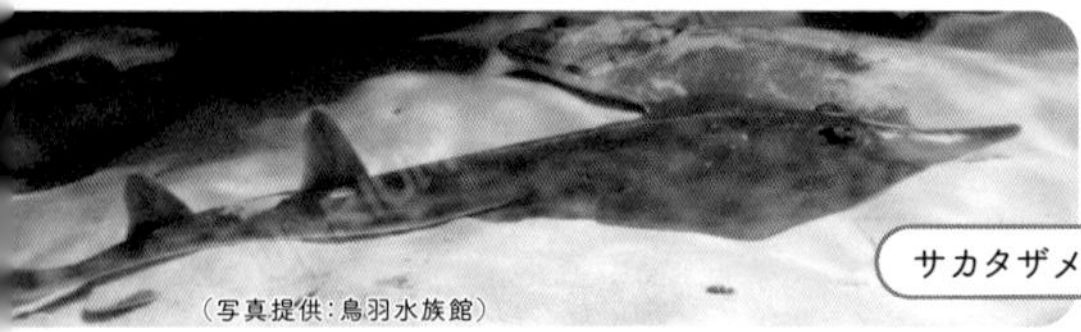

サカタザメ

（写真提供：鳥羽水族館）

心《こころ》優《やさ》しいと思《おも》っていた人《ひと》の冷《つめ》たい一面《いちめん》のように、裏《うら》の顔《かお》を見《み》ると人《ひと》は驚《おどろ》いたりガッカリしたりするもの。エイの裏《うら》の顔《かお》も衝《しょう》撃《げき》的《てき》です。どこか隙《すき》がない顔《かお》つきのエイですが、お腹側《なかがわ》を覗《のぞ》くと鼻《び》孔《こう》が垂《た》れ目《め》のように見《み》えて、ほっこり癒《いや》される『顔《かお》』をしています。しかし、干物《ひもの》になると激変《げきへん》し、恐《おそ》ろしい表情《ひょうじょう》のエイリアンに！　2重《じゅう》に裏《うら》の顔《かお》を持《も》っているとは、た

UMA《ユーマ》に変貌《へんぼう》を遂《と》げた干物《ひもの》のエイ「ジェニー・ハニヴァー」

↔↓こんなアレンジをされたものも出回《でまわ》っていた。

←ジェニー・ハニヴァーの代表格《だいひょうかく》がこちらのサカタザメの干物《ひもの》。干《ほ》しただけでも十分《じゅうぶん》エイリアンの形相《ぎょうそう》になるが、よりユニークな生物《せいぶつ》に見《み》せるべく、あちこちに切《き》れ込《こ》みを入《い》れた。

だ者《もの》ではないですね。

大航海時代《だいこうかいじだい》のヨーロッパで、干《ほ》したエイは船乗《ふなの》りと収集家《しゅうしゅうか》の間《あいだ》で売《ばい》買《ばい》されていました。海《うみ》で捕獲《ほかく》された未確認生物《みかくにんせいぶつ》（UMA《ユーマ》）と偽《いつわ》って、ジェニー・ハニヴァーという呼《よ》び名《な》まで付《つ》けられて。サカタザメに切《き》り込《こ》みを入《い》れた三角頭《さんかくあたま》のタイプが有名《ゆうめい》ですが、中《なか》にはドラゴンや天使《てんし》のような姿《すがた》に作《つく》り込《こ》まれたものも。

人魚《にんぎょ》だとされていたミイラが作《つく》り物《もの》だったり、ウバザメの腐乱死《ふらんし》体《たい》らしきものがニューネッシーと呼《よ》ばれて騒《さわ》がれたりと、時々《ときどき》見《み》かける嘘《うそ》や勘違《かんちが》いのエピソード。単《たん》にニセモノやおふざけで片付《かたづ》けたくない、人《ひと》の願望《がんぼう》やロマンを感《かん》じるものばかりで僕《ぼく》は好《す》きです。

豆知識《まめちしき》

サカタザメはサメと付《つ》きますが、エイの仲間《なかま》。サメとエイを見分《みわ》けるには鰓孔《えらあな》に注目《ちゅうもく》。鰓孔《えらあな》が体《からだ》の側面《そくめん》にあればサメの仲間《なかま》、お腹側《なかがわ》にあればエイの仲間《なかま》。これを知《し》っていれば、ノコギリザメとノコギリエイを見分《みわ》けられるでしょう。

2つの人魚《にんぎょ》伝説《でんせつ》「マーメイド」と「セイレーン」

人《にん》魚《ぎょ》と聞《き》いて思《おも》い浮《う》かぶのは、溺《おぼ》れた人間《にんげん》の王子様《おうじさま》を助《たす》ける優《やさ》しいマーメイドでしょうか？ それとも、美《うつく》しい歌声《うたごえ》で船乗《ふなの》りを惑《まど》わせ、深《ふか》い海《うみ》へと引《ひ》きずり込《こ》んで食《く》い殺《ころ》してしまう恐《おそ》ろしいセイレーンでしょうか？ 前者《ぜんしゃ》は北欧《ほくおう》の神話《しんわ》などが元《もと》になっていて、後者《こうしゃ》はギリシャ神話《しんわ》に登場《とうじょう》する海《うみ》の魔物《まもの》です。上半身《じょうはんしん》が人間《にんげん》で下半身《かはんしん》が魚《さかな》という同《おな》じ姿《すがた》でありながら、なぜこんなにも描《えが》かれ方《かた》が違《ちが》うのでしょう？

この2種類《しゅるい》の人魚《にんぎょ》には、それぞれモデルとなったと思《おも》われる生《い》き物《もの》がいます。マーメイドはジュゴン。暖《あたた》かい海《うみ》で海草《かいそう》を食《た》べて暮《く》らす穏《おだ》やかな海獣《かいじゅう》です。一方《いっぽう》、セイレーンのモデルは深海魚《しんかいぎょ》・リュウグウノツカイだと考《かんが》えられています。その昔《むかし》、リュウグウノツカイは不吉《ふきつ》な魚《さかな》とされていました。普段《ふだん》深海《しんかい》にいる彼《かれ》らが浅瀬《あさせ》に姿《すがた》を現《あらわ》すのは天変地異《てんぺんちい》の前触《まえぶ》れだと信《しん》じられていたのです。その姿《すがた》を見《み》ると海《うみ》は荒《あれ》れ、船《ふね》が転覆《てんぷく》して深海《しんかい》へと沈《しず》んでしまう。そんな恐怖心《きょうふしん》から、伝説《でんせつ》が誕生《たんじょう》したのかもしれません。

優《やさ》しく穏《おだ》やかなマーメイド

アマモやウミヒルモの仲間《なかま》などの海草《かいそう》を食《た》べて暮《く》らす。しかし、環境《かんきょう》の変化《へんか》による海草《かいそう》の減少《げんしょう》や乱獲《らんかく》・混獲《こんかく》（他《ほか》の魚《さかな》と混《ま》ざって獲《と》られてしまう）などの影響《えいきょう》で個体数《こたいすう》が減少《げんしょう》している。

アンデルセンの童話《どうわ》『人魚姫《にんぎょひめ》』をモデルに作《つく》られたデンマーク・コペンハーゲンにある人魚姫《にんぎょひめ》の像《ぞう》。観光《かんこう》スポットとして有名《ゆうめい》。

人《ひと》を惑《まど》わし食《く》い殺《ころ》すセイレーン

人魚《にんぎょ》といえば青白《あおじろ》い肌《はだ》に赤《あか》い髪《がみ》。長《なが》く伸《の》びる背鰭《せびれ》が赤《あか》く染《そ》まっているリュウグウノツカイの姿《すがた》を思《おも》い浮《う》かべると、モデルだとする説《せつ》も納得《なっとく》だね。

長《なが》い体《からだ》でゆらゆらと立《た》ち泳《およ》ぎする姿《すがた》が神秘的《しんぴてき》。人魚《にんぎょ》の肉《にく》を食《た》べて不老不死《ふろうふし》になった「八百比丘尼《やおびくに》」の言《い》い伝《つた》えが日本《にほん》にはあり、この人魚《にんぎょ》がリュウグウノツカイという説《せつ》もある。

西洋絵画《せいようかいが》では男性《だんせい》を誘惑《ゆうわく》する姿《すがた》が描《えが》かれる。ギュスターヴ・モローも『セイレーンたち』の他《ほか》、多《おお》くの作品《さくひん》でセイレーンを描《えが》いた。

豆知識《まめちしき》

マーメイドは海《うみ》を表《あらわ》す「mere」と若《わか》い女性《じょせい》を表《あらわ》す「maid」が組《く》み合《あ》わさって生《う》まれた呼《よ》び名《な》。男性《だんせい》の人魚《にんぎょ》はマーマンと呼《よ》ばれます。セイレーンは「siren」と書《か》き、魅惑《みわく》の歌声《うたごえ》の伝説《でんせつ》から、警報《けいほう》を表《あらわ》すサイレンの語源《ごげん》だと言《い》われています。

69

名《な》付《づ》け親《おや》の顔《かお》が見《み》てみたい！ユニークなネーミングの魚《さかな》たち

香《か》里《り》武《ぶ》的《てき》・三大《さんだい》素敵《すてき》な魚《さかな》の和名《わめい》は、独《どく》特《とく》な姿《すがた》を見事《みごと》なワードセンスで表《あらわ》したタツノオトシゴ、神々《こうごう》しさが名前《なまえ》から溢《あふ》れるリュウグウノツカイ、そして350本《ぼん》ほどしかない針《はり》を思《おも》いっきり〝鯖読《さばよ》み〟したハリセンボン。魚《さかな》に携《たずさ》わってきた先人《せんじん》たちのネーミングセンスには、洗練《せんれん》された感《かん》性《せい》と遊《あそ》び心《ごころ》が詰《つ》まっています。

例《たと》えば、タツノオトシゴと同《おな》じヨウジウオ科《か》にタツノイトコという名《な》の魚《さかな》がいます。アニキやオトウトではなく、イトコ。絶妙《ぜつみょう》なところにいったものです。さらに、その後発見《ごはっけん》された近《ちか》い仲間《なかま》はタツノハトコと名付《なづ》けられました。最高《さいこう》です。次《つぎ》を期待《きたい》してしまいます。でも彼《かれ》らからしたら、本《ほん》家《け》の尊大《そんだい》な感《かん》じが受《う》け継《つ》がれていなくて不《ふ》本意《ほんい》なネーミングかもしれませんね。

2021年《ねん》にヨコヅナイワシという新種《しんしゅ》が発表《はっぴょう》された時《とき》もゾクゾクしました。セキトリイワシの仲間《なかま》で巨大《きょだい》だから、関取《せきとり》の頂《ちょう》点《てん》である横綱《よこづな》。今後《こんご》それを上回《うわまわ》る大型種《おおがたしゅ》が現《あらわ》れたらオヤカタイワシになるのかも!?

絶妙《ぜつみょう》なネーミングの魚《さかな》たち

ハリセンボン

↑危険《きけん》を察知《さっち》すると体《からだ》を膨《ふく》らませ、棘《とげ》を立《た》ち上《あ》げる。この棘《とげ》、実《じつ》は鱗《うろこ》が進化《しんか》したもの。

タツノイトコ

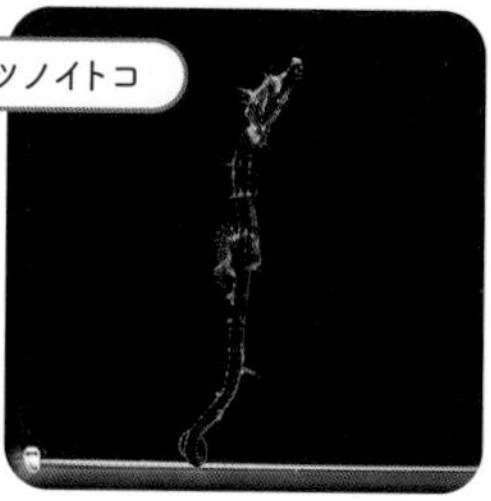

↑タツノイトコとタツノハトコはあまりにもよく似《に》ていて、パッと見《み》ではなかなか識別《しきべつ》できない。

タツノオトシゴ

↑↖首《くび》の部分《ぶぶん》が曲《ま》がっているのがタツノオトシゴ。首《くび》も体《からだ》もまっすぐなのがタツノイトコ。

リュウグウノツカイ

→神秘的《しんぴてき》で希少性《きしょうせい》が高《たか》いことから、竜宮城《りゅうぐうじょう》からの使者《ししゃ》というイメージで命名《めいめい》されたのだろう。腹鰭《はらびれ》の形《かたち》がボートのオール（Oar）に似《に》ていることから、英名《えいめい》はOarfish《オールフィッシュ》。あえてそこに注目《ちゅうもく》する？？

ヨコヅナイワシ

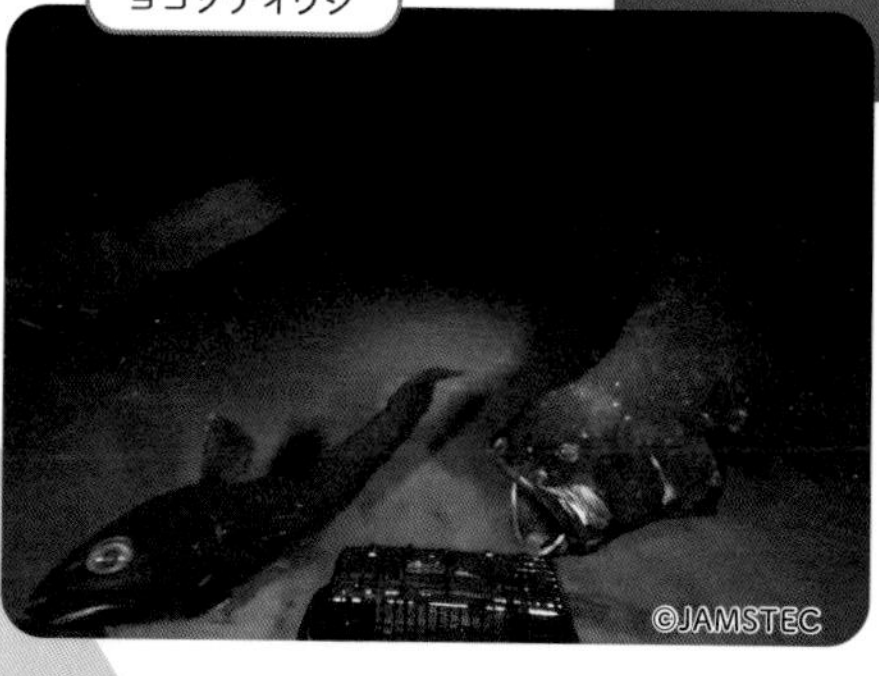

←全長約《ぜんちょうやく》1.4mの個体《こたい》が最初《さいしょ》に発見《はっけん》され、後《のち》に深海《しんかい》カメラに更《さら》に大《おお》きな個体《こたい》が映《うつ》り込《こ》んだ。名前《なまえ》によらずイワシの仲《なか》間《ま》ではない。この水深帯《すいしんたい》に暮《く》らす魚《さかな》の中《なか》で最《もっと》も高《たか》い栄養段《えいようだん》階《かい》を示《しめ》し、トップ・プレデターだと考《かんが》えられている。

豆《まめ》知《ち》識《しき》

ヨコヅナイワシは2016年《ねん》に駿河湾《するがわん》の水深《すいしん》2000m付近《ふきん》で発見《はっけん》されました。全《ぜん》長約《ちょうやく》2.5mの個体《こたい》も撮影《さつえい》されています。この科学《かがく》の時代《じだい》に、こんなにも巨大《きょだい》な魚《さかな》が見《み》つかっていなかった…深海《しんかい》がいかに未知《みち》の世界《せかい》かを物語《ものがた》っています。

ハートを鷲掴《わしづか》みにされた名前《なまえ》がフシギウオの仲間《なかま》。稚魚《ちぎょ》の頃《ころ》にたくさんのフサフサが付《つ》いた長《なが》い腹鰭《はらびれ》を引《ひ》きずって泳《およ》ぐという不思議《ふしぎ》な深海魚《しんかいぎょ》です。そのままフシギウオと名付《なづ》けた潔《いさぎよ》さも好《す》きなのですが、その後《ご》近《ちか》い仲間《なかま》が発見《はっけん》された時《とき》に付《つ》いた名前《なまえ》が、なんとマカフシギウオ。普通《ふつう》ならニセフシギウオとかフシギウオモドキなどと付《つ》けがちなところを、摩訶不思議魚《まかふしぎうお》。稚魚《ちぎょ》の見《み》た目《め》にも名付《なづ》け親《おや》にも惚《ほ》れます。

源平合戦《げんぺいがっせん》「一ノ谷《いちのたに》の戦《たたか》い」で平敦盛《たいらのあつもり》の首《くび》を取《と》った源氏方《げんじがた》の武将《ぶしょう》・熊谷直実《くまがいなおざね》。後悔《こうかい》が残《のこ》り出家《しゅっけ》した熊谷《くまがい》の前《まえ》に敦盛《あつもり》の亡霊《ぼうれい》が現《あらわ》れ、「来世《らいせ》では同《おな》じ姿《すがた》で生《う》まれ変《か》わろう」と言葉《ことば》を交《か》わしたと能《のう》の演目《えんもく》で語《かた》られています。ここから名付《なづ》けられたのがアツモリウオとクマガイウオ。シルエットは同《おな》じで、それぞれの甲冑《かっちゅう》を思《おも》わせる色《いろ》をしています。海《うみ》の底《そこ》でふたりは約束《やくそく》を果《は》たしたのです。こんなにも奥深《おくぶか》い命名《めいめい》がかつてあったでしょうか。

他《ほか》にも、カサゴとよく似《に》ていてうっかり間違《まちが》えるからウッカリカサゴ、ヒゲダイの仲間《なかま》であごひげがとても短《みじか》いのでヒゲソリダイなど、センスの光《ひか》る和名《わめい》を挙《あ》げ始《はじ》めたらキリがありません。

魚《さかな》の名前《なまえ》がなかなか覚《おぼ》えられないという相談《そうだん》を受《う》けることがありますが、暗記《あんき》しようとするのではなく、名前《なまえ》を面白《おもしろ》がることが入《い》り口《ぐち》だと思《おも》います。名付《なづ》ける時《とき》には必《かなら》ず人《ひと》の想《おも》いが込《こ》められているので、名前《なまえ》を通《とお》してその魚《さかな》の生態《せいたい》と人《ひと》の感性《かんせい》の両方《りょうほう》に触《ふ》れることができる、とても贅沢《ぜいたく》な学《まな》びになりますよ。

まだまだある！　ナイスネーミング魚《ぎょ》

ウッカリカサゴ

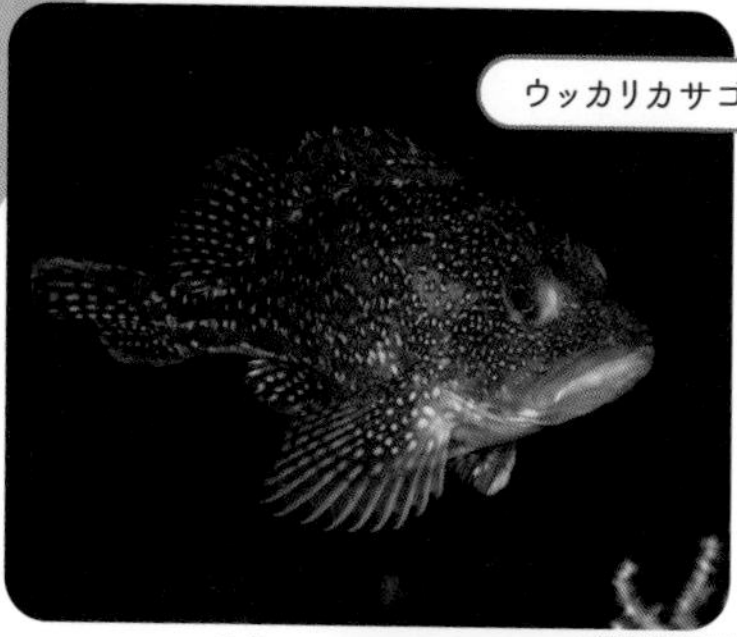

↑カサゴとの見分《みわ》け方《かた》で一番《いちばん》わかりやすいのは、側線《そくせん》に沿《そ》って並《なら》ぶ白《しろ》い斑点模様《はんてんもよう》に黒《くろ》っぽい縁取《ふちど》りがあること。

カサゴ

フシギウオの幼魚《ようぎょ》

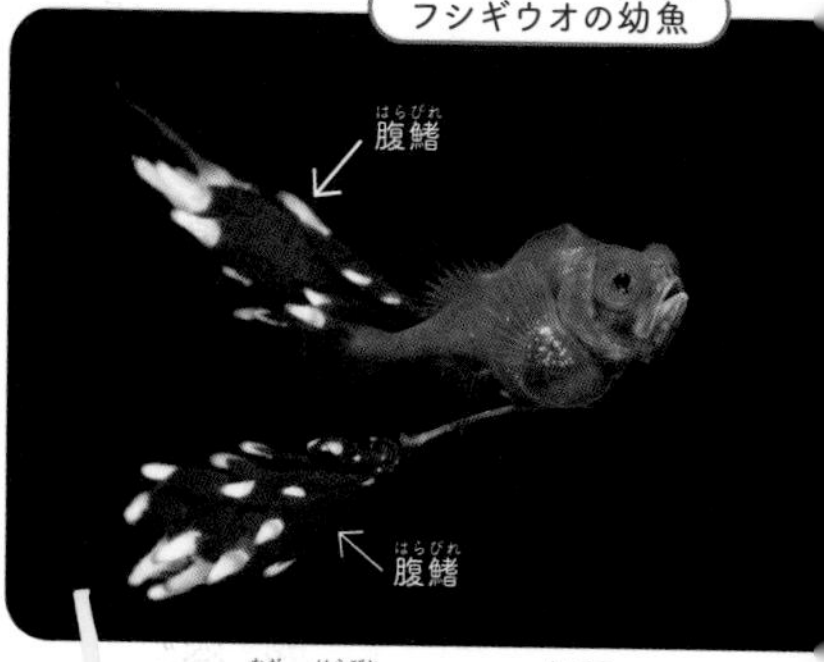

↑長《なが》い腹鰭《はらびれ》はクラゲや海藻《かいそう》に擬態《ぎたい》していると言《い》われていたが、その後《ご》、自分《じぶん》の体《からだ》に擬態《ぎたい》しているということがわかった。成魚《せいぎょ》になるとこのフサフサは消失《しょうしつ》する。

新発見《しんはっけん》

マカフシギウオ

↑フシギウオと同《おな》じ様《よう》に、長《なが》い腹鰭《はらびれ》があるのが特徴《とくちょう》。※後《うし》ろから見《み》た姿《すがた》をイラスト化《か》

ヒゲソリダイ

ヒゲダイ

↑→ヒゲダイは下顎《したあご》にジョリジョリなひげが生《は》えている。ヒゲソリダイの方《ほう》は、とても短《みじか》くてまるでひげそり跡《あと》のよう。

カタカナが並《なら》んで、覚《おぼ》えにくい魚《さかな》の名前《なまえ》も、名付《なづ》けられた背景《はいけい》がわかると、親近感《しんきんかん》が湧《わ》いてくるね！

豆知識《まめちしき》

マカフシギウオのゴージャスな腹鰭《はらびれ》は一体何《いったいなん》のための器官《きかん》なのでしょう。引《ひ》きずっているフサフサの色《いろ》や形《かたち》、大《おお》きさが、稚魚《ちぎょ》の体形《たいけい》とそっくりなため、今《いま》では本体《ほんたい》のダミーという説《せつ》が有力《ゆうりょく》です。鰭《ひれ》を自分《じぶん》の体《からだ》に擬態《ぎたい》させるとは！

70

「〇〇ダイ」のほとんどがタイじゃない

キンメダイ、アカアマダイ、イシダイ、イボダイ、イトヨリダイ……。和名《わめい》にタイが付《つ》く魚《さかな》は300種類《しゅるい》以上《いじょう》います。しかし、タイ科《か》に属《ぞく》するいわゆる本物《ほんもの》のタイの仲間《なかま》というのは、日本近海《にほんきんかい》にたった14種類《しゅるい》。冒頭《ぼうとう》で挙《あ》げた魚《さかな》たちは全《すべ》てタイではないんです。

昔《むかし》からおめでたい魚《さかな》として重宝《ちょうほう》されてきたタイ。名前《なまえ》にタイを付《つ》ければ高値《たかね》で売《う》れるということで、魚市場《うおいちば》で「〇〇ダイ」が流行《はや》った時期《じき》があり、それが和名《わめい》として定着《ていちゃく》しました。こうした魚《さかな》たちは、タイの知名度《ちめいど》や価値《かち》にあやかっている「あやかり鯛《たい》」と呼《よ》ばれます。

日本《にほん》のタイ科《か》の14種類《しゅるい》

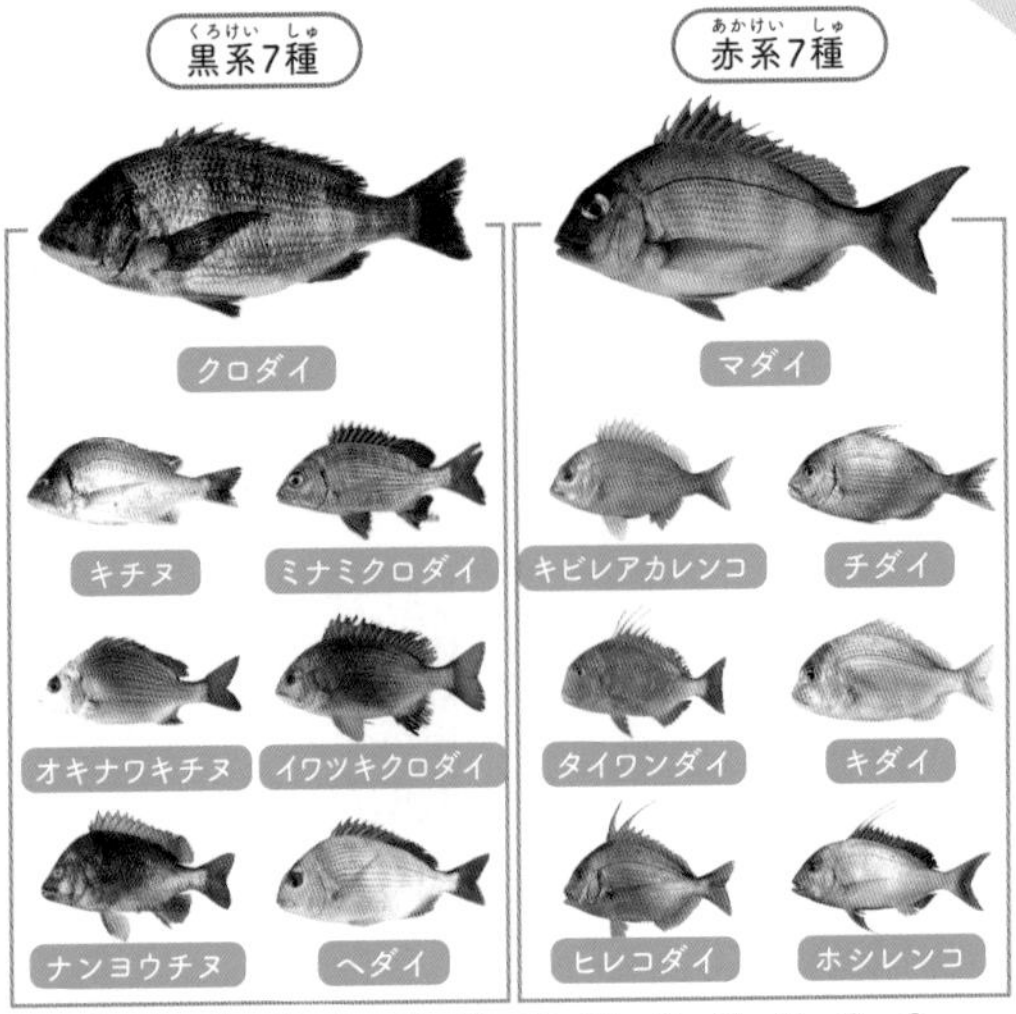

豆知識《まめちしき》

「海老《えび》で鯛《たい》を釣《つ》る」「腐《くさ》っても鯛《たい》」という言葉《ことば》からもわかるように、日本《にほん》では昔《むかし》からタイが縁起物《えんぎもの》として大切《たいせつ》にされてきました。色《いろ》や形《かたち》が美《うつく》しいこと、身《み》が腐《くさ》りにくい性質《せいしつ》であることから、お祝《いわ》い事《ごと》やお供《そな》え用《よう》に適《てき》していたようです。

77

「木《もく》魚《ぎょ》」はなぜ魚《さかな》なのか

お坊《ぼう》さんがお経《きょう》を読《よ》む時《とき》に「ぽくぽく」と叩《たた》く木魚《もくぎょ》。一見《いっけん》鈴《すず》のような丸《まる》い形《かたち》をしていますが、魚《さかな》が向《む》き合《あ》って珠《たま》を囲《かこ》んでいる姿《すがた》を表《あらわ》しています。なぜ魚《さかな》がモチーフになったのでしょう？ それは、魚《さかな》が目《め》を閉《と》じて寝《ね》ないから。魚《さかな》だって眠《ねむ》ることはありますが、基本的《きほんてき》に瞼《まぶた》はないので、眠《ねむ》っている間《あいだ》も目《め》は開《あ》けています。

このことから、寝《ね》る間《ま》も惜《お》しんで修行《しゅぎょう》に励《はげ》むようにという修行僧《しゅぎょうそう》への戒《いまし》めとして、魚《さかな》の姿《すがた》が使《つか》われるようになったと言《い》われています。木魚《もくぎょ》はお経《きょう》のリズムを整《ととの》えるだけでなく、眠気覚《ねむけざ》ましという意味《いみ》もあるので、魚《さかな》はピッタリですね。

↑木魚《もくぎょ》の原型《げんけい》と言《い》われる魚板《ぎょばん》は、魚《さかな》そのものの形《かたち》をしている。くわえている丸《まる》い物《もの》は煩悩《ぼんのう》珠《じゅ》と言《い》い、魚板《ぎょばん》を叩《たた》くことで「煩悩《ぼんのう》」を吐《は》き出《だ》すという意味《いみ》があるのだそう。

↑木魚《もくぎょ》を日本《にほん》に伝《つた》えたのは、17世紀《せいき》に来日《らいにち》した隠元禅師《いんげんぜんし》。他《ほか》にもインゲン豆《まめ》や煎茶《せんちゃ》などを日本文化《にほんぶんか》にもたらした。

サメやフグの仲間《なかま》など、一部《いちぶ》の魚《さかな》は瞼《まぶた》のような器官《きかん》を持《も》っていて、目《め》を閉《と》じる行動《こうどう》が確認《かくにん》されているよ

豆知識《まめちしき》

魚《さかな》の眠《ねむ》り方《かた》は様々《さまざま》。泳《およ》ぎながら眠《ねむ》る者《もの》もいれば、砂《すな》に潜《もぐ》ったり海藻《かいそう》に噛《か》みついたりして眠《ねむ》る魚《さかな》も。中《なか》にはブダイの仲間《なかま》のように粘液《ねんえき》で寝袋《ねぶくろ》を作《つく》って、寄生虫《きせいちゅう》から守《まも》ったり自分《じぶん》の匂《にお》いを外《そと》に漏《も》らさないように工夫《くふう》している魚《さかな》もいるんです。

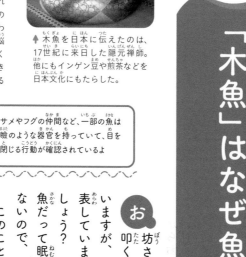

72

忍者《にんじゃ》が使《つか》った〝くしゃみの粉《こな》〟原料《げんりょう》は乾燥《かんそう》クラゲ

小《しょう》学生《がくせい》の頃《ころ》、アカクラゲに寄《よ》り添《そ》っていたハナビラウオの幼魚《ようぎょ》をタモ網《あみ》ですくったことがあります。その網《あみ》を家《いえ》の玄《げん》関《かん》に干《ほ》していたら、なぜか家族全員《かぞくぜんいん》くしゃみが止《と》まらなくなりました。不思議《ふしぎ》に思《おも》って調《しら》べてみたところ、網《あみ》に触手《しょくしゅ》が絡《から》まったまま干《ひ》からびていたのです。アカクラゲは別名《べつめい》ハクションクラゲとも呼《よ》ばれ、乾燥《かんそう》して粉《こな》になったものを吸《す》い込《こ》むと花粉症《かふんしょう》のような症状《しょうじょう》を引《ひ》き起《お》こすということを、その時初《ときはじ》めて知《し》りました。

くしゃみや涙《なみだ》が止《と》まらなくなるという性《せい》質《しつ》を利用《りよう》して、昔《むかし》は忍者《にんじゃ》が目潰《めつぶ》しの道具《どうぐ》として乾燥《かんそう》したアカクラゲを使《つか》っていたそうです。戦国時代《せんごくじだい》の真田幸村《さなだゆきむら》が敵《てき》を攻撃《こうげき》するために使《つか》ったという言《い》い伝《つた》えが有名《ゆうめい》で、そのことからサナダクラゲという別名《べつめい》まであるほど。

死《し》してなお毒《どく》の威力《いりょく》を発揮《はっき》するアカクラゲ、恐《おそ》るべし！ その性質《せいしつ》に気付《きづ》いて、道《どう》具《ぐ》として利用《りよう》する昔《むかし》の人々《ひとびと》の探求心《たんきゅうしん》と応用《おうよう》力《りょく》にも拍手《はくしゅ》を送《おく》りたいです。

アカクラゲの触手《しょくしゅ》

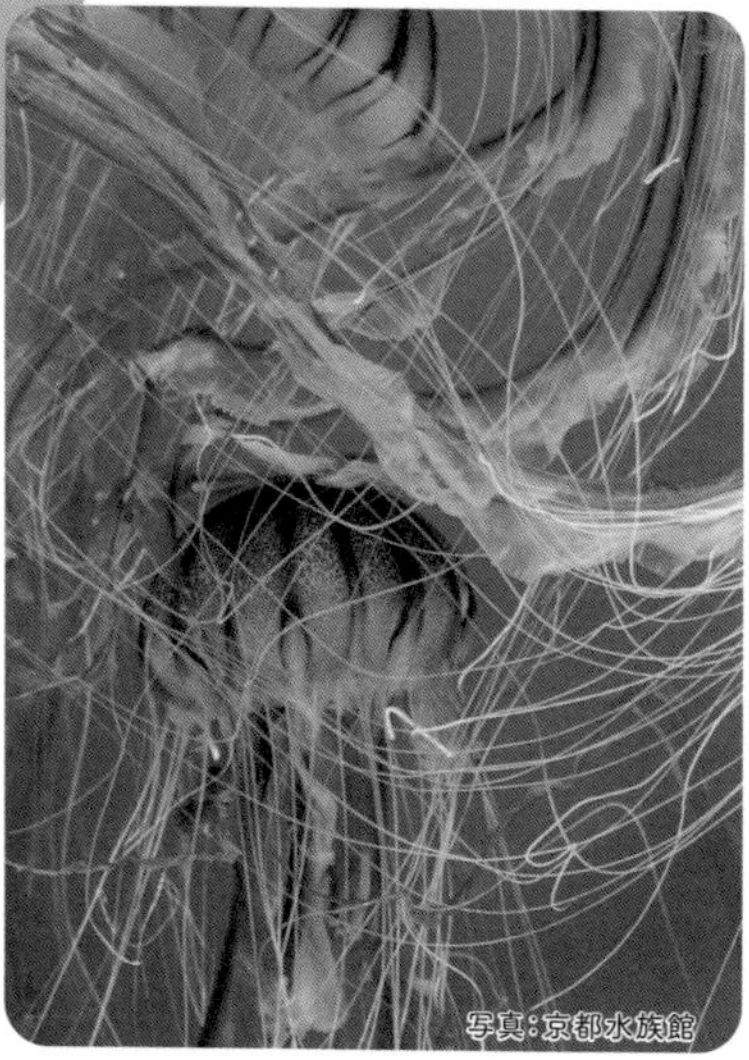

写真：京都水族館

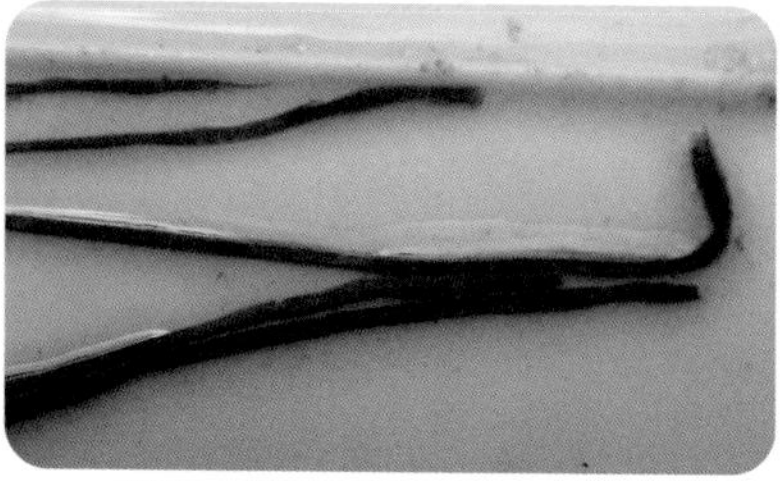

↑触手《しょくしゅ》には小《ち》さな毒針《どくばり》が入《はい》った刺胞《しほう》が並《なら》んでいる。乾燥《かんそう》して空気中《くうきちゅう》に舞《ま》った毒針《どくばり》が鼻《はな》に入《はい》ると、くしゃみを引《ひ》き起《お》こす。

←触手《しょくしゅ》は長《なが》さ2m を超《こ》えることも！　傘《かさ》には16本《ぼん》の赤茶色《あかちゃいろ》の縞模様《しまもよう》が入《はい》っているのが特徴《とくちょう》。

アカクラゲの“粉《こな》”を撒《ま》いた真田幸村《さなだゆきむら》

真田幸村《さなだゆきむら》は謎多《なぞおお》き人物《じんぶつ》。本当《ほんとう》にアカクラゲの粉《こな》を使《つか》ったのかどうかは定《さだ》かではないよ

↑豊臣方《とよとみがた》の武将《ぶしょう》として徳川《とくがわ》の本陣《ほんじん》まで攻《せ》めた真田幸村《さなだゆきむら》。風上《かざかみ》から撒《ま》いたアカクラゲの粉《こな》が勝利《しょうり》の秘訣《ひけつ》!?

大坂夏《おおさかなつ》の陣図屏風《じんずびょうぶ》（黒田屏風《くろだびょうぶ》）

豆知識《まめちしき》

ハナビラウオやクラゲウオ、エボシダイ、アジの仲間《なかま》など、クラゲに寄《よ》り添《そ》って幼少期《ようしょうき》を過《す》ごす魚《さかな》たちがいます。触手《しょくしゅ》の刺胞毒《しほうどく》によって捕食者《ほしょくしゃ》から守《まも》ってもらおうという作戦《さくせん》ですが、自分自身《じぶんじしん》も危険《きけん》なので、命《いのち》がけで命《いのち》を守《まも》る勇者《ゆうしゃ》です。

CHAPTER 4

人《ひと》との関係《かんけい》のはなし

73

味《あじ》もコストも資源《しげん》保護《ほご》も！ いいとこ取《と》りのハイブリッド魚《ぎょ》

美味《おい》しく成長《せいちょう》が早《はや》いのでコストカット！

クエ

高級魚《こうきゅうぎょ》のクエは、なんと同《おな》じく高級食材《こうきゅうしょくざい》のイセエビを食《た》べている。脂《あぶら》がのった身《み》を「クエ鍋《なべ》」として食《た》べるのが有名《ゆうめい》。

タマカイ

クエと同《おな》じくメスからオスに性転換《せいてんかん》する雌性先熟《しせいせんじゅく》の魚《さかな》。近畿大学水産研究所《きんきだいがくすいさんけんきゅうじょ》が天然《てんねん》より早《はや》く雄化《オスか》させることに成功《せいこう》した。

クエタマ

出荷《しゅっか》できるサイズになるまで4～6年《ねん》かかる成長《せいちょう》の遅《おそ》いクエの卵《たまご》に、成長《せいちょう》の早《はや》いタマカイの精子《せいし》を交配《こうはい》。美味《おい》しさと成長《せいちょう》の速《はや》さを併《あわ》せ持《も》ったハイブリッド種《しゅ》が生《う》まれた。

今《いま》、魚《さかな》の養殖《ようしょく》に新《あら》たな風《かぜ》が吹《ふ》いています。それは2つの魚種《ぎょしゅ》を掛《か》け合《あ》わせるハイブリッド魚《ぎょ》の開発《かいはつ》。お刺身《さしみ》や鍋料理《なべりょうり》で大人気《だいにんき》の高級魚《こうきゅうぎょ》・クエ。成長《せいちょう》が遅《おそ》く、商品《しょうひん》として流通《りゅうつう》させられる2kgサイズまで育《そだ》つのに4年以上《ねんいじょう》かかります。4年間育《ねんかんそだ》てることを考《かんが》えると、餌代《えさだい》も電気代《でんきだい》も大変《たいへん》。クエの値段《ねだん》が上《あ》がるのも納得《なっとく》です。

そこで考《かんが》えたのが、同《おな》じハタの

季節《きせつ》を問《と》わずおいしく食《た》べられる！

ブリ

ヒラマサ

↑食卓《しょくたく》によく並《なら》ぶブリ。身《み》が柔《やわ》らかく旨《うま》みの多《おお》い魚《さかな》ですが、血合《ちあ》の部分《ぶぶん》が多《おお》く、夏場《なつば》に変色《へんしょく》・味《あじ》が落《お》ちるのが玉《たま》にキズ。

↑ブリより成長《せいちょう》するスピードが早《はや》い夏《なつ》が旬《しゅん》の魚《さかな》。夏場《なつば》に味《あじ》が落《お》ちるブリの代《か》わりとして食《しょく》される。ブリよりさっぱりした味《あじ》わい。

ブリヒラ

↑ブリとヒラマサのハイブリッド種《しゅ》。味《あじ》や食感《しょっかん》だけでなく、美味《おい》しく食《た》べられる旬《しゅん》も両方《りょうほう》のいいとこ取《と》りをしている。

SDGsが謳《うた》われているこの頃《ごろ》。ハイブリッド魚《ぎょ》は、海洋資源《かいようしげん》の過度《かど》な捕獲《ほかく》を抑《おさ》え、生産者《せいさんしゃ》も価格変動《かかくへんどう》のリスクが少《すく》ない、まさに未来型《みらいがた》の魚《さかな》なんだね！

仲間《なかま》で成長《せいちょう》がとても速《はや》いタマカイと掛《か》け合《あ》わせること。暖《あたた》かい海《うみ》の全長《ぜんちょう》2ｍを超《こ》える巨大種《きょだいしゅ》です。こうして生《う》まれたハイブリッド魚《ぎょ》「クエタマ」は、2年《ねん》ほどで出荷《しゅっか》サイズに成長《せいちょう》し、養殖《ようしょく》の負担《ふたん》が少《すく》なくコストカットに繋《つな》がるのです。クエの味《あじ》の良《よ》さとタマカイの成長《せいちょう》の速《はや》さのいいとこ取《ど》り！

ブリとヒラマサを掛《か》け合《あ》わせた「ブリヒラ」も開発《かいはつ》されました。ブリは冬《ふゆ》が旬《しゅん》で、豊《ゆた》かな脂《あぶら》や旨味《うまみ》が人気《にんき》。ヒラマサは夏《なつ》が旬《しゅん》で、淡白《たんぱく》な味《あじ》わいと歯《は》ごたえのある食感《しょっかん》が特徴《とくちょう》。これらのいいとこ取《と》りをして、どの季節《きせつ》でもおいしいハイブリッド魚《ぎょ》が誕生《たんじょう》したのです。

豆知識《まめちしき》

ブリヒラやクエタマを開発《かいはつ》したのは近畿大学水産研究所《きんきだいがくすいさんけんきゅうじょ》。研究開発《けんきゅうかいはつ》の技術《ぎじゅつ》はもちろんのこと、養殖魚専門料理店《ようしょくぎょせんもんりょうりてん》を直営《ちょくえい》していたり大型《おおがた》スーパーマーケットと連携《れんけい》したりと、流通先《りゅうつうさき》まで考《かんが》えているところが素晴《すば》らしいと思《おも》います。

魚食《ぎょしょく》の未来《みらい》を救《すく》う "もったいない魚《さかな》" 未利用魚《みりようぎょ》

日本《にほん》の漁獲量《ぎょかくりょう》の推移《すいい》

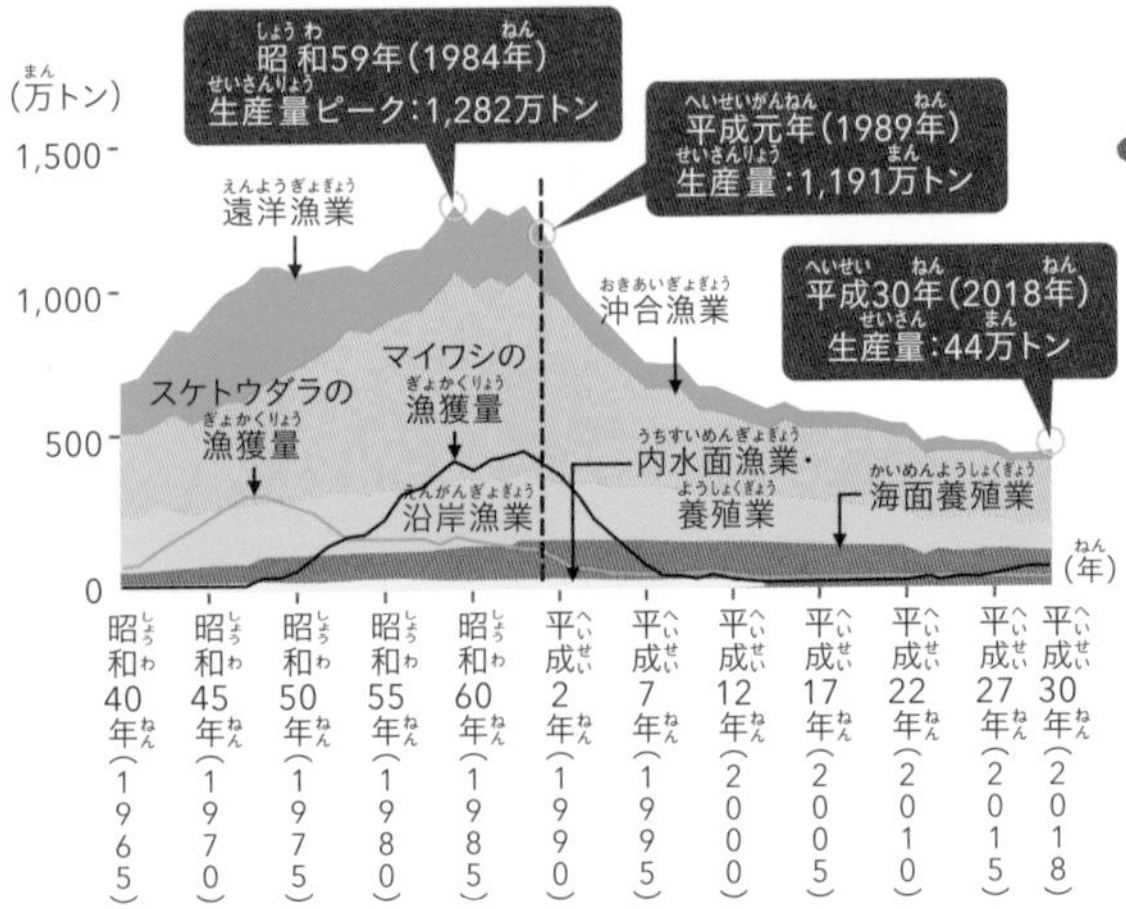

※水産庁「令和元年度 水産白書」漁業生産の状況の変化より

漁獲量《ぎょかくりょう》の減少《げんしょう》には「魚《さかな》が減《へ》ったから」と一《ひと》言《こと》では言《い》えない、様々《さまざま》な原因《げんいん》があるんだ。

日《に》本《ほん》の漁獲量《ぎょかくりょう》は過去《かこ》30年《ねん》で3分《ぶん》の1ほどに減《へ》ってしまいました。獲《と》りすぎて魚《さかな》の数《かず》が減《へ》ってしまったというだけではなく、海水温《かいすいおん》の上昇《じょうしょう》によって魚《さかな》たちの棲《す》む場所《ばしょ》が変《か》わったり、漁師《りょうし》さんの数《かず》が減《へ》ったりと原因《げんいん》は色々《いろいろ》。このままでは魚《さかな》が食《た》べられなくなってしまう！　そんな魚食《ぎょしょく》の未来《みらい》の救世主《きゅうせいしゅ》となり得《う》るのが未利用魚《みりようぎょ》です。水揚《みずあ》げされた魚《さかな》の3〜4割《わり》は

実《じつ》は美味《おい》しい未利用魚《みりようぎょ》

浅瀬《あさせ》

カゴカキダイ

↑危険立《きけんた》ち入《い》り禁止《きんし》カラーですが、毒《どく》はなく、クセのない白身《しろみ》と脂《あぶら》の乗《の》りが最高《さいこう》。

テングダイ

↑独特《どくとく》な風貌《ふうぼう》と知名度《ちめいど》の低《ひく》さからなかなか流通《りゅうつう》されない。味《あじ》の濃《こ》さが魅《み》力《りょく》。

深海《しんかい》

ヒウチダイ

↑キンメダイに近《ちか》い仲間《なかま》。食《た》べるのに歯《は》がいらないくらいトロトロの身《み》は幸《しあ》せになる味《あじ》。

トウジン

↑潜水艦《せんすいかん》のような尖《とが》った見《み》た目《め》だが、刺身《さしみ》も煮《に》つけも絶品《ぜっぴん》。伊豆《いず》ではゲホウと呼《よ》ばれる。

知《し》ってる?

海のエコラベル 持続可能な漁業で獲られた水産物 MSC認証 www.msc.org/jp

世界全体《せかいぜんたい》で見《み》ると漁獲《ぎょかく》量《りょう》は必《かなら》ずしも減《へ》っておらず、国《くに》によっては長《なが》く魚《さかな》たちを守《まも》るために獲《と》りすぎない漁業《ぎょぎょう》を徹底《てってい》しています。持続可能《じぞくかのう》な漁業《ぎょぎょう》によって獲《と》られた水産物《すいさんぶつ》を示《しめ》すMSC認《にん》証《しょう》（海《うみ》のエコラベル）にも注目《ちゅうもく》してみましょう。

捨《す》てられている現状《げんじょう》。傷《きず》がある、あまり知《し》られていない、見《み》た目《め》がおいしそうではないなど流通《りゅうつう》しない理由《りゆう》は様々《さまざま》ですが、こうした〝もったいない魚《さかな》〟たちが未利用《みりよう》魚《ぎょ》と呼《よ》ばれています。

日本近海《にほんきんかい》には約《やく》4000種《しゅ》の魚《さかな》が生息《せいそく》していますが、魚売《さかなう》り場《ば》や料理屋《りょうりや》さんで見《み》かけるのはせいぜい20種類《しゅるい》くらい。かまぼこなどの練《ね》り製品《せいひん》に使《つか》うなど未利用魚《みりようぎょ》の有《ゆう》効活用《こうかつよう》に取《と》り組《く》んでいる企業《きぎょう》も多《た》数《すう》ありますが、私《わたし》たちにもできることはあります。まだ知《し》らない魚《さかな》を選《えら》んで食《た》べてみる。これだけでも、海《うみ》の未来《みらい》は変《か》わるかもしれません。偏《かたよ》りなく資源《しげん》をいただく、今日《きょう》からできるSDGs《エスディージーズ》です。

豆知識《まめちしき》

深海《しんかい》は知《し》られざる美味《おい》しい魚《さかな》の宝庫《ほうこ》。省《しょう》エネで生《い》きる彼《かれ》らは、あまり動《うご》かなくても浮《う》かんでいられるように身《み》に脂《あぶら》を多《おお》く蓄《たくわ》えているため、とろける食感《しょっかん》と深《ふか》い味《あじ》わいが魅力《みりょく》なのです。見《み》た目《め》のインパクトに騙《だま》されず食《た》べてみましょう。

CHAPTER 4
人《ひと》との関係《かんけい》のはなし

75

脱《だつ》炭《たん》素《そ》社《しゃ》会《かい》を導《みちび》く切《き》り札《ふだ》 ブルーカーボン

カーボンニュートラルとは?

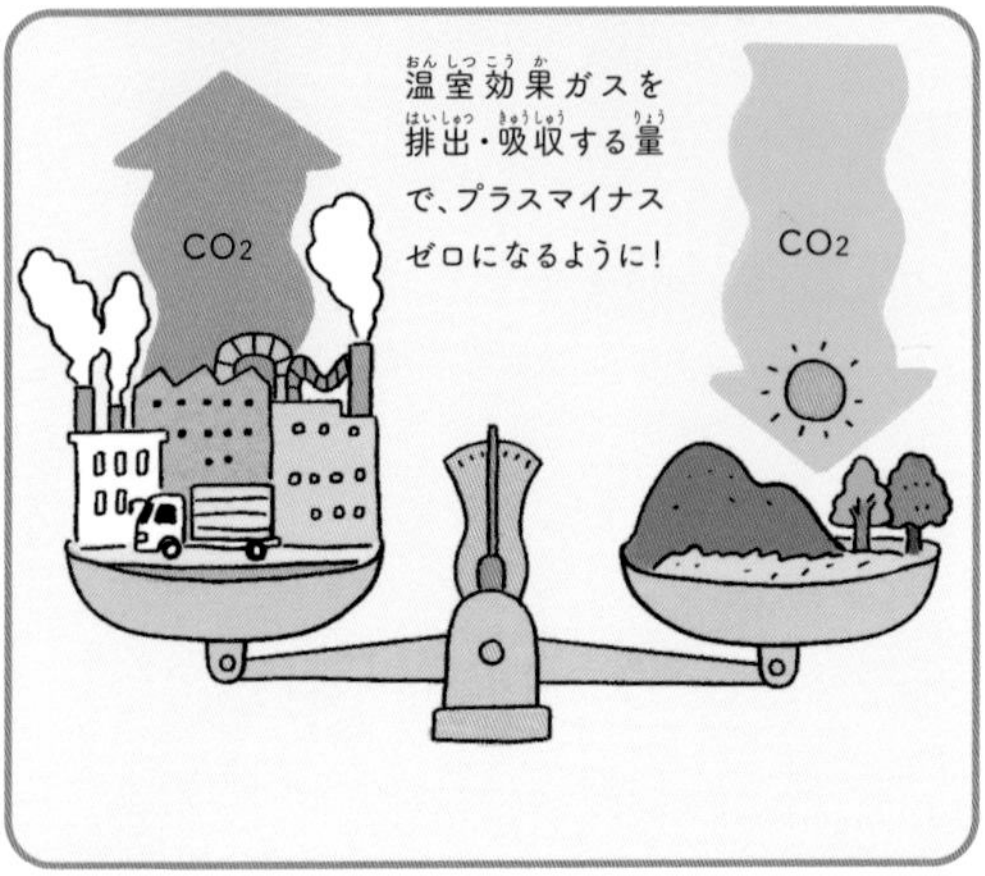

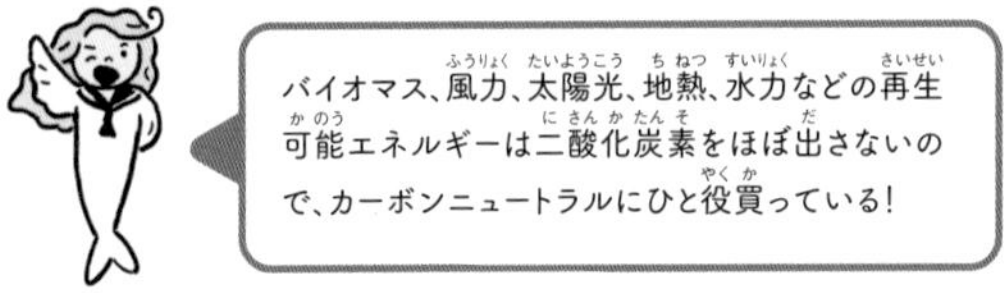

ニュースでよく耳《みみ》にする脱炭《だつたん》素《そ》社会《しゃかい》やカーボンニュートラルという言葉《ことば》。何《なに》を目指《めざ》しているのかというと、地球温暖化《ちきゅうおんだんか》の原《げん》因《いん》となる温室効果《おんしつこうか》ガスの排出量《はいしゅつりょう》と吸収量《きゅうしゅうりょう》を釣《つ》り合《あ》わせること。二酸《にさん》化炭素《かたんそ》を一切《いっさい》出《だ》さないようにしようと言《い》っているわけではありません。出《だ》す量《りょう》をできるだけ少《すく》なくして、そこから自然《しぜん》が吸収《きゅうしゅう》する量《りょう》を引《ひ》いたら全体《ぜんたい》としてゼロになると

二酸化炭素《にさんかたんそ》の排出量《はいしゅつりょう》と吸収量《きゅうしゅうりょう》の比較《ひかく》

出典：日本電信電話株式会社 2021年11月12日ニュースリリース

↑この図《ず》を見《み》ると、排出《はいしゅつ》する量《りょう》も吸収《きゅうしゅう》する量《りょう》も自然《しぜん》の働《はたら》きによるものが多《おお》いことがわかり、自然《しぜん》の持《も》つ可能性《かのうせい》に気《き》づくことができる。

いう社会《しゃかい》を目指《めざ》しているのです。

出す量《りょう》を減《へ》らすための具体例《ぐたいれい》は、エアコンの設定温度《せっていおんど》を見直《みなお》す、エコバッグを使《つか》う、電気自動車《でんきじどうしゃ》を利用《りよう》するなど、日常生活《にちじょうせいかつ》で意識《いしき》しやすいことが多《おお》くあります。でも忘《わす》れてはいけないのが吸収《きゅうしゅう》する量《りょう》を増《ふ》やすこと。陸上《りくじょう》で二酸化炭素《にさんかたんそ》を吸収《きゅうしゅう》してくれているのは主《おも》に森林《しんりん》などの植物《しょくぶつ》。光合成《こうごうせい》を行《おこな》うことで二酸化炭素《にさんかたんそ》を取《と》り込《こ》んでいます。このように陸上《りくじょう》の植物《しょくぶつ》によって吸収《きゅうしゅう》・貯留《ちょりゅう》された炭素《たんそ》のことをグリーンカーボンと呼《よ》びます。これに対《たい》し、海《うみ》の生態系《せいたいけい》が吸収《きゅうしゅう》・貯留《ちょりゅう》する炭素《たんそ》はブルーカーボンと呼《よ》ばれ、今世界《いませかい》で注目《ちゅうもく》されています。

豆知識《まめちしき》

二酸化炭素《にさんかたんそ》を排出《はいしゅつ》しているのは人間《にんげん》というイメージがありますが、実《じつ》は土壌《どじょう》からの排出量《はいしゅつりょう》の方《ほう》がはるかに多《おお》いのです。脱炭素社会《だつたんそしゃかい》について考えるためには、人間中心《にんげんちゅうしん》ではなく、地球全体《ちきゅうぜんたい》の大《おお》きな流《なが》れ（炭素循環《たんそじゅんかん》）を学《まな》ぶ必要《ひつよう》があります。

海《うみ》が吸収《きゅうしゅう》・貯留《ちょりゅう》する炭素《たんそ》「ブルーカーボン」

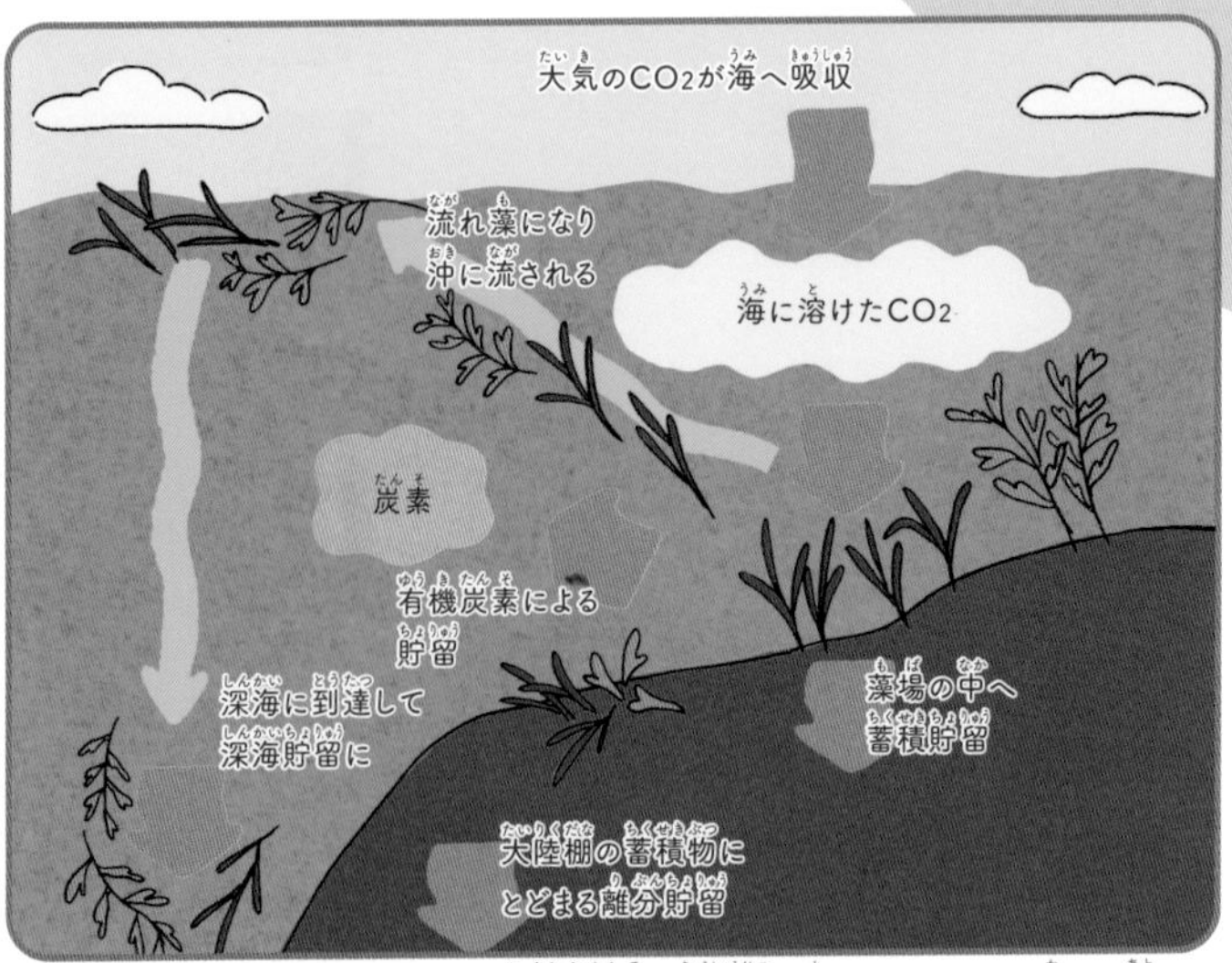

▲ブルーカーボンのポイントは、二酸化炭素《にさんかたんそ》の吸収率《きゅうしゅうりつ》の良《よ》さだけでなく、枯《か》れた後《あと》に貯留《ちょりゅう》し続《つづ》けられる期間《きかん》の長《なが》さにある。

ブルーカーボンの良《よ》さは、炭素《たんそ》を長《なが》く溜《た》めておけること。陸上《りくじょう》の植物《しょくぶつ》が枯《か》れると、土中《どちゅう》の微生物《びせいぶつ》によってすぐに分解《ぶんかい》され、長《なが》くても数十年《じゅうすうねん》から数百年程《すうひゃくねんほど》で貯留《ちょりゅう》していた炭素《たんそ》が再《ふたた》び空気中《くうきちゅう》に飛《と》び出《だ》してしまいます。一方《いっぽう》、海底《かいてい》では酸《さん》素《そ》が少《すく》なく微生物《びせいぶつ》による分解《ぶんかい》が抑《おさ》えられるため、海草《かいそう》などの生物《せいぶつ》が枯《か》れてから炭素《たんそ》が再放出《さいほうしゅつ》されるまで、長《なが》い時《とき》は数千年単位《すうせんねんたんい》で溜《た》めておけるのです。

ブルーカーボン生態系《せいたいけい》は大《おお》きく分《わ》けると海草《かいそう》、海藻《かいそう》、干潟《ひがた》、マングローブ林《りん》の4種類《しゅるい》。これらが今《いま》、沿《えん》岸《がん》の開発《かいはつ》や地球環境《ちきゅうかんきょう》の変化《へんか》により深刻《しんこく》なダメージを受《う》けて減《へ》ってし

ブルーカーボン生態系《せいたいけい》

海草《かいそう》

海藻《かいそう》

干潟《ひがた》

マングローブ林《りん》

地域《ちいき》の特性《とくせい》を生《い》かした磯焼《いそや》け対策《たいさく》「キャベツウニ」

知《し》ってる? ウニは雑食性《ざっしょくせい》

意外《いがい》と何《なん》でも食《た》べるウニ。キャベツだけでなくニンジンやカボチャ、エノキまで。ムシャムシャ食《た》べる映像《えいぞう》を見《み》たい方《かた》はYouTubeの神奈川県公式《かながわけんこうしき》チャンネル「かなチャンTV」をご覧《らん》ください。

まっているのです。例《たと》えば、海水《かいすい》温《おん》の上昇《じょうしょう》でウニが増《ふ》えて海藻《かいそう》を食《た》べ尽《つ》くし、藻場《もば》が無《な》くなってしまう**磯焼《いそや》け**。餌《えさ》が無《な》くなることでウニも身《み》が痩《や》せて、さらに海藻《かいそう》を隠《かく》れ家《が》にしていた魚《さかな》たちも棲《す》めなくなるというトリプルパンチです。でも何事《なにごと》にも解決策《かいけつさく》はあるもの。「キャベツウニ」や「ウニッコリー」のように、地域《ちいき》の強《つよ》みを活《い》かした研究《けんきゅう》が行《おこな》われ、成果《せいか》を出《だ》しています。

こうした取《と》り組《く》みが世界《せかい》に広《ひろ》がれば、少《すこ》しずつでも確実《かくじつ》に脱炭素《だったんそ》社会《しゃかい》の実現《じつげん》に近付《ちかづ》いていくことでしょう。そのためにも、まずは海《うみ》の現状《げんじょう》を知《し》ること、そしてその変《へん》化《か》を自分事《じぶんごと》として考《かんが》えることが大《たい》切《せつ》です。

豆知識《まめちしき》

磯焼《いそや》け対策《たいさく》に乗《の》り出《だ》した神奈川県《かながわけん》は、捨《す》てられる野菜《やさい》をウニに食《た》べさせることで海藻《かいそう》を守《まも》ろうと考《かんが》えました。すると、キャベツを食《た》べたウニの身《み》が太《ふと》り、甘《あま》みが増《ま》しておいしくなったのです。こうしてキャベツウニが誕生《たんじょう》しました。

おわりに

海《うみ》について、そしてそこに棲《す》む生《い》き物《もの》について、75個《こ》のトピックを紹介《しょうかい》してきました。様々《さまざま》な情報《じょうほう》やエピソードを盛《も》り込《こ》んだつもりですが、たった75面《めん》に触《ふ》れたくらいでは、広《ひろ》く深《ふか》く果《は》てしない海《うみ》のほんの一部《いちぶ》を覗《のぞ》いたにすぎません。

どのトピックにも、謎《なぞ》の解明《かいめい》に人生《じんせい》をかけている研究者《けんきゅうしゃ》がいて、1つ1つの発見《はっけん》に壮大《そうだい》な技術《ぎじゅつ》と歴史《れきし》と人《ひと》の物語《ものがたり》があります。自然《しぜん》の探究《たんきゅう》というのは、そういう濃《こ》さのものだと思《おも》っています。

この本《ほん》は世界旅行《せかいりょこう》のガイドブックのような役割《やくわり》でありたいと思《おも》って執筆《しっぴつ》しました。それぞれの観光地《かんこうち》への行《い》き方《かた》や見所《みどころ》の一例《いちれい》は紹介《しょうかい》していますが、本当《ほんとう》の感動《かんどう》は、実際《じっさい》にその場所《ばしょ》に行《い》ってこそ得《え》られるものです。心《こころ》くすぐられるトピックがあったら、それについて研究《けんきゅう》している人《ひと》の話《はなし》を聞《き》いたり、本《ほん》を読《よ》んだりしてみてください。この本《ほん》がみなさんにとって、自分《じぶん》らしい探究《たんきゅう》の旅《たび》へのパスポートになりますように。

鈴木香里武《すずきかりぶ》

主《おも》な参考文献《さんこうぶんけん》

『小学館の図鑑Z　日本魚類館 ～精緻な写真と詳しい解説～』中坊徹次（編・監）、松沢陽士（撮影）、小学館
『日本産魚類検索全種の同定　第三版』中坊徹次（編）、東海大学出版部
『日本産魚類大図鑑』益田一・尼岡邦夫・荒賀忠一・上野輝彌・吉野哲夫（編）、東海大学出版部
『美しい海の浮遊生物図鑑』若林香織・田中祐志（著）、阿部秀樹（撮影）、文一総合出版
『新編　世界イカ類図鑑』奥谷喬司（著）、東海大学出版部
『山渓カラー名鑑　日本の海水魚』大方洋二・小林安雅・矢野維幾・岡田孝夫・田口哲・吉野雄輔（著）、
岡村収・尼岡邦夫（編）、山と渓谷社
『魚類学の百科事典』一般社団法人日本魚類学会（編）、丸善出版
『写真探索・釣魚1400種図鑑』小西英人（著）、KADOKAWA
『小学館の図鑑NEO　新版　魚』井田齊・松浦啓一（監）、松沢陽士（撮影）、小学館
『海でギリギリ生き残ったらこうなりました。』鈴木香里武（著）、KADOKAWA
『海でギリギリあきらめない生きざま。』鈴木香里武（著）、KADOKAWA
『わたしたち、海でヘンタイするんです。』鈴木香里武（著）、友永たろ（イラスト）、世界文化社

写真提供《しゃしんていきょう》

鈴木香里武
幼魚水族館
有限会社ブルーコーナー
海遊館（P27、P30、P109、P120、P131）
新潟市水族館マリンピア日本海（P28、P103）
国営沖縄記念公園（海洋博公園）・沖縄美ら海水族館
（P32、P37、P51、P63、P65、P79、P95、P100、P101、P104、P109、P125）
潜水案内 Okinawa／津波古 健（P32）
国立研究開発法人 水産研究・教育機構　水産資源研究所（P44、P87）／YouTube:深海チャンネル（P44）
沖縄県水産海洋技術センター 太田 格（P47）
サケのふるさと千歳水族館（P55）／白老町　しらおいファンクラブ（P55）
鳥羽水族館（P63、P65、P69、P76、P77、P100、P123、P124、P152）
DIVEANCHOR+福山幸広（P67）／坂東隆裕（P67）／尾崎タツノオトシゴ（P67）
一般財団法人 沖縄美ら島財団（P75）
東京大学大気海洋研究所（P85）／東京大学大気海洋研究所 脇谷量子郎（P85）／望岡典隆（P85）
中村乙水（P89）
Ocean Newsletter No.363（撮影：大方洋二　発行：笹川平和財団海洋政策研究所（P91）
SEA HEAT 加藤 仁@ダイビングショップ ネバーランド（P91）
名護博物館所蔵（撮影：村田尚史）（P100）／東美里（P101）
尾崎美香（P103）／玉田亮太（P103）
竹内拓海（P104）
厚生労働省ホームページ　（P105）
https://www.mhlw.go.jp/topics/syokuchu/poison/animal_02.html
貝塚市立自然遊学館（P107）
登別マリンパークニクス（P122）／ダイビングショップoasis 岩切秋人（P122）／世界のウミウシ 木元伸彦（P122）
名古屋港水族館（P124）
伊良部島マリンセンター（P126）
国立研究開発法人海洋研究開発機構（P129、P157）
近海産海水魚類・甲殻類・海洋生物類専門アクアマリンズ（P133）／横浜・八景島シーパラダイス（P133）
男鹿水族館GAO（P157）
Oceany／早川昌平（P155）
椎名雅人（P159、P167）
三重県 水産研究所（P160）
京都水族館（P163）／浦川賢二（P163）
近畿大学水産研究所（P164、P165）
神奈川県 水産技術センター（P171）

T

TMAO……38

あ

アスタキサンチン……54
アリマ幼生《ようせい》……31
異《い》性《せい》間《かん》淘《とう》汰《た》……33
磯《いそ》焼《や》け……171
一《いっ》本《ぽん》釣《づ》り……124
鰾《うきぶくろ》……38,40,72,89
鰓《えら》……20,60,93,104,
鰓《えら》呼《こ》吸《きゅう》……24,25
鰓《えら》心《しん》臓《ぞう》…… 60,61
大《おお》潮《しお》……50,51
オモクローム……36
親《おや》潮《しお》……14,15
温《おん》室《しつ》効《こう》果《か》ガス……168

か

科《か》……18,19
カーボンニュートラル……168
外《がい》骨《こっ》格《かく》……68
海《かい》獣《じゅう》類《るい》……11
海《かい》水《すい》保《ほ》有《ゆう》体《たい》積《せき》……13
海《かい》綿《めん》動《どう》物《ぶつ》……64
海《かい》洋《よう》大《だい》循《じゅん》環《かん》……14
海《かい》流《りゅう》……10,14,30,71,84
カウンターイルミネーション……107,111
カウンターシェーディング……106,107
学《がく》名《めい》……18
顎《がっ》脚《きゃく》……128
干《かん》潮《ちょう》……50
眼《がん》状《じょう》紋《もん》……112
完《かん》全《ぜん》養《よう》殖《しょく》……86
擬《ぎ》態《たい》……98
奇《き》網《もう》……46
食《く》い分《わ》け……16
クライバーの法《ほう》則《そく》……45
クラスパー……94,95
グリーンカーボン……169
黒《くろ》潮《しお》……14,15,70,85,115
群《ぐん》体《たい》……125
警《けい》戒《かい》色《しょく》……42,102
綱《こう》……18,19
恒《こう》温《おん》動《どう》物《ぶつ》……45
攻《こう》撃《げき》擬《ぎ》態《たい》……104
甲《こう》殻《かく》類《るい》……11,30,68,114
硬《こう》骨《こつ》魚《ぎょ》類《るい》……44
虹《こう》彩《さい》皮《ひ》膜《まく》……101
口《こう》内《ない》保《ほ》育《いく》（マウスブリーディング）……66
交《こう》尾《び》前《まえ》ガード……68,69
個《こ》虫《ちゅう》……125

さ

栽《さい》培《ばい》共《きょう》生《せい》……127
鰓《さい》耙《は》……120
サンゴ……16,35,42,50,71,79,99
産《さん》卵《らん》床《しょう》……90
ジェニー・ハニヴァー……153
潮《しお》目《め》……14
色《しき》素《そ》色《しょく》……34
色《しき》素《そ》胞《ほう》……36
子《し》宮《きゅう》内《ない》共《とも》食《ぐ》い……74,75
子《し》宮《きゅう》ミルク型《がた》……74,75
雌《し》性《せい》先《せん》熟《じゅく》……26,27,164
耳《じ》石《せき》……21
刺《し》胞《ほう》……118,119,163
刺《し》胞《ほう》動《どう》物《ぶつ》……118
刺《し》胞《ほう》毒《どく》……118,123,163
死《し》滅《めつ》回《かい》遊《ゆう》魚《ぎょ》……70,71
種《しゅ》……18,19,29,70,71,77,105,114,156
重《じゅう》層《そう》薄《はく》膜《まく》干《かん》渉《しょう》……35
出《しゅっ》水《すい》管《かん》……142
出《しゅっ》世《せ》魚《うお》……136,137,139
触《しょく》手《しゅ》……103,118,119,125,162,163
食《しょく》物《もつ》連《れん》鎖《さ》……56,57,93
シラスウナギ……84,86
深《しん》海《かい》……10,12,16,17,38,44,52,73,84,92,110,116,128,157
深《しん》海《かい》巨《きょ》大《だい》症《しょう》……45
新《しん》種《しゅ》……30,77,90,156
深《しん》層《そう》海《かい》流《りゅう》……14
浸《しん》透《とう》圧《あつ》調《ちょう》整《せい》……20
スケールイーター……123
棲《す》み分《わ》け……16
生《せい》活《かつ》型《がた》……10
生《せい》殖《しょく》器《き》……94
性《せい》淘《とう》汰《た》……32
生《せい》物《ぶつ》濃《のう》縮《しゅく》……56
絶《ぜつ》滅《めつ》危《き》惧《ぐ》種《しゅ》……93
セピア……148
全《ぜん》長《ちょう》……22,23
総《そう》排《はい》出《しゅっ》腔《こう》……94
相《そう》利《り》共《きょう》生《せい》……118
ゾエア幼《よう》生《せい》……31
属《ぞく》……118,19,23
側《そく》線《せん》……20,21,159

た

体心臓《たいしんぞう》……60
胎盤型《たいばんがた》……74,75
大洋《たいよう》……13
脱酸素社会《だつさんそしゃかい》……168,171
タペータム(輝板《きばん》)……48,49
地球温暖化《ちきゅうおんだんか》……168
チャレンジャー海淵《かいえん》……12,39
定置網《ていちあみ》……125
テトロドトキシン……56
盗刺胞《とうしほう》……123
同性間淘汰《どうせいかんとうた》……33
透明度《とうめいど》……15,42,43

な

7つの海《うみ》……12,13
軟骨魚類《なんこつぎょるい》……95
虹色素胞《にじしきそほう》……35,37
日周鉛直移動《にっしゅうえんちょくいどう》……52
二枚貝《にまいがい》……10,11,76
入水管《にゅうすいかん》……142
熱塩循環《ねつえんじゅんかん》……14
熱水噴出孔《ねっすいふんしゅつこう》……92

は

肺呼吸《はいこきゅう》……24,25,26
ハイブリッド魚《ぎょ》……164,165
はえ縄《なわ》……125
波長《はちょう》……116
パチンコ式摂餌《しきせつじ》……132,133
発光器《はっこうき》……51,107,110
パリトキシン……56
鼻《はな》……20
干潟《ひがた》……25,62,171
鼻孔《びこう》……95,131,152
尾叉長《びさちょう》……22,23
左上位《ひだりじょうい》……144
皮膚呼吸《ひふこきゅう》……24,25
標準体長《ひょうじゅんたいちょう》……22
鰭《ひれ》……20,21,73,78,90,94,103,109
フィロゾーマ幼生《ようせい》……30,125
風成循環《ふうせいじゅんかん》……14
プエルルス幼生《ようせい》……30
付属海《ふぞくかい》……13
プランクトン……10,11,15,17,23,42,43,57,111,120,121,125
ブルーカーボン……168,169,170
フレアリング……25
吻《ふん》……21,23,117,133
分断色《ぶんだんしょく》……113
ベイツ型擬態《がたぎたい》……102,103
ペッカム型擬態《がたぎたい》……102,104
ベルクマンの法則《ほうそく》……45
変温動物《へんおんどうぶつ》……45,118
変態《へんたい》……30
ベントス……10,11
捕食者《ほしょくしゃ》……53,77,93,102,107 110,114,163
母体依存型《ぼたいいぞんがた》……74,75

ま

巻貝《まきがい》……76,92,101,122
俎板《まないた》/真魚板《まないた》……143
マリアナ海溝《かいこう》……12,39
マングローブ……25
マングローブ林《りん》……170,171
満潮《まんちょう》……50,51
ミオグロビン……54,55
未確認生物《みかくにんせいぶつ》(UMA《ユーマ》)……153
耳《みみ》……20,21
未利用魚《みりようぎょ》……166,167
無胃魚《むいぎょ》……150,151
無効分散《むこうぶんさん》……71
目(め)……20,21
メガロパ幼生《ようせい》……31
網膜《もうまく》……48,49
目(もく)……18,19
藻場《もば》……170,177
門《もん》……18,19

や

ヤケ……46,47
有機物《ゆうきぶつ》……65,142
雄性先熟《ゆうせいせんじゅく》……26,27
養殖《ようしょく》……56,86,164,165

ら

ラビリンス器官《きかん》……24
卵黄依存型《らんおういぞんがた》……74,75
卵生《らんせい》……74
硫化鉄《りゅうかてつ》……92,93
リンネ式階級分類《しきかいきゅうぶんるい》……18
レッドリスト……92
レプトセファルス幼生《ようせい》……84,85,87
ロレンチーニ器官《きかん》……95,130,131

わ

矮雄《わいゆう》……33
ワシントン条約《じょうやく》……73

鈴木 香里武（すずき かりぶ）
幼少期から魚に親しみ、専門家との交流や様々な体験を通して魚の知識を蓄える。学習院大学大学院で観賞魚の癒し効果を研究した後、現在は北里大学大学院にて稚魚の生活史を研究。海好きコミュニティ「海あそび塾」の塾長を務め、岸壁幼魚採集家として漁港に現れる稚・幼魚を観察する。メディア・イベント出演、執筆、資料提供等の発信活動をする傍ら、水族館のイベント・展示企画等、魚の見せ方に関するプロデュースも行う。2022年7月、静岡県に幼魚水族館をオープン、館長を務める。J-WAVE Podcast「Life of the SEA」ナビゲーター。MENSA会員。著書に『海でギリギリ生き残ったらこうなりました。進化のふしぎがいっぱい！海のいきもの図鑑』『海でギリギリあきらめない生きざま。知恵と工夫で生き残れ！海のいきもの図鑑』（KADOKAWA）など多数。
X（旧Twitter）：@KaribuSuzuki

水《みず》の世界《せかい》のひみつがわかる！
すごすぎる海《うみ》の生物《せいぶつ》の図鑑《ずかん》

2024年7月18日　初版発行
2024年9月15日　再版発行

著者／鈴木《すずき》 香里武《かりぶ》

発行者／山下 直久

発行／株式会社KADOKAWA
〒102-8177　東京都千代田区富士見2-13-3
電話0570-002-301（ナビダイヤル）

印刷所／大日本印刷株式会社

製本所／大日本印刷株式会社

●お問い合わせ
https://www.kadokawa.co.jp/（「お問い合わせ」へお進みください）
※内容によっては、お答えできない場合があります。
※サポートは日本国内のみとさせていただきます。
※Japanese text only

定価はカバーに表示してあります。

ISBN 978-4-04-607066-1　C0045